# Leçons d'analyse classique

Exposition d'un cours
fait par Paul Koosis à
l'Université McGill, Montréal

Volume 36

CRM MONOGRAPH SERIES

Centre de Recherches Mathématiques
Montréal

# Leçons d'analyse classique

## Exposition d'un cours fait par Paul Koosis à l'Université McGill, Montréal

Philippe Poulin



**American Mathematical Society**
Providence, Rhode Island USA

2010 *Mathematics Subject Classification.* Primary 30-02; Secondary 30D20.

For additional information and updates on this book, visit
**www.ams.org/bookpages/crmm-36**

**Library of Congress Cataloging-in-Publication Data**

Poulin, Philippe, 1971–
Lecons d'analyse classique : Exposition d'un cours fait par Paul Koosis a l'Universite McGill, Montreal / Philippe Poulin.
pages cm. — (CRM monograph series ; volume 36)
In French.
Includes bibliographical references and index.
ISBN 978-1-4704-1993-6 (alk. paper)
1. Functions of complex variables. 2. Functional analysis. I. Koosis, Paul. II. Title.

QA331.7.P68 2015
515′.9—dc23

2015016735



∞ The paper used in this book is acid-free and falls within the guidelines
established to ensure permanence and durability.
Visit the AMS home page at `http://www.ams.org/`

10 9 8 7 6 5 4 3 2 1 20 19 18 17 16 15

# Table des matières


| | | |
|---|---|---|
| Table des matières | | v |
| Introduction | | vii |
| Notice de l'enseignant | | xi |
| **Première partie. Automne 2005** | | 1 |
| Chapitre 1. | Fonctions harmoniques et sous-harmoniques | 3 |
| 1.1. | Trois arguments de Phragmén–Lindelöf | 3 |
| 1.2. | Théorème de Paley–Wiener | 11 |
| 1.3. | Introduction à la condition $\int_{-\infty}^{\infty}(1+x^2)^{-1}\log^+\lvert f(x)\rvert\,\mathrm{d}x < \infty$ | 19 |
| Chapitre 2. | Quasi-analyticité : le critère de Carleman–Ostrowski | 27 |
| Chapitre 3. | Fonctions entières de type exponentiel : — leurs zéros | 37 |
| 3.1. | Formule de Jensen | 37 |
| 3.2. | Factorisation d'Hadamard | 40 |
| 3.3. | Théorème de Lindelöf | 44 |
| 3.4. | Théorème de Levinson–Cartwright | 48 |
| **Seconde partie. Hiver 2006** | | 65 |
| Chapitre 4. | Mesures rapidement décroissantes à l'infini, lacunarité de leurs transformées de Fourier | 67 |
| 4.1. | Approximation pondérée des éléments de $C_0(\mathbb{R})$ au moyen de fonctions de type exponentiel : approche d'Akhiezer | 67 |
| 4.2. | Théorème de Beurling sur la lacunarité | 76 |
| 4.3. | Deux théorèmes de Levinson | 78 |
| Chapitre 5. | Mesures harmoniques | 85 |
| 5.1. | Domaines considérés | 85 |
| 5.2. | Premiers résultats | 97 |
| 5.3. | Estimation harmonique | 107 |
| 5.4. | Théorème de Beurling | 109 |

Chapitre 6. Problème de Dirichlet 115
6.1. Aire d'une courbe de Jordan rectifiable 115
6.2. Recours aux potentiels logarithmiques 117
6.3. Approche d'une courbe de Jordan de classe $C^2$ 119
6.4. Résolubilité du problème de Dirichlet : preuve de Garabedian 123

Chapitre 7. Introduction aux longueurs extrémales 125
7.1. Définitions et exemples 125
7.2. Estimation des mesures harmoniques 128
7.3. Preuve de la conjecture de Denjoy 132

Annexe A. Compléments 137
A.1. Produits infinis 137
A.2. Une inégalité de S. Bernstein 139
A.3. Convolution de deux mesures 140
A.4. Inégalité de Harnack et convergence uniforme 142
A.5. Préliminaires sur l'espace $H^1(\Delta)$ 144

Annexe B. Devoirs 149
B.1. Devoir 1, chapitre 1 149
B.2. Devoir 2, chapitre 1 149
B.3. Devoir 3, chapitre 2 152
B.4. Devoir 4, chapitre 3 154
B.5. Devoir 5, chapitre 3 155
B.6. Devoir 6, chapitre 3 157
B.7. Devoir 7, chapitre 4 158
B.8. Devoir 8, chapitre 4 159
B.9. Devoir 9, chapitre 5 161
B.10. Devoir 10, chapitre 7 163
B.11. Devoir supplémentaire 163

Bibliographie 165

Index 167

# Introduction

Cette exposition du cours *Math* 740-741, *Topics in Analysis*, enseigné à l'*Université McGill* (Montréal) en 2005-2006 par M. Paul Koosis, explore des sujets tantôt de base, tantôt spécialisés en théorie des fonctions d'une variable complexe ; quelques applications de cette théorie à l'analyse réelle y sont également étudiées, — à savoir la caractérisation des classes de fonctions quasi-analytiques due à Carleman et Ostrowski, l'approximation pondérée suivant l'approche d'Akhiezer, les théorèmes de Levinson et de Beurling sur la lacunarité. Entre autres faits saillants, mentionnons une preuve inédite du théorème de Levinson–Cartwright, sur les zéros d'une classe précisée de fonctions entières.

La première partie de ce texte, tirée du cours d'automne 2005, est divisée en trois chapitres. Le premier d'entre eux, sur les fonctions harmoniques et sous-harmoniques, présente, dans l'ordre : diverses généralisations du *principe du maximum*, utilisées dans la suite du cours ; le célèbre *théorème de Paley–Wiener* ; une introduction à la condition

$$\int_{-\infty}^{\infty} \frac{\log^{+}|f(x)|}{1+x^2}\,\mathrm{d}x < \infty,$$

qui est aussi l'occasion de reviser la célèbre *formule de Poisson* pour le demi-plan supérieur. Le principal résultat de cette section, selon lequel, sur l'axe réel, le module d'une fonction de type exponentiel ne peut pas souvent être « petit » sans souvent être « grand », trouve de nombreuses applications en analyse classique (dont une au chapitre suivant). Le deuxième chapitre procède à l'identification des classes de fonctions quasi-analytiques (au sens donné par Carleman et Ostrowski), déjà mentionnées. Finalement, le troisième chapitre présente divers résultats sur les zéros des fonctions de type exponentiel : *formule de Jensen*, *factorisation d'Hadamard*, *théorème de Lindelöf* et *théorème de Levinson–Cartwright*, sans nul doute le plus spécialisé d'entre les quatre. À cela s'ajoutent trois annexes, sur les produits infinis, une inégalité de Bernstein, la convolution de deux mesures, puis six autres, énonçant les devoirs donnés dans cette partie du cours.

La seconde partie, tirée, cette fois, du cours d'hiver 2006, se divise en quatre chapitres. Le premier d'entre eux aborde l'approximation pondérée des éléments de $C_0(\mathbb{R})$ au moyen de combinaisons linéaires finies de la forme $\sum_{-A\leqslant\lambda\leqslant A} \mathrm{e}^{\mathrm{i}\lambda x}$. L'*approche d'Akhiezer*, dans laquelle, en vue d'appliquer le *truc de Riesz–Pollard*, l'ensemble de ces combinaisons linéaires est remplacé par une certaine classe de fonctions entières, est utilisée. Des théorèmes remarquables, dus à Levinson et Beurling, sont déduits : non sans évoquer le principe d'incertitude, ces derniers nous indiquent qu'une mesure convenablement choisie ne peut présenter trop de lacunarité en même temps que sa transformée de Fourier, — à moins d'être identiquement nulle. Le chapitre suivant initie aux mesures harmoniques associées à des domaines convenables — pour lesquels le problème de Dirichlet est résolu. Ces mesures servent à estimer efficacement les fonctions holomorphes sur ces domaines. De telles estimations (plus exactement, le *théorème des deux constantes*) nous permettent, à l'instar de Beurling, de renforcer le théorème de Levinson du chapitre précédent. À l'avant-dernier chapitre, nous démontrons, en suivant l'approche de Garabedian, que le problème de Dirichlet est bel et bien résolu pour les domaines considérés auparavant, — écartant ainsi tout acte de foi. Nous concluons ce cours par une introduction aux longueurs extrémales, qui servent à estimer les mesures harmoniques. En particulier, le *théorème d'Ahlfors* est présenté, puis utilisé dans la démonstration, également due à Ahlfors, de la conjecture de Denjoy. À cela s'ajoutent deux autres annexes, l'une sur l'inégalité de Harnack, l'autre sur les espaces $H^1$, puis cinq autres devoirs.

Nous espérons que ces leçons sauront vous intéresser.

**La traduction.** Bien que le cours fut dispensé en anglais, M. Koosis m'a demandé de rédiger ce texte en français. Une première version française fut intégralement relue et corrigée par le professeur ; elle fut légèrement remaniée pour des raisons qui tiennent à la mise en page et à la typographie.

Peut-être serai-je accusé de scrupules excessifs en mentionnant ces quelques dérogations au style académique usuel : utilisation des ponctuations ?, ! et — ; renvois aux notes en bas de page après le point final. Cela ajoute de la clarté dans une exposition mathématique où les parenthèses et les exposants abondent déjà. Finalement, je me suis permis d'utiliser le symbole $\stackrel{?}{=}$ pour les formules à démontrer plus loin, — si peu académique, mais tellement honnête !

Peut-être, à la place, serai-je accusé de présomption pour m'attarder ainsi à des questions linguistiques qui tombent en dehors de ma formation. Puisque je suis, en réalité, formé en mathématiques, M. Koosis m'a aussi permis d'annoter ce texte, — pour mon plus grand bonheur. Ces ajouts personnels sont suivis de l'acronyme *N.d.T.* [1] ; ils furent, dans la première version, relus et corrigés par le professeur.

Plus probablement, le lecteur vigilant rendra sa critique bienfaisante en rapportant ses commentaires à l'adresse électronique suivante :

`poulin.philippe@hotmail.com`.

Je les accueillerai chaleureusement.

[1] Moins pour *note du traducteur* que pour *note du « tapeur »* — à son tour, pour « *tapeur de notes* » !

**Remerciements.** J'aimerais remercier mon directeur de doctorat, M. Vojkan Jakšić, pour la compréhension dont il a fait preuve lorsque j'ai sacrifié quelques heures de mon travail de recherche au profit du présent projet. J'aimerais tout autant remercier M. Paul Koosis, qui m'a demandé de faire la rédaction. À cela s'ajoutent des remerciements pour l'équipe d'analyse de McGill, qui a financé ce projet. Finalement, je remercie une seconde fois M. Koosis, pour son enseignement, qui ouvre des horizons dans le domaine captivant de l'analyse complexe. Aussi, suis-je comblé que ces horizons soient restés, pour moi, ouverts.

**Remerciements pour la deuxième écriture.** J'aimerais remercier chaleureusement mes directeurs de postdoctorat, MM. Kristian Seip et Yurii Lyubarskii, pour la liberté qu'ils m'ont donnée sous leurs auspices. Grâce à eux, j'ai pu reprendre ce texte à loisir, — jusqu'à lui donner une forme qui me plaît. Mentionnons qu'en juin et juillet 2007, j'ai donné quelques leçons tirées de la deuxième partie de cette exposition dans le cadre d'une école d'été que j'ai organisée à NTNU (Trondheim) à l'intention de chercheurs et étudiants intéressés. Y ont participé : Ole Jacob Broch, Kari Hag, Marius Irgens, Eugenia Malinnikova, Darko Mitrovic et Xavier Raynaud. La préparation de cette école d'été et les nombreuses remarques qui s'en sont suivies ont aidé à la correction de ce texte ; je remercie tous les participants, — tout spécialement, E. Malinnikova, qui, je crois, saurait à elle seule venir à bout de la *multitude* de mes distractions.

**Remerciements pour l'édition.** Un grand merci à Mme Galia Dafni et M. André Montpetit, qui m'ont si bien assisté — avec patience — lors de la soumission du manuscrit et lors des derniers remaniements du texte.

Philippe Poulin
février 2015
Al Ain, Émirats Arabes Unis

# Notice de l'enseignant

La belle exposition de mon cours qui va suivre a été écrite à ma demande expresse par Philippe Poulin, car je connaissais — et aimais — sa manière d'écrire les mathématiques depuis qu'il avait été élève dans une de mes classes. Son texte est passé à travers deux révisions et je l'ai lu attentivement au moins deux fois, en plus de parcourir la dernière version.

J'ai ajouté quelques passages au texte, et M. Poulin y a fait de légers changements de style. Le plus important vient à la section 5.1 ; la matière de cette section avait été présentée assez informellement pendant le cours. Ce procédé, qui peut bien convenir lors d'une conférence devant un tableau noir, ne marche plus dans un livre imprimé, et j'ai dû rédiger un développement détaillé. J'ai aussi apporté quelques autres modifications à la présentation initiale.

Je considère maintenant que le texte auquel M. Poulin a abouti — un peu avec mon concours — représente bien ce que j'aimerais voir paraître sur mon cours, et je le recommande au lecteur. Et je remercie M. Poulin du beau travail qu'il a fait.

Paul Koosis
Outremont, le 13 février 2010

# Première partie

# Automne 2005

CHAPITRE 1

# Fonctions harmoniques et sous-harmoniques

## 1.1. Trois arguments de Phragmén–Lindelöf

*Nous présentons le* principe du maximum *pour les fonctions harmoniques ou sous-harmoniques, que nous étendons, grâce à un argument de Phragmén–Lindelöf, au cas d'une fonction bornée, définie sur un domaine dont la frontière n'est pas vide. Par la suite, deux autres arguments de Phragmén–Lindelöf nous permettent d'obtenir des résultats pour des fonctions définies sur un secteur angulaire (ou encore sur un demi-plan). Ceux-ci préludent à l'étude des fonctions de type exponentiel.*

### 1.1.1. Principe du maximum généralisé.

**Cas des fonctions harmoniques.**

**Définition.** Une fonction $u(x,y)$ de classe $C^\infty$, définie sur un ensemble ouvert $\mathcal{O} \subseteq \mathbb{R}^2$, est dite *harmonique* ssi

$$\frac{\partial^2 u(x,y)}{\partial x^2} + \frac{\partial^2 u(x,y)}{\partial y^2} = 0$$

dans $\mathcal{O}$.

Le plus souvent, nous écrivons $u(z)$ à la place de $u(x,y)$, où $z = x + \mathrm{i}y$. Les fonctions harmoniques vérifient la *propriété de la valeur moyenne*, à savoir : *si $u(z)$ est harmonique dans $\mathcal{O}$, $z_0 \in \mathcal{O}$ et $r <$ dist$(z_0, \partial\mathcal{O})$, alors*

$$u(z) = \frac{1}{2\pi}\int_0^{2\pi} u(z_0 + r\mathrm{e}^{\mathrm{i}\theta})\,\mathrm{d}\theta.$$

De cette dernière propriété découle le *principe du maximum* :

**Théorème 1.1.** *Soit $\mathcal{O}$ un ensemble ouvert et* borné. *Envisageons une fonction, $u(z)$, harmonique dans $\mathcal{O}$ et continue sur $\overline{\mathcal{O}}$. Si $u(z) \leqslant M$ sur $\partial\mathcal{O}$, alors $u(z) \leqslant M$ aussi sur $\mathcal{O}$.*

Preuve. Soit $K = \sup_{z\in\overline{\mathcal{O}}} u(z)$. Sans restreindre la généralité, nous pouvons supposer $M = \sup_{z\in\partial\mathcal{O}} u(z)$, de sorte que $K \geqslant M$. Comme $\overline{\mathcal{O}}$ est compact, il existe un $z_0 \in \overline{\mathcal{O}}$ tel que $u(z_0) = K$. Supposons par l'absurde $K > M$, de sorte que $z_0 \in \mathcal{O}$. Pour $r <$ dist$(z_0, \partial\mathcal{O})$, envisageons le cercle, $\mathcal{C}_r$, centré en $z_0$ et de rayon $r$. Par la propriété de la valeur moyenne,

$$K = u(z_0) = \frac{1}{2\pi}\int_0^{2\pi} u(z_0 + r\mathrm{e}^{\mathrm{i}\theta})\,\mathrm{d}\theta.$$

Comme $u(z_0 + re^{i\theta})$ est continue en $\theta$ et inférieure ou égale à $K$,

$$u(z_0 + re^{i\theta}) = K$$

pour tout $\theta \in [0, 2\pi]$. Faisons tendre $r$ vers $\mathrm{dist}(z_0, \partial\mathcal{O})$. Pour chaque $r$ considéré, il existe un $z_r \in \mathcal{C}_r$ dont la distance à $\partial\mathcal{O}$ est minimale, — qui vérifie bien sûr $u(z_r) = K$. Quand $r \uparrow \mathrm{dist}(z_0, \partial\mathcal{O})$, certains $z_r$ s'accumulent en un point $\zeta \in \partial\mathcal{O}$. Comme $u$ est continue sur $\overline{\mathcal{O}}$, $u(\zeta) = K > M$, cependant que $u \leqslant M$ sur $\partial\mathcal{O}$, — ce qui est absurde. Donc, $K = M$, d'où le résultat. □

**Scolie.** Ce raisonnement démontre que, posant $M = \sup_{\zeta \in \partial\mathcal{O}} u(\zeta)$, $u(z)$ est en fait *strictement* inférieure à $M$ sur une composante arbitraire de $\mathcal{O}$, sauf si elle vaut $M$ constamment sur celle-ci. Voilà le *principe fort du maximum*.

L'hypothèse de continuité à la frontière peut être affaiblie de la manière suivante :

**Corollaire.** *Soient $\mathcal{O}$ un ensemble ouvert et borné, et $u(z)$ une fonction harmonique dans $\mathcal{O}$. Supposons*

$$\limsup_{\substack{z \in \mathcal{O} \\ z \to \zeta}} u(z) \leqslant M \tag{1.1}$$

*pour tout $\zeta \in \partial\mathcal{O}$. Alors, $u(z) \leqslant M$ sur $\mathcal{O}$.*

PREUVE. Posons, pour $\delta > 0$, $\mathcal{O}_\delta = \{z \in \mathcal{O} \,;\, \mathrm{dist}(z, \partial\mathcal{O}) > \delta\}$ et $\Gamma_\delta = \partial\mathcal{O}_\delta$. Pour $\varepsilon > 0$ arbitrairement fixé, l'inéquation (1.1) et la compacité de $\partial\mathcal{O}$ entraînent $u(z) \leqslant M + \varepsilon$ sur $\Gamma_\delta$ si $\delta$ est suffisamment petit (dépendamment de $\varepsilon$). Donc, $u(z) \leqslant M + \varepsilon$ sur $\mathcal{O}_\delta$, voire sur $\mathcal{O}$, puisque $\bigcup_{0<\delta<\eta} \mathcal{O}_\delta = \mathcal{O}$ quel que soit $\eta > 0$. Comme $\varepsilon > 0$ est arbitraire, le résultat s'ensuit. □

Les résultats précédents reposent tous sur la compacité de $\overline{\mathcal{O}}$, par suite, de $\partial\mathcal{O}$. Qu'en est-il lorsque $\mathcal{O}$ n'est pas borné ? Alors, le principe du maximum fait défaut, comme le montre ce simple exemple : $u(z) = y$ est harmonique dans le demi-plan supérieur, continue sur sa fermeture, nulle sur sa frontière, mais n'est pas bornée. Pour remédier à la situation, nous recourons à un genre d'arguments dits *arguments de Phragmén–Lindelöf*, illustrés ci-après, — en premier lieu, dans la preuve du *principe du maximum généralisé* :

**Théorème 1.2.** *Soit $\mathcal{D}$ un domaine dont la frontière n'est pas vide. Considérons une fonction, $u(z)$, harmonique dans $\mathcal{D}$ et majorée par un certain nombre $K$. Supposons*

$$\limsup_{\substack{z \in \mathcal{D} \\ z \to \zeta}} u(z) \leqslant M$$

*pour tout $\zeta \in \partial\mathcal{D}$. Alors, $u(z) \leqslant M$ sur $\mathcal{D}$.*

Preuve. Fixons $\zeta_0 \in \partial\mathcal{D}$. Par hypothèse, il existe un $\delta > 0$ tel que $u(z) \leqslant M + \varepsilon$ sur $\mathcal{D}_\delta = \{z \in \mathcal{D} \,;\, |z - \zeta_0| \leqslant \delta\}$. Montrons que cette inégalité vaut aussi sur $\mathcal{O}_\delta = \{z \in \mathcal{D} \,;\, |z - \zeta_0| > \delta\}$, de sorte qu'elle vaut sur tout le domaine.

Pour $\eta > 0$ arbitrairement fixé, posons

$$v(z) = u(z) - \eta \log\left|\frac{z - \zeta_0}{\delta}\right|,$$

qui est bien définie, harmonique et inférieure à $u(z)$ dans $\mathcal{O}_\delta$. Envisageons l'ouvert borné $\mathcal{O}_{\delta,R} = \{z \in \mathcal{O}_\delta \,;\, |z - \zeta_0| < R\}$, où $R > \delta$. Si $\zeta \in \partial\mathcal{O}_{\delta,R}$, tantôt $\zeta \in \partial\mathcal{D}$, dans lequel cas

$$\limsup_{\substack{z \in \mathcal{O}_{\delta,R} \\ z \to \zeta}} v(z) \leqslant \limsup_{\substack{z \in \mathcal{O}_{\delta,R} \\ z \to \zeta}} u(z) \leqslant M\,;$$

tantôt $\zeta \in \partial\mathcal{D}_\delta$, dans lequel cas

$$\limsup_{\substack{z \in \mathcal{O}_{\delta,R} \\ z \to \zeta}} v(z) \leqslant \limsup_{\substack{z \in \mathcal{O}_{\delta,R} \\ z \to \zeta}} u(z) \leqslant M + \varepsilon\,;$$

tantôt $\zeta \in \mathcal{O}_\delta$, dans lequel cas $|\zeta - \zeta_0| = R$ et

$$\limsup_{\substack{z \in \mathcal{O}_{\delta,R} \\ z \to \zeta}} v(z) = v(\zeta) \leqslant K - \eta \log \frac{R}{\delta}.$$

En somme, par le principe du maximum,

$$v(z) \leqslant \max\left\{M + \varepsilon, K - \eta \log \frac{R}{\delta}\right\}$$

sur $\mathcal{O}_{\delta,R}$. Par conséquent, toujours sur $\mathcal{O}_{\delta,R}$,

$$u(z) \leqslant \max\left\{M + \varepsilon, K - \eta \log \frac{R}{\delta}\right\} + \eta \log\left|\frac{z - \zeta_0}{\delta}\right|.$$

Fixons $z \in \mathcal{O}_\delta$. Choisissons $R$ suffisamment grand pour qu'à la fois $z \in \mathcal{O}_{\delta,R}$ (de sorte que l'inéquation précédente vaille) et $K - \eta \log(R/\delta) \leqslant M + \varepsilon$. Nous obtenons

$$u(z) \leqslant M + \varepsilon + \eta \log\left|\frac{z - \zeta_0}{\delta}\right|.$$

Comme $\eta > 0$ est arbitraire, il découle $u(z) \leqslant M + \varepsilon$. Cela vaut sur $\mathcal{O}_\delta$, voire sur tout $\mathcal{D}$, par choix de $\delta$. Finalement, $\varepsilon > 0$ étant arbitraire, le théorème est démontré. □

**Remarques.** (1) Dans ce contexte, la fonction $\log|(z - \zeta_0)/\delta|$ est dite de *Phragmén–Lindelöf.*

(2) Nous avons supposé $u(z) \leqslant K$ pour tout $z \in \mathcal{D}$. Dans quelle mesure cette hypothèse peut-elle être affaiblie ? La précédente preuve fonctionne, sous la supposition plus générale

$$u(z) \leqslant o(\log|z|) \quad \text{quand } z \to \infty.$$

Par contre, la condition $u(z) = O(\log|z|)$ ne suffit pas, comme en fait foi le plus simple exemple : $\log|z|$, défini sur $\mathcal{D} = \{z\ ;\ |z| > 1\}$, tend vers l'infini quand $|z| \to \infty$, mais vaut zéro sur $\partial\mathcal{D}$.

**Cas des fonctions sous-harmoniques.**

**Définition.** Une fonction, $u(z)$, définie sur un ensemble borélien $\mathcal{D}$ dont l'image est incluse dans $[-\infty, \infty[$ est dite *semi-continue supérieurement* sur $\mathcal{D}$ ssi, pour tout $z_0 \in \mathcal{D}$,

$$\limsup_{\substack{z\in\mathcal{D}\\ z\to z_0}} u(z) \leqslant u(z_0).$$

Une telle fonction jouit des propriétés suivantes, dont la vérification, aisée, est laissée au lecteur :

(1) *Pour tout* $a \in [-\infty, \infty[$, $u^{-1}[a, \infty[$ *est fermé pour la topologie induite par* $\mathcal{D}$. *En particulier,* $u(z)$ *est borélienne.*

(2) *Si* $\mathcal{D}$ *est compact, alors* $u(z)$ *est majorée sur* $\mathcal{D}$, *où elle atteint son maximum.*

(3) *Soit* $\mathcal{D}$ *un domaine borné. Si, pour tout* $\zeta \in \partial\mathcal{D}$, *les limites supérieures* $\limsup_{z\in\mathcal{D}, z\to\zeta} u(z)$ *sont finies, alors elles sont uniformément bornées. De plus, définissant*

$$u(\zeta) = \limsup_{\substack{z\in\mathcal{D}\\ z\to\zeta}} u(z)$$

*aux points* $\zeta \in \partial\mathcal{D}$, $u(z)$, *ainsi prolongée, est semi-continue supérieurement sur* $\overline{\mathcal{D}}$.

Les propriétés (1) et (2) assurent que l'intégrale, dans la prochaine définition, est bien définie, — bien qu'elle vaille possiblement $-\infty$ :

**Définition.** Une fonction, $u(z)$, définie sur un domaine $\mathcal{D}$ dont l'image est incluse dans $[-\infty, \infty[$ est dite *sous-harmonique* dans $\mathcal{D}$ ssi

(1) $u(z)$ est semi-continue supérieurement sur $\mathcal{D}$.
(2) Pour tout $z_0 \in \mathcal{D}$ et $\rho > 0$ suffisamment petit (dépendamment de $z_0$),

$$u(z_0) \leqslant \frac{1}{2\pi}\int_{-\pi}^{\pi} u(z_0 + \rho e^{i\theta})\, d\theta.$$

**Remarques.** (1) Si $-u(z)$ est sous-harmonique, $u(z)$ est dite *surharmonique.*
(2) Une fonction est harmonique si et seulement si elle est à la fois sous-harmonique et surharmonique.
(3) Toute combinaison linéaire positive de fonctions sous-harmoniques est sous-harmonique.

Les fonctions de la forme $\log|f(z)|$, où $f(z)$ est analytique dans $\mathcal{D}$, constituent les exemples les plus fréquents de fonctions sous-harmoniques, — en convenant, bien sûr, que $\log|f(z)| = -\infty$ si $f(z) = 0$.

En effet, notons que $\log|f(z)|$ ne prend jamais la valeur $+\infty$ sur $\mathcal{D}$. De plus, pour $z_0 \in \mathcal{D}$ fixé, la continuité de $\log|f(z)|$ en $z_0$ est claire, que $f(z_0)$ soit nul ou non. Finalement, si $f(z_0) = 0$, la propriété (2) de la définition est trivialement vérifiée. Sinon, $\log f(z)$ possède une détermination holomorphe sur un petit disque centré en $z_0$ et contenu dans $\mathcal{D}$. Par la formule de Cauchy,

$$\log f(z_0) = \frac{1}{2\pi} \int_{-\pi}^{\pi} \log f(z_0 + \rho \mathrm{e}^{\mathrm{i}\theta})\, \mathrm{d}\theta,$$

l'égalité des parties réelles des deux membres de l'équation donnant

$$\log|f(z_0)| = \frac{1}{2\pi} \int_{-\pi}^{\pi} \log|f(z_0 + \rho \mathrm{e}^{\mathrm{i}\theta})|\, \mathrm{d}\theta.$$

Le principe du maximum et sa généralisation s'étendent au cas des fonctions sous-harmoniques :

**Théorème 1.3.** *Soit donnée une fonction, $u(z)$, sous-harmonique dans un domaine borné $\mathcal{D}$. Supposons*

$$\limsup_{\substack{z \in \mathcal{D} \\ z \to \zeta}} u(z) \leqslant M$$

*pour tout $\zeta \in \partial\mathcal{D}$. Alors, $u(z) \leqslant M$ sur $\mathcal{D}$.*

PREUVE. Définissons

$$u(\zeta) = \limsup_{\substack{z \in \mathcal{D} \\ z \to \zeta}} u(z),$$

pour $\zeta$ sur la frontière de $\mathcal{D}$. Par les propriétés mentionnées des fonctions semi-continues, $u(z)$, ainsi prolongée, demeure semi-continue supérieurement et atteint son maximum, $K$. Supposons que ce maximum soit atteint en un certain $z_0 \in \mathcal{D}$ — autrement, le résultat s'ensuivrait. Par sous-harmonicité,

$$K = u(z_0) \leqslant \frac{1}{2\pi} \int_{-\pi}^{\pi} u(z_0 + \rho \mathrm{e}^{\mathrm{i}\theta})\, \mathrm{d}\theta$$

pour $0 < \rho < r_0$, — où $r_0$ est suffisamment petit. Par conséquent,

$$u(z_0 + \rho \mathrm{e}^{\mathrm{i}\theta}) = K \quad \text{p.p.}$$ [1]

lorsque $0 < \rho < r_0$ et $\theta \in [-\pi, \pi]$, c'est-à-dire $u(z) = K$ p.p. sur $\mathcal{B}(z_0, r_0)$.

Déduisons que $u(z) = K$ sur tout $\mathcal{B}(z_0, r_0)$. Pour tout $z$ dans cette boule, il existe une suite, $\{z_n\}$, convergeant vers $z$ et vérifiant $u(z_n) = K$. Par semi-continuité supérieure,

$$K = \lim_n u(z_n) \leqslant u(z).$$

Comme $K$ est maximal, il résulte $u(z) = K$ sur tout $\mathcal{B}(z_0, r_0)$.

Étendons le résultat à tout $\mathcal{D}$. Pour ce faire, envisageons l'ensemble

$$\mathcal{G} = \{z \in \mathcal{D} \,;\, u = K \text{ en un voisinage de } z\},$$

[1] Presque partout.

clairement ouvert, et considérons une suite, $\{z_n\}$, dans $\mathcal{G}$, convergeant vers un point $z^* \in \mathcal{D}$. À nouveau,

$$K = \lim_n u(z_n) \leqslant u(z^*) \leqslant K,$$

c'est-à-dire $u(z^*) = K$. Par ce qui précède, nous avons même $z^* \in \mathcal{G}$. En d'autres mots, $\mathcal{G}$ est fermé pour la topologie induite par $\mathcal{D}$. Étant également ouvert (pour cette même topologie), la connexité de $\mathcal{D}$ entraîne $\mathcal{G} \in \{\varnothing, \mathcal{D}\}$. Comme $z_0 \in \mathcal{G}$, nécessairement $\mathcal{G} = \mathcal{D}$, c'est-à-dire $u(z) = K$ sur tout $\mathcal{D}$.

Finalement, le résultat se prolonge à la frontière de $\mathcal{D}$ : pour tout $\zeta \in \partial\mathcal{D}$, il existe une suite $\{z_n\}$ dans $\mathcal{D}$ convergeant vers $\zeta$, vérifiant donc

$$K = \lim_n u(z_n) \leqslant u(\zeta) \leqslant K,$$

d'où $u(\zeta) = K$. Nous avons alors $K \leqslant M$ et le résultat s'ensuit. □

Notre preuve du principe du maximum généralisé (théorème 1.2) repose entièrement sur l'application du principe du maximum à la fonction harmonique

$$v(z) = u(z) - \eta \log\left|\frac{z - \zeta_0}{\delta}\right|.$$

Si plutôt, dans nos hypothèses, $u(z)$ était sous-harmonique, alors $v(z)$ le serait également (car $-\eta \log|(z - \zeta_0)/\delta|$ est harmonique dans la région considérée) et le principe du maximum s'y appliquerait. Pour cette raison,

**Théorème 1.4.** *Le principe du maximum généralisé vaut, pour les fonctions sous-harmoniques.*

### 1.1.2. Autres arguments de Phragmén–Lindelöf.

**Sur un secteur angulaire.** Pour une fonction définie sur un secteur angulaire, plutôt que sur un domaine en général, la condition d'être bornée peut être allégée de la manière suivante, sans affecter la conclusion du principe généralisé du maximum :

**Théorème 1.5.** *Soit $u(z)$ une fonction sous-harmonique dans un secteur angulaire, $\mathcal{S}$, issu de l'origine et d'angle $2\gamma$, — où $0 < \gamma \leqslant \pi/2$. Supposons, pour tout $\zeta \in \partial\mathcal{S}$,*

$$\limsup_{\substack{z \in \mathcal{S} \\ z \to \zeta}} u(z) \leqslant M.$$

*S'il existe un $\alpha < \pi/(2\gamma)$ et une constante $C > 0$ tels que $u(z) \leqslant C|z|^\alpha$, alors $u(z) \leqslant M$ dans $\mathcal{S}$.*

**Remarque.** La conclusion de ce théorème fait défaut pour $\alpha = \pi/(2\gamma)$. Pour cette raison, le nombre $\pi/(2\gamma)$ est dit *exposant critique*, dans ce contexte.

PREUVE. Quitte à remplacer $z$ par $\mathrm{e}^{\mathrm{i}\beta}z$ pour le bon $\beta$, supposons, sans perte de généralité,

$$\mathcal{S} = \{z\ ;\ z \neq 0 \text{ et } |\arg z| < \gamma\}.$$

Fixons $\alpha < \alpha' < \pi/(2\gamma)$. Comme $\mathcal{S}$, simplement connexe, ne contient pas l'origine, la fonction $z^{\alpha'}$ y est holomorphe. En particulier, sa partie réelle y est harmonique. Comme cette dernière, évaluée en $z = r\mathrm{e}^{\mathrm{i}\theta}$, vaut $r^{\alpha'}\cos\alpha'\theta$, les conditions $0 < \alpha' < \pi/(2\gamma)$ et $|\theta| < \gamma$ la rendent non négative, même qu'en réalité $\Re(z^{\alpha'}) \geqslant Dr^{\alpha'}$, en posant $D = \cos(\alpha'\gamma) > 0$.

Définissons, sur $\mathcal{S}$,

$$u_\eta(z) = u(z) - \eta\Re(z^{\alpha'}),$$

où $\eta > 0$ est arbitrairement fixé. Cette fonction est sous-harmonique et vérifie, pour $\zeta \in \partial\mathcal{S}$,

$$\limsup_{\substack{z\in\mathcal{S}\\ z\to\zeta}} u_\eta(z) \leqslant M.$$

De plus, $u_\eta(r\mathrm{e}^{\mathrm{i}\theta}) \leqslant Cr^\alpha - \eta Dr^{\alpha'}$, où le membre de droite est inférieur à $M$ si $r > R$, — pour un certain $R$. Donc, $u_\eta(z) \leqslant M$ sur $\{z \in \mathcal{S}\ ;\ |z| \geqslant R\}$, voire sur tout $\mathcal{S}$, — par le principe du maximum.

Ainsi, pour $z \in \mathcal{S}$ arbitrairement fixé,

$$u(z) = u_\eta(z) + \eta\Re(z^{\alpha'}) \leqslant M + \eta\Re(z^{\alpha'}).$$

Comme $\eta > 0$ est arbitraire, il résulte $u(z) \leqslant M$ sur $\mathcal{S}$. □

**Cas limite du précédent théorème.** Quelle conséquence la méthode de Phragmén–Lindelöf permet-elle de tirer si $\alpha$ vaut l'exposant critique, $\pi/(2\gamma)$, — dans lequel cas la conclusion du théorème précédent faillit ?

Concentrons-nous sur le cas où $\gamma = \pi/2$, c'est-à-dire où le secteur $\mathcal{S}$ est un demi-plan (les autres cas s'y ramènent, par un changement de variables de la forme $z \mapsto z^\beta$). Sans restreindre la généralité, nous supposons $\mathcal{S}$ égal au demi-plan supérieur, à savoir $\Im z > 0$.

**Théorème 1.6.** *Soit $u(z)$ une fonction sous-harmonique, définie sur $\Im z > 0$ et vérifiant, pour tout $x \in \mathbb{R}$,*

$$\limsup_{\substack{\Im z>0\\ z\to x}} u(z) \leqslant M.$$

*Si $u(z) \leqslant C|z|$, alors*

$$u(z) \leqslant M + a\Im z,$$

*où $a = \limsup_{y\to\infty} u(\mathrm{i}y)/y$.*

PREUVE. Puisque $u(\mathrm{i}y) \leqslant Cy$ pour $y > 0$, il est clair que $-\infty \leqslant a < \infty$. Pour $a' > a$ arbitrairement fixé, la fonction $a'\Im z$ est harmonique et vérifie trivialement

$$\limsup_{\substack{\Im z>0\\ z\to x}} a'\Im z = 0$$

pour tout $x \in \mathbb{R}$. Par conséquent, la fonction $v(z) = u(z) - a'\Im z$ est sous-harmonique dans $\Im z > 0$ et vérifie

$$\limsup_{\substack{\Im z>0\\ z\to x}} v(z) \leqslant M.$$

Considérons le premier quadrant du plan cartésien. Sur sa frontière horizontale, l'inéquation précédente signifie que la limite supérieure de $v(z)$ est majorée par $M$, tandis que, sur sa frontière verticale, $v(z)$ est majorée par un certain $K$, par choix de $a'$. En effet,

$$v(\mathrm{i}y) = \left(\frac{u(\mathrm{i}y)}{y} - a'\right)y \leqslant 0$$

si $y > H$, — pour un certain $H$. Comme $v(\mathrm{i}y)$ est majorée pour $0 < y \leqslant H$, la précédente affirmation est justifiée.

Puisque le premier quadrant est un secteur d'angle $\pi/2$, l'exposant critique, en vue d'appliquer le théorème 1.5, vaut 2. Or,

$$v(z) \leqslant C|z| - a'\Im z \leqslant (C + |a'|)|z|.$$

Donc, par le théorème cité, $v(z)$ est bornée — par $\max\{M, K\}$ — sur le premier quadrant.

Un argument semblable montre que $v(z)$ est bornée sur le deuxième quadrant, donc, sur tout $\Im z > 0$. Par le principe du maximum généralisé, $v(z) \leqslant M$ sur ce demi-plan. Il découle

$$u(z) = v(z) + a'\Im z \leqslant M + a'\Im z.$$

Comme $a' > a$ est arbitraire, le résultat s'ensuit. □

**Remarque.** L'hypothèse $u(z) \leqslant C|z|$ peut être remplacée par $u(z) \leqslant C|z| + B$, pour une constante arbitraire $B$, sans changer le résultat, — ce qui peut être vu en appliquant le théorème précédent à la fonction $u(z) - B$.

De cette remarque et du théorème, il s'ensuit immédiatement :

**Corollaire.** *Soit $f(z)$ une fonction continue sur $\Im z \geqslant 0$, analytique dans $\Im z > 0$ et vérifiant $|f(x)| \leqslant M$ sur $\mathbb{R}$. Si, pour des constantes $\alpha > 0$ et $C > 0$,*

$$|f(z)| \leqslant C\mathrm{e}^{\alpha|z|} \tag{1.2}$$

*sur $\Im z \geqslant 0$, alors, sur ce demi-plan,*

$$|f(z)| \leqslant M\mathrm{e}^{a\Im z},$$

*où $a = \limsup_{y\to\infty} y^{-1}\log|f(\mathrm{i}y)|$.*

**Définition.** Les fonctions vérifiant (1.2) sur un ensemble donné sont dites *de type exponentiel* sur cet ensemble.

Le précédent corollaire n'est qu'un premier pas dans leur investigation, poursuivie à la prochaine section.

## 1.2. Théorème de Paley–Wiener

*Le* théorème de Paley–Wiener, *que nous démontrons, fournit une condition suffisante pour qu'une fonction soit la transformée de Fourier d'un $\varphi(\lambda)$ à support compact. Nous nous soucions, par la suite, de calculer précisément l'intervalle de support d'un tel $\varphi(\lambda)$.*

Poursuivons l'investigation des fonctions de type exponentiel ; celles-ci sont importantes en analyse de Fourier. Soit, par exemple, $\varphi \in L^1[-a,b]$ et considérons l'intégrale

$$\int_{-a}^{b} \mathrm{e}^{\mathrm{i}\lambda z}\varphi(\lambda)\,\mathrm{d}\lambda.$$

Puisque $|\mathrm{e}^{\mathrm{i}\lambda z}| = \mathrm{e}^{-\lambda\Im z}$, celle-ci est absolument convergente sur tout le plan, donnant une fonction, $f(z)$, bien définie, voire entière.[2] Cette dernière est aussi de type exponentiel dans $\mathbb{C}$, car $|f(z)| \leqslant \|\varphi\|_1 \mathrm{e}^{a\Im z}$ sur le demi-plan supérieur, tandis que $|f(z)| \leqslant \|\varphi\|_1 \mathrm{e}^{b|\Im z|}$ sur le demi-plan inférieur. Il est intéressant de noter, pour référence ultérieure, que ces précédentes inégalités mènent aux relations suivantes :

$$\limsup_{y\to\infty} \frac{\log|f(\mathrm{i}y)|}{y} \leqslant a \quad \text{et} \quad \limsup_{y\to-\infty} \frac{\log|f(\mathrm{i}y)|}{|y|} \leqslant b.$$

Le théorème de Paley–Wiener nous révèlera que les fonctions entières de type exponentiel sont, sous certaines conditions, de la forme précédente. Auparavant,

**Théorème 1.7.** *Soit $f(z)$ une fonction analytique dans $\Im z > 0$, continue et de type exponentiel sur $\Im z \geqslant 0$. Fixons $H > 0$ arbitrairement. Si*

$$\lim_{x\to\pm\infty} f(x) = 0,$$

*alors*

$$\lim_{x\to\pm\infty} f(x+\mathrm{i}y) = 0$$

*uniformément sur la bande $\{x+\mathrm{i}y\ ;\ 0 \leqslant y \leqslant H\}$.*

Preuve. Posons $a = \limsup_{y\to\infty} y^{-1}\log|f(\mathrm{i}y)|$, puis fixons arbitrairement $\varepsilon > 0$ et $b > a$. Puisque $\lim_{x\to\pm\infty} f(x) = 0$, d'une part, il existe un $X > 0$ tel que

$$|\mathrm{e}^{\mathrm{i}bx}f(x)| = |f(x)| \leqslant \mathrm{e}^{-bH}\varepsilon \quad \text{si } x \geqslant X. \tag{1.3}$$

D'autre part, il existe un $M > 0$ tel que $|f(x)| \leqslant M$ pour tout $x \in \mathbb{R}$. Par le corollaire du théorème 1.6, $|f(z)| \leqslant M\mathrm{e}^{a\Im z}$ sur $\Im z \geqslant 0$. Par conséquent, sur

---

[2]En effet, puisque $|\mathrm{e}^{\mathrm{i}z} - 1| \leqslant |z|\mathrm{e}^{|z|}$ pour tout nombre complexe $z$, l'intégrande de $\int_{-a}^{b}((\mathrm{e}^{\mathrm{i}\lambda(z+h)} - \mathrm{e}^{\mathrm{i}\lambda z})/h)\varphi(\lambda)\,\mathrm{d}\lambda$ est dominée par $|\lambda\varphi(\lambda)|\exp(-\lambda\Im z + \frac{1}{2}|\lambda\Im z|)$ pour $h$ complexe vérifiant $|h| < |\Im z|/2$. Incidemment, ce dominant reste valable pour $b = \infty$ si $\Im z > 0$, ou pour $a = \infty$ si $\Im z < 0$. (*N.d.T.*)

ce demi-plan, $|e^{ibz}f(z)| \leqslant Me^{-(b-a)\Im z}$ et il existe un $Y$, que nous prenons plus grand que $H$, tel que

$$|e^{ibz}f(z)| \leqslant e^{-bH}\varepsilon \quad \text{si } \Im z \geqslant Y. \tag{1.4}$$

Nous nous intéressons au secteur ouvert suivant :

$$\mathcal{S} = \{x + iy ; x > X \text{ et } y > 0\}.$$

Envisageons la fonction, définie sur $\Im z \geqslant 0$,

$$g_K(z) = \frac{z}{z + iK} e^{ibz} f(z)$$

pour un très grand $K$, au point où

$$|g_K(X + iy)| \leqslant e^{-bH}\varepsilon \quad \text{si } 0 \leqslant y \leqslant Y. \tag{1.5}$$

Puisque $|z/(z + iK)| < 1$, $g_K(z)$ est de type exponentiel sur $\Im z \geqslant 0$. Pour la même raison — et en vertu des relations (1.3), (1.4) et (1.5), —

$$|g_K(z)| \leqslant e^{-bH}\varepsilon \quad \text{sur } \partial\mathcal{S}.$$

Ainsi, le théorème 1.5, — qui s'applique, puisque l'exposant critique vaut 2, — entraîne $|g_K(z)| \leqslant e^{-bH}\varepsilon$ pour tout $z \in \mathcal{S}$.[3] Par conséquent, si $z = x + iy$ vérifie $0 \leqslant y \leqslant H$ et $x \geqslant X$, alors

$$|f(z)| = \left|\frac{z + iK}{z}\right| |e^{-ibz} g_K(z)| \leqslant \left|\frac{z + iK}{z}\right| e^{by} e^{-bH}\varepsilon \leqslant \left|\frac{z + iK}{z}\right| \varepsilon.$$

Or, pour de tels $z$, $\lim_{x\to\infty} |(z + iK)/z| = 1$ uniformément en $y \in [0, H]$. Donc, en prenant $x$ suffisamment grand, $|f(x + iy)| < 2\varepsilon$ pour tout $0 \leqslant y \leqslant H$. Un raisonnement analogue mène à la même conclusion pour $-x$ suffisamment grand (en valeur absolue). Puisque $\varepsilon > 0$ est arbitraire, ceci complète la démonstration. □

La démonstration du théorème de Paley–Wiener recourt au théorème de Plancherel, — que nous croyons bon de rappeler. Ce dernier stipule que, pour une fonction $f(x) \in L^2(\mathbb{R})$ donnée, les intégrales

$$\hat{f}_A(\lambda) = \frac{1}{\sqrt{2\pi}} \int_{-A}^{A} e^{i\lambda x} f(x)\, dx,$$

lorsque $A \to \infty$, tendent *en norme* $L^2$ vers une fonction $\hat{f}(\lambda)$ vérifiant

$$\|\hat{f}\|_2 = \|f\|_2.$$

Parallèlement, les intégrales

$$f_A(x) = \frac{1}{\sqrt{2\pi}} \int_{-A}^{A} e^{-ix\lambda} \hat{f}(\lambda)\, d\lambda$$

[3]À strictement parler, le théorème 1.5 est appliqué à la fonction $\log|g_K(z + X)|$, qui vérifie une inégalité de la forme $\log|g_K(z + X)| \leqslant C|z|$ sur le premier quadrant. (*N.d.T.*)

tendent, toujours en norme $L^2$, vers $f(x)$. Notons qu'en conséquence, il existe une suite $A_n \to \infty$, qui dépend *a priori* de $f(x)$, — bien qu'une analyse plus profonde montre qu'elle n'en dépend pas, — telle que

$$\lim_{n\to\infty} \frac{1}{\sqrt{2\pi}} \int_{-A_n}^{A_n} e^{i\lambda x} f(x)\, dx = \hat{f}(\lambda) \text{ p.p.}$$

Voici enfin le *théorème de Paley–Wiener* :

**Théorème 1.8.** *Toute fonction entière, de type exponentiel et dont la restriction à l'axe réel est dans* $L^2(\mathbb{R})$ *est de la forme*

$$f(z) = \int_{-a}^{b} e^{i\lambda z} \varphi(\lambda)\, d\lambda,$$

*où* $\varphi(\lambda) \in L^2[-a, b]$ *et*

$$a = \limsup_{y\to\infty} \frac{\log|f(iy)|}{y}, \qquad b = \limsup_{y\to-\infty} \frac{\log|f(iy)|}{|y|}.$$

PREUVE. Par hypothèse, il existe des constantes $C > 0$ et $A > 0$ telles que

$$|f(z)| \leqslant C e^{A|z|}. \tag{1.6}$$

Définissons, pour $h > 0$,

$$f_h(z) = \frac{1}{2h} \int_{-h}^{h} f(z+t)\, dt.$$

Cette fonction jouit des propriétés suivantes, — dont la démonstration est laissée au lecteur :

(1) $f_h(z)$ est entière.
(2) Pour tout $h > 0$, il existe un $C_h < \infty$ tel que $|f_h(z)| \leqslant C_h e^{A|z|}$, — où la constante $A$ provient de (1.6).
(3) Pour tout $h > 0$, il existe un $M_h < \infty$ tel que $f_h(x) \leqslant M_h$ sur $\mathbb{R}$.
(4) Mieux encore, $\lim_{x\to\pm\infty} f_h(x) = 0$.
(5) $f_h(x)$ est dans $L^2(\mathbb{R})$.
(6) $\lim_{h\to 0} \|f_h(x) - f(x)\|_2 = 0$.

Recourant au théorème de Plancherel, nous définissons

$$\varphi_h(\lambda) = \frac{1}{2\pi} \operatorname*{l.i.m.}_{R\to\infty} \int_{-R}^{R} e^{-i\lambda x} f_h(x)\, dx \tag{1.7}$$

et

$$\varphi(\lambda) = \frac{1}{2\pi} \operatorname*{l.i.m.}_{R\to\infty} \int_{-R}^{R} e^{-i\lambda x} f(x)\, dx,$$ [4]

de sorte que

$$\lim_{h\to 0} \|\varphi_h - \varphi\|_2 = 0. \tag{1.8}$$

[4] l.i.m. pour *limit in mean*, la limite en norme $L^2$.

Démontrons d'abord qu'en dehors de $[-A, A]$, $\varphi_h(\lambda)$ s'annule presque partout, quel que soit $h > 0$. Vu les propriétés (1), (2) et (3) de $f_h(z)$, le corollaire du théorème 1.6 s'applique, entraînant

$$|f_h(z)| \leqslant M_h \mathrm{e}^{A|\Im z|}. \tag{1.9}$$

Vu les propriétés (1), (2), (3) et (4) de $f_h(z)$, le théorème 1.7 s'applique également, de sorte que, pour $L > 0$ arbitrairement fixé,

$$\lim_{x\to\pm\infty} f_h(x+\mathrm{i}y) = 0 \quad \text{uniformément sur } |\Im z| \leqslant L. \tag{1.10}$$

Laissons $\lambda$ varier en dehors de $[-A, A]$, — pour le moment, dans $]-\infty, -A[$. Par (1.7), il existe une suite, $\{R_k\}$, tendant vers l'infini, telle que

$$\varphi_h(\lambda) = \frac{1}{2\pi} \lim_{k\to\infty} \int_{-R_k}^{R_k} \mathrm{e}^{-\mathrm{i}\lambda x} f_h(x)\,\mathrm{d}x \text{ p.p.}$$

Il suffit de démontrer, pour tout $\lambda \in\, ]-\infty, -A[$,

$$\lim_{R\to\infty} \int_{-R}^{R} \mathrm{e}^{-\mathrm{i}\lambda x} f_h(x)\,\mathrm{d}x \overset{?}{=} 0$$

pour conclure $\varphi_h(\lambda) = 0$ p.p. dans ce même intervalle. À cette fin, fixons $\varepsilon > 0$ et $\lambda \in\, ]-\infty, -A[$, et posons $\eta = -(A+\lambda) > 0$. Pour $R > 0$, envisageons le chemin d'intégration $\Gamma_R = \mathrm{I} * \mathrm{II} * \mathrm{III}$, où

$$\begin{aligned} \mathrm{I} &= [-R, -R+\mathrm{i}R], \\ \mathrm{II} &= [-R+\mathrm{i}R, R+\mathrm{i}R], \\ \mathrm{III} &= [R+\mathrm{i}R, R], \end{aligned}$$

en convenant de désigner par $[a, b]$ le segment orienté joignant $a$ et $b$, et par $*$ la concaténation. Par le théorème de Cauchy,

$$\int_{-R}^{R} \mathrm{e}^{-\mathrm{i}\lambda x} f_h(x)\,\mathrm{d}x = \int_{\Gamma_R} \mathrm{e}^{-\mathrm{i}\lambda z} f_h(z)\,\mathrm{d}z.$$

Or, par (1.9),

$$\left|\int_{\mathrm{II}} \mathrm{e}^{-\mathrm{i}\lambda z} f_h(z)\,\mathrm{d}z\right| \leqslant 2RM_h \mathrm{e}^{-\eta R} \leqslant \varepsilon$$

pour $R$ suffisamment grand. De plus, considérons la décomposition

$$\int_{\mathrm{I}} \mathrm{e}^{-\mathrm{i}\lambda z} f_h(z)\,\mathrm{d}z = \mathrm{i}\int_{[0,L]*[L,R]} \mathrm{e}^{-\mathrm{i}\lambda(-R+\mathrm{i}y)} f_h(-R+\mathrm{i}y)\,\mathrm{d}y,$$

où $L$ est si grand que $M_h \mathrm{e}^{-\eta L}/\eta \leqslant \varepsilon$ et où $R > L$. Comme

$$|\mathrm{e}^{-\mathrm{i}\lambda(-R+\mathrm{i}y)} f_h(-R+\mathrm{i}y)| \leqslant M_h \mathrm{e}^{-\eta y},$$

nous trouvons

$$\left|\int_{L}^{R} \mathrm{e}^{-\mathrm{i}\lambda(-R+\mathrm{i}y)} f_h(-R+\mathrm{i}y)\,\mathrm{d}y\right| \leqslant M_h \int_{L}^{R} \mathrm{e}^{-\eta y}\,\mathrm{d}y \leqslant \varepsilon$$

par choix de $L$, tandis que

$$\left|\int_0^L \mathrm{e}^{-\mathrm{i}\lambda(-R+\mathrm{i}y)} f_h(-R+\mathrm{i}y)\,\mathrm{d}y\right| \leqslant \mathrm{e}^{|\lambda| L} L \sup_{0\leqslant y\leqslant L} |f_h(-R+\mathrm{i}y)| \leqslant \varepsilon$$

pour $R$ suffisamment grand, — en vertu de la propriété (1.10). Ainsi, pour $R$ grand,

$$\left|\int_{\mathrm{I}} \mathrm{e}^{-\mathrm{i}\lambda z} f_h(z)\,\mathrm{d}z\right| \leqslant 2\varepsilon.$$

Finalement, un raisonnement analogue montre que, pour $R$ grand,

$$\left|\int_{\mathrm{III}} \mathrm{e}^{-\mathrm{i}\lambda z} f_h(z)\,\mathrm{d}z\right| \leqslant 2\varepsilon.$$

Donc, au total, $|\int_{-R}^R \mathrm{e}^{-\mathrm{i}\lambda z} f_h(z)\,\mathrm{d}z| \leqslant 5\varepsilon$ pour $R$ suffisamment grand, d'où il s'ensuit

$$\lim_{R\to\infty}\left|\int_{-R}^R \mathrm{e}^{-\mathrm{i}\lambda z} f_h(z)\,\mathrm{d}z\right| = 0,$$

et ce, pour $\lambda < -A$, — tel que désiré.

En utilisant plutôt le demi-plan inférieur, c'est-à-dire le chemin d'intégration $[-R, -R-\mathrm{i}R] * [-R-\mathrm{i}R, R-\mathrm{i}R] * [R-\mathrm{i}R, R]$, la même conclusion est tirée pour $\lambda > A$. En somme, pour $\lambda \notin [-A, A]$,

$$\lim_{R\to\infty}\int_{-R}^R \mathrm{e}^{-\mathrm{i}\lambda x} f_h(x)\,\mathrm{d}x = 0, \tag{1.11}$$

d'où nous inférons, tel qu'annoncé, $\varphi_h(\lambda) = 0$ p.p. en dehors de $[-A, A]$.

La relation (1.8) nous permet de tirer la même conclusion pour $\varphi(\lambda)$ et, comme $f(x) = \mathrm{l.i.m.}_{R\to\infty} \int_{-R}^R \mathrm{e}^{\mathrm{i}\lambda x}\varphi(\lambda)\,\mathrm{d}\lambda$, de déduire

$$f(x) = \int_{-A}^A \mathrm{e}^{\mathrm{i}\lambda x}\varphi(\lambda)\,\mathrm{d}\lambda \text{ p.p.}$$

Mieux encore, $\varphi(\lambda) \in L^2(\mathbb{R})$ entraîne $\varphi(\lambda) \in L^1[-A, A]$, de sorte que la fonction $\int_{-A}^A \mathrm{e}^{\mathrm{i}\lambda z}\varphi(\lambda)\,\mathrm{d}\lambda$ est bien définie sur $\mathbb{C}$, voire entière. Comme elle est égale à $f$ presque partout sur $\mathbb{R}$, par le principe de permanence,

$$f(z) = \int_{-A}^A \mathrm{e}^{\mathrm{i}\lambda z}\varphi(\lambda)\,\mathrm{d}\lambda$$

partout sur $\mathbb{C}$. Ajoutons que, par le lemme de Riemann–Lebesgue,

$$\lim_{x\to\pm\infty} f(x) = 0.$$

Resserrons nos bornes d'intégration. Pour $a$ et $b$ tels que précisés dans l'énoncé, posons $m = (b-a)/2$ et envisageons

$$g(z) = \mathrm{e}^{-\mathrm{i}mz} f(z) = \int_{-A-m}^{A-m} \mathrm{e}^{\mathrm{i}\lambda' z}\varphi(\lambda'+m)\,\mathrm{d}\lambda'. \tag{1.12}$$

Il s'agit d'une fonction entière, de type exponentiel, dont la restriction à l'axe réel est à carré sommable et vérifie $\lim_{x\to\pm\infty} g(x) = 0$. En particulier, il existe un $M' > 0$ tel que $|g(x)| \leqslant M'$ pour tout $x \in \mathbb{R}$. Or, cette fois,

$$\limsup_{y\to\infty} \frac{\log|g(\mathrm{i}y)|}{y} = A' \quad \text{et} \quad \limsup_{y\to-\infty} \frac{\log|g(\mathrm{i}y)|}{|y|} = A',$$

où $A' = (a+b)/2$. Par le corollaire du théorème 1.6, il s'ensuit [5]

$$|g(z)| \leqslant M'\mathrm{e}^{A'|\Im z|}.$$

En raisonnant sur $g(z)$, $A'$ et $M'$ comme nous l'avons fait sur $f_h(z)$, $A$ et $M_h$, et ce, pour passer de la relation (1.9) à (1.11), nous obtenons, pour $\lambda' \notin [-A', A']$,

$$\lim_{R\to\infty} \int_{-R}^{R} \mathrm{e}^{-\mathrm{i}\lambda' x} g(x)\,\mathrm{d}x = 0.$$

Comme, dans l'équation (1.12), la fonction $\varphi(\lambda' + m)$ est dans $L^2(\mathbb{R})$, le théorème de Plancherel entraîne alors $\varphi(\lambda' + m) = 0$ p.p. hors de $[-A', A']$, c'est-à-dire

$$g(z) = \int_{-A'}^{A'} \mathrm{e}^{\mathrm{i}\lambda' z} \varphi(\lambda' + m)\,\mathrm{d}\lambda'.$$

De là, la relation $f(z) = \mathrm{e}^{\mathrm{i}mz} g(z)$ implique

$$f(z) = \int_{-a}^{b} \mathrm{e}^{\mathrm{i}\lambda z} \varphi(\lambda)\,\mathrm{d}\lambda,$$

ce qui complète la démonstration. □

**Scolie.** S'il arrivait, dans la conclusion du précédent théorème, que $\varphi(\lambda)$, défini sur $[-a, b]$, s'annule au voisinage de $-a$, alors $f(z)$ pourrait aussi s'écrire

$$f(z) = \int_{-a+\delta}^{b} \mathrm{e}^{\mathrm{i}\lambda z} \varphi(\lambda)\,\mathrm{d}\lambda$$

pour un certain $\delta > 0$. Ainsi, vu les premiers paragraphes de cette section, nous obtiendrions

$$a = \limsup_{y\to\infty} \frac{\log|f(\mathrm{i}y)|}{y} \leqslant a - \delta,$$

ce qui est absurde. Puisque le même raisonnement tient pour $b$, ceci montre que, dans la conclusion du théorème de Paley–Wiener, $[-a, b]$ est l'intervalle de support [6] de la fonction $\varphi(\lambda)$.

---

[5] Ici il devient clair, en invoquant la relation suivante et le théorème de Liouville, que $A' > 0$, — en d'autres mots, que $]-a, b[\, \neq 0$. (*N.d.T.*)

[6] Par *intervalle de support* d'une fonction, nous entendons le plus petit intervalle fermé en dehors duquel la fonction s'annule presque partout.

**Complément.** Pour $0 < A < \infty$ et $\varphi(\lambda) \in L^1[-A, A]$ donnés, considérons la fonction

$$f(z) = \frac{1}{2\pi} \int_{-A}^{A} \mathrm{e}^{\mathrm{i}\lambda z} \varphi(\lambda)\, \mathrm{d}\lambda.$$

Posons, comme toujours,

$$a = \limsup_{y \to \infty} \frac{\log|f(\mathrm{i}y)|}{y} \quad \text{et} \quad b = \limsup_{y \to -\infty} \frac{\log|f(\mathrm{i}y)|}{|y|}.$$

Nous l'avons vu au début de cette section, $-A \leqslant -a$ et $b \leqslant A$. Est-il vrai que $[-a, b]$ est l'intervalle de support de $\varphi(\lambda)$ en général ?

Dans le cas où $f(x) \in L^2(\mathbb{R})$, — ce qui revient à dire, par le théorème de Plancherel, que $\varphi(\lambda) \in L^2[-A, A]$, — le théorème de Paley–Wiener permet d'écrire

$$f(z) = \frac{1}{2\pi} \int_{-A}^{A} \mathrm{e}^{\mathrm{i}\lambda z} \tilde{\varphi}(\lambda)\, \mathrm{d}\lambda$$

pour un $\tilde{\varphi}(\lambda) \in L^2[-a, b]$ dont l'intervalle de support est précisément $[-a, b]$. Toujours par le théorème de Plancherel, il découle que $\varphi(\lambda)$ et $\tilde{\varphi}(\lambda)$, prolongés de manière nulle en dehors de leurs domaines de définition respectifs, sont égaux presque partout. En particulier, l'intervalle de support de $\varphi$ est alors $[-a, b]$.

Si $\varphi \in L^1[-A, A]$ seulement, le hic peut être contourné de la manière suivante.

**Théorème 1.9.** *Dans le contexte précédent, l'intervalle de support de $\varphi(\lambda)$ vaut $[-a, b]$.*

Preuve. Après avoir prolongé $\varphi(\lambda)$ de manière nulle hors de $[-A, A]$, posons, pour $h > 0$,

$$\varphi_h(\lambda) = \frac{1}{2h} \int_{-h}^{h} \varphi(\lambda - t)\, \mathrm{d}t.$$

Ainsi, $\varphi_h(\lambda)$ s'annule hors de $[-A - h, A + h]$ et vérifie

$$|\varphi_h(\lambda)| \leqslant \frac{1}{2h} \|\varphi\|_1 < \infty,$$

donc, est intégrable, voire à carré sommable. De plus,

$$\lim_{h \to 0} \|\varphi_h(\lambda) - \varphi(\lambda)\|_1 = 0.$$

Posons

$$f_h(x) = \frac{1}{2\pi} \int_{-A-h}^{A+h} \mathrm{e}^{\mathrm{i}\lambda x} \varphi_h(\lambda)\, \mathrm{d}\lambda,$$

qui est aussi à carré sommable. Par le théorème de Fubini,

$$\begin{aligned}
f_h(x) &= \frac{1}{2\pi}\int_{-\infty}^{\infty} \mathrm{e}^{\mathrm{i}\lambda x}\frac{1}{2h}\int_{-h}^{h}\varphi(\lambda-t)\,\mathrm{d}t\,\mathrm{d}\lambda \\
&= \frac{1}{2h}\int_{-h}^{h}\frac{1}{2\pi}\int_{-\infty}^{\infty}\varphi(\lambda-t)\mathrm{e}^{\mathrm{i}(\lambda-t)x}\,\mathrm{d}\lambda\,\mathrm{e}^{\mathrm{i}tx}\,\mathrm{d}t \\
&= f(x)\frac{1}{2h}\int_{-h}^{h}\mathrm{e}^{\mathrm{i}tx}\,\mathrm{d}t = f(x)\frac{\sin hx}{hx}.
\end{aligned}$$

Par conséquent, le prolongement entier de $f_h(x)$ vaut

$$f_h(z) = \frac{1}{2\pi}\int_{-A-h}^{A+h}\mathrm{e}^{\mathrm{i}\lambda z}\varphi_h(\lambda)\,\mathrm{d}\lambda = f(z)\frac{\sin hz}{hz}. \tag{1.13}$$

De plus, $|f_h(z)| \leqslant C\mathrm{e}^{(A+h)|z|}$ pour une constante $C$ calculable, — de sorte que le théorème de Paley–Wiener s'applique à $f_h(z)$.

Pour $h$ fixé, l'équation (1.13) entraîne

$$|f_h(\mathrm{i}y)| = |f(\mathrm{i}y)|\mathrm{e}^{h|y|}O\Big(\frac{1}{|y|}\Big)$$

quand $|y| \to \infty$, c'est-à-dire

$$\frac{\log|f_h(\mathrm{i}y)|}{|y|} = \frac{\log|f(\mathrm{i}y)|}{|y|} + h + O\Big(\frac{\log|y|}{|y|}\Big), \quad |y| \to \infty.$$

En particulier,

$$\limsup_{y\to\infty}\frac{\log|f_h(\mathrm{i}y)|}{y} = a + h.$$

De même,

$$\limsup_{y\to-\infty}\frac{\log|f_h(\mathrm{i}y)|}{|y|} = b + h.$$

Parce que, cette fois, $\varphi_h(\lambda) \in L^2(\mathbb{R})$, le théorème de Paley–Wiener, eu égard à l'équation (1.13), permet de déduire $\varphi_h(\lambda) = 0$ p.p. en dehors de $[-a-h, b+h]$. Comme $\lim_{h\to 0}\|\varphi_h(\lambda) - \varphi(\lambda)\|_1 = 0$, il s'ensuit

$$\varphi(\lambda) = 0 \text{ p.p. en dehors de } [-a, b].$$

En outre, tel qu'établi au début de la section, il ne peut y avoir d'intervalle fermé plus petit que $[-a, b]$ en dehors duquel $\varphi(\lambda)$ s'annule presque partout. La preuve est donc complète. □

**Remarque.** Ce résultat subsiste en remplaçant $\varphi(\lambda)\,\mathrm{d}\lambda$ par une mesure complexe, $\mu$, sur $[-A, A]$. Pour l'établir, nous utilisons, à la place de $\varphi_h(\lambda)\,\mathrm{d}\lambda$, la convolution de $\mu$ et $(2h)^{-1}\chi_{[-h,h]}(\lambda)$. Cette mesure est également de la forme $\varphi_h(\lambda)\,\mathrm{d}\lambda$ et converge vaguement vers $\mathrm{d}\mu(\lambda)$ quand $h \to 0$, — où $\varphi_h(\lambda)$ est borné et à support dans $[-A-h, A+h]$.

## 1.3. Introduction à la condition $\int_{-\infty}^{\infty}(1+x^2)^{-1}\log^+|f(x)|\,\mathrm{d}x<\infty$

*Il est intéressant d'étudier les fonctions de type exponentiel dont le module, sur l'axe réel, est sujet à une certaine contrainte, comme* $|f(x)| = O(1)$, $|f(x)| \in L^p(\mathbb{R})$, $|f(x)|/(1+x^2) = O(1)$, $|f(x)|/(1+|x|) \in L^2(\mathbb{R})\ldots$ *La condition ci-dessus embrasse la plupart de ces situations. Nous montrons, au théorème 1.12, qu'elle entraîne son analogue pour* $\log^-|f(x)|$ *; ce théorème trouve en fait de nombreuses applications dont, par exemple, le critère de Carleman–Ostrowski en analyse réelle, qui fait l'objet du prochain chapitre. Mentionnons aussi l'utilisation fréquente du second corollaire de ce théorème dans la suite de ce cours. Au préalable, nous rappelons la démonstration de la formule de Poisson pour le demi-plan supérieur.*

**Formule de Poisson.** Notre but est d'investiguer les fonctions harmoniques non négatives définies sur le demi-plan supérieur. Nous voulons, plus exactement, établir la réciproque du théorème suivant :

**Théorème 1.10.** *Envisageons une fonction,* $v(t)$*, définie sur* $\mathbb{R}$*, mesurable, non négative et vérifiant*

$$\int_{-\infty}^{\infty}\frac{v(t)}{1+t^2}\,\mathrm{d}t<\infty, \tag{1.14}$$

*et soit* $a \geqslant 0$*. Posons, pour* $\Im z > 0$*,*

$$v(z) = a\Im z + \frac{1}{\pi}\int_{-\infty}^{\infty}\frac{\Im z}{|z-t|^2}v(t)\,\mathrm{d}t.$$

*Alors, dans* $\Im z > 0$*,* $v(z)$ *est harmonique et non négative, cependant que* $a$ *est caractérisé par* $\lim_{y\to\infty} v(\mathrm{i}y)/y = a$*. De plus, si* $v(t)$ *est continue en* $t_0 \in \mathbb{R}$*, alors*

$$\lim_{\substack{\Im z\geqslant 0\\ z\to t_0}} v(z) = v(t_0).$$

*Finalement, si* $v(t) = O(|t|)$ *quand* $|t|\to\infty$ *sur l'axe réel, alors* $v(z) = O(|z|)$ *quand* $|z|\to\infty$ *sur le demi-plan* $\Im z \geqslant 0$*.*

**Remarques.** (1) La condition (1.14) assure la convergence de

$$\int_{-\infty}^{\infty}\frac{\Im z}{|z-t|^2}v(t)\,\mathrm{d}t.$$

(2) Notons que, pour $v(t)\equiv 1$, en écrivant $z = x+\mathrm{i}y$,

$$\frac{1}{\pi}\int_{-\infty}^{\infty}\frac{\Im z}{|z-t|^2}\,\mathrm{d}t = \frac{1}{\pi}\int_{-\infty}^{\infty}\frac{y}{(x-t)^2+y^2}\,\mathrm{d}t = 1.$$

Preuve. Puisque, pour tout $t\in\mathbb{R}$, $\Im z/|z-t|^2 = \Im(1/(t-z))$ est harmonique dans le demi-plan supérieur, le théorème de la convergence dominée entraîne que $v(z)$ l'est également, — en plus d'être trivialement non négative. De plus,

$$\frac{v(\mathrm{i}y)}{y} = a + \frac{1}{\pi}\int_{-\infty}^{\infty}\frac{v(t)}{t^2+y^2}\,\mathrm{d}t,$$

ce qui tend vers $a$ quand $y \to \infty$, — par la condition (1.14). La première assertion du théorème est donc établie.

Supposons $v(t)$ continue en $t_0 \in \mathbb{R}$. Comme $(t^2+1)/((t-t_0)^2+1)$ est bornée sur $\mathbb{R}$, l'hypothèse (1.14) entraîne la finitude de

$$\int_{-\infty}^{\infty} \frac{v(t)}{(t-t_0)^2+1}\,\mathrm{d}t = \int_{-\infty}^{\infty} \frac{v(t+t_0)}{t^2+1}\,\mathrm{d}t.$$

Donc, il suffit, pour démontrer la seconde assertion du théorème, d'envisager $t_0 = 0$ ; le cas général est alors couvert, en remplaçant $v(t)$ par $v(t+t_0)$. En somme, comme $\lim_{z\to 0} a\Im z = 0$, nous sommes ramenés à démontrer

$$\lim_{\substack{\Im z>0\\ z\to 0}} \frac{1}{\pi}\int_{-\infty}^{\infty} \frac{\Im z}{|z-t|^2} v(t)\,\mathrm{d}t \overset{?}{=} v(0).$$

Pour $\varepsilon > 0$ arbitrairement fixé, choisissons $\delta > 0$ pour que

$$|v(t) - v(0)| < \varepsilon \quad \text{si } |t| < 2\delta,$$

puis décomposons l'intégrale étudiée en $\mathrm{I} + \mathrm{II}$, selon les domaines d'intégration respectifs $\{t\ ;\ |t| \leqslant 2\delta\}$ et $\{t\ ;\ |t| > 2\delta\}$.

Concernant II, si $|z| < \delta$, la condition $|t| > 2\delta$ entraîne $|t-z| \geqslant |t|/2$. Alors, en écrivant $z = x + \mathrm{i}y$,

$$\mathrm{II} = \frac{1}{\pi}\int_{|t|>2\delta} \frac{\Im z}{|z-t|^2} v(t)\,\mathrm{d}t \leqslant \frac{4y}{\pi}\int_{|t|>2\delta} \frac{v(t)}{t^2}\,\mathrm{d}t \leqslant \frac{4yK_\delta}{\pi}\int_{-\infty}^{\infty} \frac{v(t)}{t^2+1}\,\mathrm{d}t,$$

où $K_\delta$ est une constante dépendant de $\delta$. Les membres aux deux extrémités de cette dernière chaîne de relations sont positifs et, par (1.14), inférieurs à $\varepsilon$ quand $|z|$ est suffisamment petit.

Concernant I,

$$\mathrm{I} = \frac{1}{\pi}\int_{-2\delta}^{2\delta} \frac{y}{(x-t)^2+y^2} v(t)\,\mathrm{d}t = \frac{1}{\pi}\int_{-2\delta-x}^{2\delta-x} \frac{y}{s^2+y^2} v(x+s)\,\mathrm{d}s.$$

Par choix de $\delta$,

$$\frac{1}{\pi}\int_{-2\delta-x}^{2\delta-x} \frac{y}{s^2+y^2}(v(0)-\varepsilon)\,\mathrm{d}s < \mathrm{I} < \frac{1}{\pi}\int_{-2\delta-x}^{2\delta-x} \frac{y}{s^2+y^2}(v(0)+\varepsilon)\,\mathrm{d}s.$$

Explicitement, I est donc compris entre ces deux valeurs :

$$(v(0)\pm\varepsilon)\frac{1}{\pi}\Big(\arctan\frac{2\delta-x}{y} - \arctan\frac{-2\delta-x}{y}\Big).$$

Si $|x| < \delta$, alors $2\delta - x$ reste supérieur à $\delta$, tandis que $-2\delta - x$ reste inférieur à $-\delta$, de sorte que, quand $y \downarrow 0$, les précédentes quantités tendent vers $v(0) \pm \varepsilon$ indépendamment de la valeur précise de $x$. Par conséquent, si $|z|$ est suffisamment petit, $v(0) - 2\varepsilon < \mathrm{I} < v(0) + 2\varepsilon$.

Au total, $|\pi^{-1}\int_{-\infty}^{\infty}(\Im z/|z-t|^2)v(t)\,\mathrm{d}t - v(0)| < 3\varepsilon$ pour $|z|$ petit, d'où il résulte

$$\lim_{\substack{\Im z>0\\ z\to 0}} v(z) = v(0),$$

— ce qui démontre la deuxième assertion du théorème.

Finalement, supposons $v(t) = O(|t|)$ quand $|t| \to \infty$, où $t$ varie dans $\mathbb{R}$. Posons $R = |z|$, où $\Im z \geqslant 0$. Puisque $a\Im z = O(R)$ quand $R \to \infty$, nous sommes ramenés à démontrer

$$\frac{1}{\pi}\int_{-\infty}^{\infty} \frac{y}{(x-t)^2+y^2} v(t)\,\mathrm{d}t \stackrel{?}{=} O(R) \quad \text{quand } R \to \infty,$$

en écrivant $z = x + \mathrm{i}y$.

Décomposons l'intégrale étudiée en I+II, selon les domaines d'intégration respectifs $\{t\ ;\ |t| < 2R\}$ et $\{t\ ;\ |t| \geqslant 2R\}$. Concernant I, $v(t) = O(|t|)$ et $|t| < 2R$ entraînent $v(t) = O(R)$, d'où il s'ensuit

$$\mathrm{I} = O(R) \quad \text{quand } R \to \infty.$$

Concernant II, $|t| \geqslant 2R$ entraîne $|t - z| \geqslant |t|/2$, d'où il s'ensuit, en vertu de la condition (1.14),

$$\mathrm{II} \leqslant \frac{4y}{\pi}\int_{|t|\geqslant 2R} \frac{v(t)}{t^2}\,\mathrm{d}t = o(R) \quad \text{quand } R \to \infty.$$

Au total, $v(z) = O(R)$, ce qui achève la démonstration. □

La réciproque du théorème précédent est la célèbre *représentation de Poisson* des fonctions harmoniques non négatives du demi-plan supérieur, continues jusqu'à la frontière :

**Théorème 1.11.** *Soit $v(z)$ une fonction harmonique dans $\Im z > 0$, non négative et continue sur $\Im z \geqslant 0$. Il existe un $a \in [0, \infty[$ tel que*

$$v(z) = a\Im z + \frac{1}{\pi}\int_{-\infty}^{\infty} \frac{\Im z}{|z-t|^2} v(t)\,\mathrm{d}t \tag{1.15}$$

*sur $\Im z > 0$. De plus, $\int_{-\infty}^{\infty}[v(t)/(t^2+1)]\,\mathrm{d}t < \infty$, — de sorte que l'intégrale, dans l'équation* (1.15), *est finie.*

Preuve. Montrons d'abord la seconde assertion du théorème. Pour $M > 0$ quelconque, définissons, sur $\mathbb{R}$, la fonction $v_M(t) = \min\{v(t), M\}$ et posons, pour $\Im z > 0$,

$$v_M(z) = \frac{1}{\pi}\int_{-\infty}^{\infty} \frac{\Im z}{|z-t|^2} v_M(t)\,\mathrm{d}t.$$

Puisque $v_M$ est continue sur $\mathbb{R}$, le dernier théorème entraîne qu'elle est, en fait, continue sur tout $\Im z \geqslant 0$, — où elle vérifie trivialement $0 \leqslant v_M(z) \leqslant M$.

Posons $w_M(z) = v_M(z) - v(z)$, qui est ainsi majorée par $M$ (puisque $v(z) \geqslant 0$) et non positive sur $\mathbb{R}$. Le principe du maximum généralisé entraîne alors $w_M \leqslant 0$ sur tout $\Im z \geqslant 0$, indépendamment de $M$. En particulier,

$$\frac{1}{\pi}\int_{-\infty}^{\infty} \frac{v_M(t)}{t^2+1}\,\mathrm{d}t = v_M(\mathrm{i}) \leqslant v(\mathrm{i}).$$

En faisant tendre $M$ vers l'infini, le théorème de la convergence monotone entraîne

$$\frac{1}{\pi}\int_{-\infty}^{\infty} \frac{v(t)}{t^2+1}\,\mathrm{d}t \leqslant v(\mathrm{i}) < \infty,$$

tel qu'affirmé.

Plus généralement, $w_M(z) \leqslant 0$ entraîne, pour $\Im z > 0$,

$$v(z) - \frac{1}{\pi}\int_{-\infty}^{\infty} \frac{\Im z}{|z-t|^2} v_M(t)\,\mathrm{d}t \geqslant 0,$$

ce qui implique, par convergence monotone,

$$v(z) - \frac{1}{\pi}\int_{-\infty}^{\infty} \frac{\Im z}{|z-t|^2} v(t)\,\mathrm{d}t \geqslant 0.$$

Ainsi, le membre de gauche de cette inéquation, — que nous désignons par $W(z)$, — est une fonction harmonique non négative sur le demi-plan $\Im z > 0$. Par le théorème précédent, elle est continue sur $\Im z \geqslant 0$, en convenant que $W(x) = 0$ pour $x \in \mathbb{R}$. Par conséquent, le principe de réflexion de Schwarz permet de prolonger $W(z)$ pour en faire une fonction harmonique dans tout le plan, — en posant, pour $\Im z > 0$, $W(\bar{z}) = -W(z)$.

Ceci fait, $W(z)$ devient la partie réelle d'une fonction entière. Du développement en série de Taylor de cette dernière, nous tirons

$$W(R\mathrm{e}^{\mathrm{i}\theta}) = \sum_{n=-\infty}^{\infty} a_n R^{|n|} \mathrm{e}^{\mathrm{i}n\theta} \tag{1.16}$$

sur tout $\mathbb{C}$. Les coefficients de Fourier de cette dernière sommation sont alors donnés par

$$a_n R^{|n|} = \frac{1}{2\pi}\int_{-\pi}^{\pi} W(R\mathrm{e}^{\mathrm{i}\theta})\mathrm{e}^{-\mathrm{i}n\theta}\,\mathrm{d}\theta.$$

Comme $W(R\mathrm{e}^{-\mathrm{i}\theta}) = -W(R\mathrm{e}^{\mathrm{i}\theta})$, ces coefficients valent en fait

$$-\frac{\mathrm{i}}{\pi}\int_0^{\pi} W(R\mathrm{e}^{\mathrm{i}\theta})\sin n\theta\,\mathrm{d}\theta$$

(de sorte que les $a_n$ sont tous imaginaires). En particulier, $a_{-n} = -a_n$ et nous trouvons donc

$$W(R\mathrm{e}^{\mathrm{i}\theta}) = \sum_{n=1}^{\infty}\left(\frac{2}{\pi}\int_0^{\pi} W(R\mathrm{e}^{\mathrm{i}t})\sin nt\,\mathrm{d}t\right)\sin n\theta.$$

Posons, pour $n \geqslant 1$,

$$B_n = \frac{2}{\pi}\int_0^{\pi} W(R\mathrm{e}^{\mathrm{i}t})\sin nt\,\mathrm{d}t = 2\mathrm{i}a_n R^n,$$

de sorte que

$$W(R\mathrm{e}^{\mathrm{i}\theta}) = \sum_{n=1}^{\infty} B_n \sin n\theta.$$

Rappelons que, pour $0 < t < \pi$ et $n \geqslant 1$, $|\sin nt| \leqslant n\sin t$. Par conséquent, en utilisant le fait que $W(z) \geqslant 0$ sur $\Im z \geqslant 0$,

$$|B_n| \leqslant \frac{2}{\pi} n \int_0^{\pi} W(R\mathrm{e}^{\mathrm{i}t})\sin t\,\mathrm{d}t = n|B_1|$$

pour $n \geqslant 1$. Puisque $B_n = 2\mathrm{i}a_n R^n$, il résulte, pour $n \geqslant 2$,

$$|a_n| \leqslant \frac{n|a_1|}{R^{n-1}} \to 0, \quad R \to \infty.$$

Comme les $a_n$ ne dépendent pas de $R$, force est d'admettre que $a_n = 0$ pour tout $n \geqslant 2$. Rapportant ce résultat dans (1.16),

$$W(z) = a\Im z$$

sur tout $\mathbb{C}$, — où $a = 2\mathrm{i}a_1$. Vu la définition de $W(z)$ sur le demi-plan supérieur, ceci achève de démontrer (1.15). □

**Scolie.** En sachant seulement que $v(z)$ est harmonique dans $\Im z > 0$, sans avoir idée du comportement de cette fonction au voisinage de l'axe réel, le résultat précédent s'applique à la famille de fonctions $v_h(z) = v(z + \mathrm{i}h)$, où $h > 0$ et $\Im z > 0$, — conduisant à

$$v(z+\mathrm{i}h) = a\Im z + \frac{1}{\pi}\int_{-\infty}^{\infty} \frac{\Im z}{|z-t|^2} v(t+\mathrm{i}h)\,\mathrm{d}t. \tag{1.17}$$

*A priori*, la quantité $a$ dépend de $h$, mais en réalité elle n'en dépend pas, car

$$\lim_{y\to\infty} \frac{v(\mathrm{i}y+\mathrm{i}h)}{y} = \lim_{y\to\infty} \frac{v(\mathrm{i}y)}{y-h} = \lim_{y\to\infty}\frac{v(\mathrm{i}y)}{y}.$$

De plus,

$$\frac{1}{\pi}\int_{-\infty}^{\infty}\frac{v(t+\mathrm{i}h)}{t^2+1}\,\mathrm{d}t \leqslant v(\mathrm{i}+\mathrm{i}h),$$

de sorte que le membre de gauche de la précédente inéquation est uniformément borné lorsque $0 < h < \varepsilon$, — pour un certain $\varepsilon$. Par conséquent, les mesures positives suivantes,

$$\mathrm{d}\mu_h(t) = \frac{v(t+\mathrm{i}h)}{t^2+1}\,\mathrm{d}t,$$

constituent, pour $0 < h < \varepsilon$, un ensemble borné.[7] Il existe donc une suite, $h_n \to 0$, telle que $\mathrm{d}\mu_{h_n}(t)$ converge vaguement vers une certaine mesure, $(1+t^2)^{-1}\,\mathrm{d}\mu(t)$, quand $n \to \infty$. Observons que, pour $y > 0$,

$$\frac{1}{t^2+1} = \frac{y^2-1}{(y^2+t^2)(t^2+1)} + \frac{1}{y^2+t^2}.$$

La relation (1.17) appliquée à $z = \mathrm{i}y$ et $h = h_n$ entraîne

$$\int_{-\infty}^{\infty}\mathrm{d}\mu_{h_n}(t) = \frac{y^2-1}{y^2}\int_{-\infty}^{\infty}\frac{y^2}{y^2+t^2}\frac{v(t+\mathrm{i}h_n)}{t^2+1}\,\mathrm{d}t + \frac{\pi v(\mathrm{i}y+\mathrm{i}h_n)}{y} - \pi a.$$

Grâce à la convergence vague sus-mentionnée, il résulte

$$\lim_{n\to\infty}\int_{-\infty}^{\infty}\mathrm{d}\mu_{h_n}(t) = \frac{y^2-1}{y^2}\int_{-\infty}^{\infty}\frac{y^2}{y^2+t^2}\frac{\mathrm{d}\mu(t)}{t^2+1} + \frac{\pi v(\mathrm{i}y)}{y} - \pi a$$

[7]Nous équipons l'ensemble des mesures sur $\mathbb{R}$ de sa norme habituelle, à savoir la variation totale.

pour tout $y > 0$. En faisant tendre $y$ vers l'infini, le membre de droite devient $\int_{-\infty}^{\infty}(1+t^2)^{-1}\,\mathrm{d}\mu(t)$. La convergence de $\mathrm{d}\mu_{h_n}(t)$ vers $(1+t^2)^{-1}\,\mathrm{d}\mu(t)$ est donc étroite. En particulier,

$$\lim_{n\to\infty}\frac{1}{\pi}\int_{-\infty}^{\infty}\frac{\Im z}{|z-t|^2}v(t+\mathrm{i}h_n)\,\mathrm{d}t = \frac{1}{\pi}\int_{-\infty}^{\infty}\frac{\Im z}{|z-t|^2}\,\mathrm{d}\mu(t).$$

Comme, de plus, $\lim_{n\to\infty} v(z+\mathrm{i}h_n) = v(z)$, la relation (1.17) appliquée aux $h_n$ donne

$$v(z) = a\Im z + \frac{1}{\pi}\int_{-\infty}^{\infty}\frac{\Im z}{|z-t|^2}\,\mathrm{d}\mu(t)$$

sur le demi-plan supérieur.

**Un théorème de finitude.** Passons maintenant au vif du sujet. Dans la suite, $\log^+(x)$ et $\log^-(x)$ désignent respectivement les parties positive et négative du logarithme, c'est-à-dire :

$$\log^+(x) = \begin{cases}\log(x) & \text{si } x \geqslant 1\\ 0 & \text{sinon}\end{cases} \quad \text{et} \quad \log^-(x) = \begin{cases}-\log(x) & \text{si } 0 \leqslant x < 1\\ 0 & \text{sinon.}\end{cases}$$

**Lemme.** *Soit $f(z)$ une fonction continue sur $\Im z \geqslant 0$, analytique dans $\Im z > 0$ et vérifiant $\log|f(z)| = O(|z|)$ quand $|z| \to \infty$ (sur $\Im z \geqslant 0$). Si*

$$\int_{-\infty}^{\infty}\frac{\log^+|f(t)|}{1+t^2}\,\mathrm{d}t < \infty,$$

*alors*

$$\log^+|f(z)| \leqslant a\Im z + \frac{1}{\pi}\int_{-\infty}^{\infty}\frac{\Im z}{|z-t|^2}\log^+|f(t)|\,\mathrm{d}t$$

*sur le demi-plan $\Im z > 0$, où $a = \limsup_{y\to\infty} y^{-1}\log^+|f(\mathrm{i}y)|$.*

Preuve. Posons $u(z) = \log^+|f(z)|$. Il s'agit d'une fonction continue sur $\Im z \geqslant 0$, sous-harmonique dans $\Im z > 0$ et $O(|z|)$ quand $|z| \to \infty$ (sur $\Im z \geqslant 0$). Posons également

$$v(z) = a\Im z + \frac{1}{\pi}\int_{-\infty}^{\infty}\frac{\Im z}{|z-t|^2}\log^+|f(t)|\,\mathrm{d}t,$$

où $a$ est défini dans l'énoncé du présent lemme. Par le théorème 1.10, il s'agit d'une fonction harmonique dans $\Im z > 0$, continue et non négative sur $\Im z \geqslant 0$, en posant $v(x) = \log^+|f(x)|$ pour $x \in \mathbb{R}$. Envisageons la différence

$$w(z) = u(z) - v(z).$$

Il s'agit d'une fonction sous-harmonique dans $\Im z > 0$, continue sur $\Im z \geqslant 0$ et $O(|z|)$ quand $|z| \to \infty$, qui s'annule sur l'axe réel. De plus,

$$\limsup_{y\to\infty}\frac{w(\mathrm{i}y)}{y} = 0.$$

Par notre troisième argument de Phragmén–Lindelöf (théorème 1.6), il s'ensuit que $w(z) \leqslant 0$ sur $\Im z > 0$, d'où le résultat. □

Tout ceci pour en venir au prochain théorème, qui trouve de nombreuses applications :

**Théorème 1.12.** *Soit $f(z)$ une fonction définie sur $\Im z \geqslant 0$, continue et non identiquement nulle sur ce précédent ensemble, y vérifiant $\log|f(z)| = O(|z|)$ quand $|z| \to \infty$, et analytique dans $\Im z > 0$. Si*

$$\int_{-\infty}^{\infty} \frac{\log^+|f(t)|}{t^2+1}\,\mathrm{d}t < \infty,$$

*alors*

$$\int_{-\infty}^{\infty} \frac{\log^-|f(t)|}{t^2+1}\,\mathrm{d}t < \infty$$

*également.*

Preuve. Posons à nouveau

$$a = \limsup_{y\to\infty} \frac{\log^+|f(\mathrm{i}y)|}{y} = \max\left\{\limsup_{y\to\infty} \frac{\log|f(\mathrm{i}y)|}{y}, 0\right\}.$$

Considérons la famille de fonctions

$$f_M(z) = Mf(z),$$

où $M \geqslant 1$. Ces fonctions vérifient toutes les propriétés postulées pour $f(z)$, même que

$$a = \limsup_{y\to\infty} \frac{\log^+|f_M(\mathrm{i}y)|}{y}.$$

Désignons par I et II les domaines d'intégration $\{t \in \mathbb{R}\ ;\ |f(t)| \geqslant 1/M\}$ et $\{t \in \mathbb{R}\ ;\ |f(t)| < 1/M\}$ respectivement. Par le lemme, en utilisant l'inégalité triviale $\log x \leqslant \log^+ x$ (pour $x \geqslant 0$),

$$\log|f_M(z)| \leqslant a\Im z + \frac{1}{\pi}\int_{-\infty}^{\infty} \frac{\Im z}{|z-t|^2}\log^+|Mf(t)|\,\mathrm{d}t,$$

c'est-à-dire

$$\log|f(z)| + \log M \leqslant a\Im z + \frac{1}{\pi}\int_{\mathrm{I}} \frac{\Im z}{|z-t|^2}(\log|f(t)| + \log M)\,\mathrm{d}t.$$

Par conséquent,

$$(1.18)\quad \log|f(z)| + \frac{1}{\pi}\int_{\mathrm{II}} \frac{\Im z}{|z-t|^2}\log M\,\mathrm{d}t$$
$$\leqslant a\Im z + \frac{1}{\pi}\int_{-\infty}^{\infty} \frac{\Im z}{|z-t|^2}\log^+|f(t)|\,\mathrm{d}t - \frac{1}{\pi}\int_{\mathrm{I}} \frac{\Im z}{|z-t|^2}\log^-|f(t)|\,\mathrm{d}t.$$

Parce que les zéros de $f(z)$ dans $\Im z > 0$ sont isolés, il exite un $y > 0$ tel que $f(\mathrm{i}y) \neq 0$. Appliquant l'inégalité précédente à $z = \mathrm{i}y$ pour un tel $y > 0$, nous trouvons

$$\text{(1.19)} \qquad \frac{1}{\pi}\int_{\mathrm{I}} \frac{y}{y^2+t^2}\log^-|f(t)|\,\mathrm{d}t + \frac{1}{\pi}\int_{\mathrm{II}} \frac{y}{y^2+t^2}\log M\,\mathrm{d}t \leqslant C,$$

où

$$C = ay + \frac{1}{\pi}\int_{-\infty}^{\infty} \frac{y}{y^2+t^2}\log^+|f(t)|\,\mathrm{d}t - \log|f(\mathrm{i}y)| < \infty.$$

Sur la région I, $\log|f(t)| \geqslant -\log M$, ce qui équivaut à $\log^-|f(t)| \leqslant \log M$, c'est-à-dire

$$\min\{\log^-|f(t)|, \log M\} = \log^-|f(t)|.$$

De même, sur II, $\log|f(t)| < -\log M$, ce qui équivaut à $\log^-|f(t)| > \log M$, c'est-à-dire

$$\min\{\log^-|f(t)|, \log M\} = \log M.$$

Aussi, l'inéquation (1.19) s'écrit-elle

$$\frac{1}{\pi}\int_{-\infty}^{\infty} \frac{y}{y^2+t^2}\min\{\log^-|f(t)|, \log M\}\,\mathrm{d}t \leqslant C.$$

Par le théorème de la convergence monotone, il résulte

$$\frac{1}{\pi}\int_{-\infty}^{\infty} \frac{y}{y^2+t^2}\log^-|f(t)|\,\mathrm{d}t \leqslant C.$$

Comme $(y^2+t^2)/(y(t^2+1))$ est bornée sur $\mathbb{R}$ pour $y$ fixé, le résultat s'ensuit. □

De façon immédiate,

**Corollaire.** *Dans les hypothèses du théorème,*

$$\int_{-\infty}^{\infty} \frac{|\log|f(t)||}{1+t^2}\,\mathrm{d}t < \infty.$$

*En particulier, l'ensemble des zéros réels de $f(z)$ est de mesure nulle.*

De plus, la preuve et le corollaire du théorème précédent entraînent :

**Corollaire.** *Pour $a = \limsup_{y\to\infty} y^{-1}\log^+|f(\mathrm{i}y)|$, dans les hypothèses du théorème,*

$$\log|f(z)| \leqslant a\Im z + \frac{1}{\pi}\int_{-\infty}^{\infty} \frac{\Im z}{|z-t|^2}\log|f(t)|\,\mathrm{d}t$$

*sur le demi-plan $\Im z > 0$, — où l'intégrale est absolument convergente.*

Preuve. La convergence absolue de l'intégrale provient du précédent corollaire. De plus, l'inéquation (1.18) implique que $\log|f(z)|$ vaut au plus

$$a\Im z + \frac{1}{\pi}\int_{-\infty}^{\infty} \frac{\Im z}{|z-t|^2}\log^+|f(t)|\,\mathrm{d}t - \frac{1}{\pi}\int_{\{|f(t)|\geqslant 1/M\}} \frac{\Im z}{|z-t|^2}\log^-|f(t)|\,\mathrm{d}t,$$

où $M \geqslant 1$ est arbitraire. En faisant tendre $M$ vers l'infini, le résultat s'ensuit, — par le théorème de la convergence monotone, en utilisant le fait que les zéros réels de $f(t)$ constituent un ensemble de mesure nulle. □

CHAPITRE 2

# Quasi-analyticité : le critère de Carleman–Ostrowski

*Dans quelle mesure, pour $f(\lambda) \in C^\infty(\mathbb{R})$, la condition $f^{(n)}(\lambda_0) = 0$ pour tout $n \geqslant 0$ entraîne-t-elle $f(\lambda) \equiv 0$ ? Quelles contraintes imposer, quant à la taille des $f^{(n)}(\lambda)$ ? Nous donnons une caractérisation complète des classes de fonctions* quasi-analytiques, *qui jouissent de la propriété désirée.*

**Définition.** Soient $I$ un intervalle ouvert non vide et $\{M_n\}$ une suite de nombres positifs. Une fonction, $f(x)$, indéfiniment différentiable dans $I$ est *de classe* $\mathcal{C}_I(\{M_n\})$ si et seulement s'il existe des constantes $C > 0$ et $\rho > 0$, dépendant de $f$ seulement, telles que

$$|f^{(n)}(\lambda)| \leqslant C\rho^n M_n$$

pour tout $n \geqslant 0$ et tout $\lambda \in I$.

**Remarque.** Dans cette définition, la présence de $C$ assure que $\mathcal{C}_I(\{M_n\})$ est un espace vectoriel. De plus, la présence de $\rho$ assure que, pour tout $r > 0$, si $f(\lambda) \in \mathcal{C}_I(\{M_n\})$, alors $f(r\lambda) \in \mathcal{C}_{(1/r)I}(\{M_n\})$.

**Définition.** La classe $\mathcal{C}_I(\{M_n\})$ est *quasi-analytique* ssi, pour tout $f \in \mathcal{C}_I(\{M_n\})$, l'existence d'un $\lambda_0 \in I$ tel que

$$f^{(n)}(\lambda_0) = 0 \quad \text{pour tout } n = 0, 1, \ldots$$

entraîne $f(\lambda) = 0$ sur tout $I$.

La question (Denjoy, Gevrey) est d'identifier quelles classes, parmi les $\mathcal{C}_I(\{M_n\})$, sont quasi-analytiques. Bien que la réponse dépende *a priori* de $I$ autant que de $\{M_n\}$, nous verrons qu'il n'en est rien, seules les propriétés de $\{M_n\}$ comptant. Nous utiliserons, au cours de notre étude, la fonction suivante, nommée *caractéristique d'Ostrowski* de $\mathcal{C}_I(\{M_n\})$ : pour $r > 0$,

$$T(r) = \sup_{n \geqslant 0}(n \log r - \log M_n).$$

Notons que $T(r)$ est croissante et supérieure ou égale à $-\log M_0$.

Pour nous simplifier la vie, nous faisons, sans autre mention explicite, la supposition suivante, — qui sera levée à la fin de la section :

**Hypothèse A.** $M_n \geqslant 1$ pour tout $n \geqslant 0$.

Notre principal objectif est d'établir le théorème suivant et sa réciproque :

**Théorème 2.1.** *Si* $\int_1^\infty [T(r)/r^2]\,\mathrm{d}r = \infty$, *alors* $\mathcal{C}_I(\{M_n\})$ *est quasi-analytique.*

Preuve. Soit $f \in \mathcal{C}_I(\{M_n\})$ ; il existe donc un $C > 0$ et un $\rho > 0$ tels que

$$|f^{(n)}(\lambda)| \leqslant C\rho^n M_n \tag{2.1}$$

pour tout $n \geqslant 0$ et $\lambda \in I$. Supposons l'existence d'un $\lambda_0 \in I$ tel que $f^{(n)}(\lambda_0) = 0$ pour tout $n \geqslant 0$. Clairement, il suffit de démontrer que $f(\lambda)$ est identiquement nulle sur tout intervalle fini, $J \subseteq I$, ayant $\lambda_0$ parmi ses extrémités. Après un changement de variables (de la forme $\lambda \mapsto a\lambda + b$, où $a \neq 0$), nous supposons, sans restreindre la généralité, $J = [0,1]$ et $f^{(n)}(1) = 0$ pour tout $n \geqslant 0$.

Dans le demi-plan $\Re z > -1$, l'intégrale

$$\int_0^1 \lambda^z f(\lambda)\,\mathrm{d}\lambda$$

converge absolument, donnant une fonction, $F(z)$, continue, voire analytique. De plus, $F(z)$ est bornée sur $\Re z \geqslant 0$ car, pour $x \geqslant 0$,

$$|F(x + \mathrm{i}y)| \leqslant \int_0^1 \lambda^x |f(\lambda)|\,\mathrm{d}\lambda \leqslant CM_0,$$

où la constante $C$ provient de (2.1). Par conséquent,

$$\int_{-\infty}^{\infty} \frac{\log^+|F(\mathrm{i}y)|}{1+y^2}\,\mathrm{d}y < \infty.$$

Nous voulons démontrer que notre hypothèse sur $T(r)$ entraîne

$$\int_{-\infty}^{\infty} \frac{\log^-|F(\mathrm{i}y)|}{1+y^2}\,\mathrm{d}y \overset{?}{=} \infty,$$

dans lequel cas le théorème 1.12 (appliqué au demi-plan à droite) donnerait $F(z) = 0$ sur $\Re z \geqslant 0$, donc, par le principe de permanence, sur $\Re z > -1$.

Une intégration par parties donne

$$F(\mathrm{i}y) = \frac{-1}{\mathrm{i}y + 1} \int_0^1 \lambda^{\mathrm{i}\lambda+1} f'(\lambda)\,\mathrm{d}\lambda,$$

d'où il s'ensuit, par récurrence,

$$F(\mathrm{i}y) = \frac{(-1)^n}{(\mathrm{i}y+1)\cdots(\mathrm{i}y+n)} \int_0^1 \lambda^{\mathrm{i}y+n} f^{(n)}(\lambda)\,\mathrm{d}\lambda.$$

Ainsi, pour $y \neq 0$,

$$|F(\mathrm{i}y)| \leqslant \frac{1}{|y|^n} \int_0^1 |f^{(n)}(\lambda)|\,\mathrm{d}\lambda \leqslant C\Big(\frac{\rho}{|y|}\Big)^n M_n.$$

Donc,

$$\log|F(\mathrm{i}y)| \leqslant \log C - \Big(n \log \frac{|y|}{\rho} - \log M_n\Big).$$

Comme cette inéquation vaut pour tout $n \geqslant 0$, il découle

$$\log|F(\mathrm{i}y)| \leqslant \log C - T\Big(\frac{|y|}{\rho}\Big).$$

Par conséquent,

$$\int_{-\infty}^{\infty} \frac{\log|F(\mathrm{i}y)|}{1+y^2}\,\mathrm{d}y \leqslant \pi \log C - \int_{-\infty}^{\infty} \frac{T(|y|/\rho)}{1+y^2}\,\mathrm{d}y.$$

Or,

$$\int_{\rho}^{\infty} \frac{T(|y|/\rho)}{y^2}\,\mathrm{d}y = \frac{1}{\rho}\int_{1}^{\infty} \frac{T(r)}{r^2}\,\mathrm{d}r = \infty.$$

Donc, en utilisant le fait que $T(r) \geqslant -\log M_0$,

$$\int_{-\infty}^{\infty} \frac{\log|F(\mathrm{i}y)|}{1+y^2}\,\mathrm{d}y = -\infty,$$

voire

$$\int_{-\infty}^{\infty} \frac{\log^-|F(\mathrm{i}y)|}{1+y^2}\,\mathrm{d}y = \infty.$$

Ainsi, $F(z)$ est identiquement nulle sur son domaine de définition, tel que désiré.

En particulier, $\int_0^1 p(\lambda) f(\lambda)\,\mathrm{d}\lambda$ vaut zéro pour tous les monômes $p(\lambda) = \lambda^k$ $(k \geqslant 0)$, donc, pour toute fonction $p(\lambda)$ continue sur $[0,1]$ (par le théorème de Weierstrass). Comme $f(\lambda)$ est continue sur $[0,1]$, il s'ensuit qu'elle s'annule sur cet intervalle, — ce qui suffit à compléter la preuve. □

Remarquablement, la réciproque du précédent théorème est aussi vraie. Pour le comprendre, interprétons graphiquement $T(r)$, suivant Mandelbrojt.

Dans le plan $\nu O y$, envisageons les points de coordonnées $(n, \log M_n)$, pour $n \geqslant 0$. Par l'hypothèse A, notons que ces points reposent sur le premier quadrant (incluant sa frontière). Par définition, $T(r)$ représente la borne supérieure[1] de l'ensemble des distances verticales signées entre la droite d'équation $y = (\log r)\nu$ et les précédents points, $(n, \log M_n)$. Par conséquent,

$$y = \nu \log r - T(r)$$

est l'équation de la plus haute droite ayant pour pente $\log r$ et passant sous la totalité des points $(n, \log M_n)$. Nous disons de cette droite qu'elle *supporte inférieurement* ces précédents points et la qualifions de *droite de support*, dans ce contexte.

Posons, pour $\nu \geqslant 0$,

$$\Pi(\nu) = \sup_{r>0}(\nu \log r - T(r)).$$

[1]On dit encore *supremum*.

Par ce qui précède, le graphique de $\Pi(\nu)$, que nous désignons par $\Pi$, dessine la plus haute courbe convexe située sous tous les points $(n, \log M_n)$ ; $\Pi$ est nommé le *polygone convexe de Newton* associé à $(n, \log M_n)$. Il s'agit d'une ligne polygonale dont les sommets sont parmi les $(n, \log M_n)$. Entre ces sommets, $\Pi'(\nu)$ est constante, tandis qu'à chacun d'eux, $\Pi'(\nu)$ effectue un saut, de longueur nécessairement positive (par convexité).

En vue de démontrer la réciproque du théorème 2.1, nous nous intéressons au cas où

$$\int_1^\infty \frac{T(r)}{r^2}\,\mathrm{d}r < \infty.$$

Comme $T(r)$ est croissante, cette inégalité entraîne $T(r) < \infty$ pour tout $r$, — une hypothèse fréquemment employée par la suite.

**Lemme.** *Si $T(r) < \infty$ pour tout $r > 0$, alors $\lim_{\nu\to\infty} \Pi(\nu)/\nu = \infty$.*

Preuve. Supposons qu'au contraire, il existe une suite, $\{\nu_n\}$, tendant vers l'infini et vérifiant

$$\frac{\Pi(\nu_n)}{\nu_n} \leqslant \log r_0$$

pour un certain $r_0 > 0$ et pour tout $n \geqslant 0$. Ainsi, tous les $(\nu_n, \Pi(\nu_n))$ se situent sous la droite d'équation $y = (\log r_0)\nu$. Par convexité, il s'ensuit que

$$\Pi(\nu) \leqslant (\log r_0)\nu$$

pour tout $\nu \geqslant \nu_0$. Comme, pour un quelconque $r > r_0$, la droite d'équation $y = (\log r)\nu$ s'éloigne sans cesse de $y = (\log r_0)\nu$ quand $\nu \to \infty$ (relativement à la distance verticale signée), à plus forte raison, $T(r) = \infty$, contrairement à l'hypothèse. □

**Lemme.** *Désignons par $P(\nu)$ la fonction $\nu\Pi'(\nu) - \Pi(\nu)$, définie pour tout $\nu > 0$ sauf vis-à-vis des sommets de $\Pi$. Alors, $P(\nu)$ est croissante (au sens large) et vérifie*

$$\frac{\mathrm{d}}{\mathrm{d}\nu}\left(\frac{\Pi(\nu)}{\nu}\right) = \frac{P(\nu)}{\nu^2}.$$

Preuve. Si $\nu$ n'est pas l'abscisse d'un sommet de $\Pi$, alors

$$\frac{\mathrm{d}}{\mathrm{d}\nu}\left(\frac{\Pi(\nu)}{\nu}\right) = \frac{\nu\Pi'(\nu) - \Pi(\nu)}{\nu^2} = \frac{P(\nu)}{\nu^2}.$$

De plus, trivialement, $P'(\nu) = 0$ aux points où $P$ est définie. Par contre, si $\nu$ est l'abscisse d'un sommet de $\Pi$,

$$P(\nu + 0) - P(\nu - 0) = \nu(\Pi'(\nu + 0) - \Pi'(\nu - 0)),$$

ce qui est non négatif, tel que mentionné plus tôt dans le texte. □

**Lemme.** *Si $T(r) < \infty$ pour tout $r > 0$, alors $(\mathrm{d}/\mathrm{d}\nu)(\Pi(\nu)/\nu) > 0$ pour tout $\nu > 0$ suffisamment grand.*

PREUVE. Par le tout dernier lemme, il suffit de démontrer l'existence d'un $\nu_0 > 0$ tel que $P(\nu_0) > 0$. Supposons qu'au contraire, $P(\nu) \leqslant 0$ pour tout $\nu > 0$. Alors, $(\mathrm{d}/\mathrm{d}\nu)(\Pi(\nu)/\nu) \leqslant 0$. Ainsi, la fonction $\Pi(\nu)/\nu$, continue, est décroissante au sens large, — contredisant le premier lemme. □

Les trois précédents lemmes conduisent donc immédiatement à :

**Théorème 2.2.** *Supposons $T(r) < \infty$ pour tout $r > 0$. Alors,*

(1) *La fonction $P(\nu) = \nu\Pi'(\nu) - \Pi(\nu)$, continue par morceaux, est croissante et devient (ou reste) positive quand $\nu \to \infty$.*
(2) *La fonction $\Pi(\nu)/\nu$, continue pour $\nu > 0$, tend vers l'infini quand $\nu \to \infty$ ; la convergence est monotone, passé une certaine valeur de $\nu$.*

Pour tout $n \geqslant 0$, définissons $\underline{M}_n$ de manière que

$$\log \underline{M}_n = \Pi(n).$$

La suite $\{\underline{M}_n\}$ ainsi obtenue est nommée la *régularisée logarithmiquement convexe* de $\{M_n\}$. Puisque les $(n, \underline{M}_n)$ sont incidents à $\Pi$, il découle que $\underline{M}_n \leqslant M_n$ pour tout $n \geqslant 0$, outre que $\underline{M}_n = M_n$ aux sommets de $\Pi$. De plus, puisque les droites d'équation $y = \nu \log r - T(r)$ supportent inférieurement le graphique $\Pi$, il s'ensuit que

$$T(r) = \sup_{n \geqslant 0}(n \log r - \log \underline{M}_n).$$

En d'autres mots, la caractéristique d'Ostrowski, $T(r)$, est insensible à la différence entre $\{M_n\}$ et $\{\underline{M}_n\}$. Aussi, dans notre tentative d'établir la réciproque du théorème 2.1, sommes-nous libres de définir $T(r)$ à partir de $\{\underline{M}_n\}$, — ce que nous faisons désormais.

Supposons $T(r) < \infty$ pour tout $r > 0$. Tel qu'observé au deuxième énoncé du théorème 2.2, $\Pi(\nu)/\nu$ croît monotonement vers l'infini quand $\nu$, suffisamment grand, croît. *A fortiori*, la même conclusion vaut pour $(\log \underline{M}_n)/n = \Pi(n)/n$, voire pour $\underline{M}_n^{1/n}$. En réalité,

**Théorème 2.3.** *Si $\int_1^\infty [T(r)/r^2]\,\mathrm{d}r < \infty$, alors $\sum_{n=1}^\infty 1/\underline{M}_n^{1/n} < \infty$.*

PREUVE. La suite $\underline{M}_n^{1/n}$ croît à partir d'un certain rang, $n_0 \geqslant 1$. Or, pour tout $r \geqslant \mathrm{e}\underline{M}_n^{1/n}$,

$$T(r) \geqslant n \log(\mathrm{e}\underline{M}_n^{1/n}) - \log \underline{M}_n = n.$$

Donc, pour $n \geqslant n_0$,

$$\int_{\mathrm{e}\underline{M}_n^{1/n}}^{\mathrm{e}\underline{M}_{n+1}^{1/(n+1)}} \frac{T(r)}{r^2}\,\mathrm{d}r \geqslant \frac{n}{\mathrm{e}}\left(\frac{1}{\underline{M}_n^{1/n}} - \frac{1}{\underline{M}_{n+1}^{1/(n+1)}}\right).$$

De plus, pour $m > n_0$,

$$\int_{\mathrm{e}\underline{M}_m^{1/m}}^{\infty} \frac{T(r)}{r^2}\,\mathrm{d}r \geqslant \frac{m}{\mathrm{e}\underline{M}_m^{1/m}}.$$

Par conséquent,

$$\begin{aligned}\int_{\mathrm{e}\underline{M}_{n_0}^{1/n_0}}^{\infty} \frac{T(r)}{r^2}\,\mathrm{d}r &= \sum_{n=n_0}^{m-1} \int_{\mathrm{e}\underline{M}_n^{1/n}}^{\mathrm{e}\underline{M}_{n+1}^{1/(n+1)}} \frac{T(r)}{r^2}\,\mathrm{d}r + \int_{\mathrm{e}\underline{M}_m^{1/m}}^{\infty} \frac{T(r)}{r^2}\,\mathrm{d}r \\ &\geqslant \sum_{n=n_0}^{m-1} \frac{n}{\mathrm{e}}\left(\frac{1}{\underline{M}_n^{1/n}} - \frac{1}{\underline{M}_{n+1}^{1/(n+1)}}\right) + \frac{m}{\mathrm{e}\underline{M}_m^{1/m}} \\ &= \frac{n_0}{\mathrm{e}\underline{M}_{n_0}^{1/n_0}} + \frac{1}{\mathrm{e}} \sum_{n=n_0+1}^{m} \frac{1}{\underline{M}_n^{1/n}}.\end{aligned}$$

En faisant tendre $m$ vers l'infini, le résultat s'ensuit. □

De plus,

**Théorème 2.4.** *Si, pour tout $r > 0$, $T(r) < \infty$, alors*

$$\frac{\underline{M}_{n+1}}{\underline{M}_n} \geqslant \underline{M}_n^{1/n}$$

*pour $n$ suffisamment grand.*

Preuve. Tel qu'observé au premier énoncé du théorème 2.2,

$$\Pi'(\nu) \geqslant \frac{\Pi(\nu)}{\nu}$$

lorsque $\nu$, variant sur le domaine de définition de $\Pi'(\nu)$, est suffisamment grand. Si, par exemple, $\nu$ varie sur $]n, n+1[$, — un intervalle de constance de $\Pi'(\nu)$, — nous trouvons explicitement $\Pi'(\nu) = \Pi(n+1) - \Pi(n)$, de sorte que l'inégalité précédente devient

$$\Pi(n+1) - \Pi(n) \geqslant \frac{\Pi(\nu)}{\nu}.$$

En faisant décroître $\nu$ vers $n$, la continuité de $\Pi(\nu)$ entraîne

$$\Pi(n+1) - \Pi(n) \geqslant \frac{\Pi(n)}{n},$$

c'est-à-dire

$$\log \underline{M}_{n+1} - \log \underline{M}_n \geqslant \frac{\log \underline{M}_n}{n},$$

tel que désiré. □

Réunissant les deux théorèmes précédents, l'hypothèse $\int_1^\infty [T(r)/r^2]\,\mathrm{d}r < \infty$ conduit donc à $\sum_{n=1}^\infty \underline{M}_n/\underline{M}_{n+1} < \infty$. Ainsi, le théorème suivant résout le problème à l'étude :

**Théorème 2.5.** *Supposons*

$$\sum_{n=1}^{\infty} \frac{\underline{M}_n}{\underline{M}_{n+1}} < \infty.$$

*Alors, pour $\varepsilon > 0$ donné, il existe une fonction de classe $\mathcal{C}_{\mathbb{R}}(\{\underline{M}_n\})$ qui s'annule en dehors de $[-3\varepsilon, 3\varepsilon]$, sans pour autant être identiquement nulle.*

**Remarque.** En observant que $\mathcal{C}_{\mathbb{R}}(\{\underline{M}_n\}) \subseteq \mathcal{C}_{\mathbb{R}}(\{M_n\})$, ce théorème entraîne que, si $\int_1^\infty T(r)/r^2\,dr < \infty$, alors la classe $\mathcal{C}_{\mathbb{R}}(\{M_n\})$ n'est pas quasi-analytique. Pour un intervalle ouvert non vide, $I$, un changement de variables de la forme $\lambda \mapsto \lambda + b$ et l'inclusion $\mathcal{C}_{\mathbb{R}}(\{M_n\}) \subseteq \mathcal{C}_I(\{M_n\})$ montrent que, dans la même hypothèse, $\mathcal{C}_I(\{M_n\})$ n'est pas quasi-analytique non plus.

PREUVE. Posons

$$u_n = \frac{\underline{M}_n}{\underline{M}_{n+1}},$$

de sorte que $\sum_{n=1}^{\infty} u_n < \infty$. Pour $\varepsilon$ donné, il existe un $n_0$, que nous choisissons supérieur ou égal à 2, tel que

$$\sum_{n=n_0}^{\infty} u_n < \varepsilon.$$

Considérons l'expression

$$\prod_{n=n_0}^{\infty} \frac{\sin u_n z}{u_n z}.$$

Ce produit infini converge uniformément sur tout compact vers une fonction entière, — non identiquement nulle, puisqu'elle vaut 1 en $z = 0$.

Montrons cette dernière affirmation de manière détaillée. Pour $R > 0$ arbitrairement fixé, faisons varier $z$ sur $|z| \leqslant R$. Le facteur général, au sein du produit considéré, possède une singularité artificielle, puisque

$$\lim_{\zeta \to 0} \frac{\sin \zeta}{\zeta} = 1\,;$$

nous l'abolissons. De plus, la précédente relation, doublée du fait que $\lim_{n\to\infty} u_n = 0$ et $|z| \leqslant R$, assurent l'existence d'un $N_1 \geqslant n_0$ tel que

$$\left| \frac{\sin u_n z}{u_n z} - 1 \right| \leqslant \frac{1}{2}$$

pour tout $n \geqslant N_1$. Par conséquent, pour un tel $n$, $\log\bigl((\sin u_n z)/(u_n z)\bigr)$ est une fonction holomorphe au voisinage de $|z| \leqslant R$, — en employant, par exemple, la détermination principale du logarithme.

Un calcul simple montre que $\log\bigl((\sin\zeta)/\zeta\bigr) \approx \zeta^2$ quand $\zeta \to 0$.[2] Plus précisément, en posant $\psi(\zeta) = \zeta^{-2} \log\bigl((\sin\zeta)/\zeta\bigr)$,

$$\lim_{\zeta \to 0} \psi(\zeta) = -\tfrac{1}{6}.$$

En particulier, puisque $u_n \to 0$ quand $n \to \infty$, il existe un $N_2 > N_1$ tel que, pour tout $n \geqslant N_2$, le produit envisagé s'écrive

$$\prod_{n=n_0}^{N_2-1} \frac{\sin u_n z}{u_n z} \prod_{n=N_2}^{\infty} \exp\bigl(\psi(u_n z) u_n^2 z^2\bigr),$$

[2]En général, $f(z) \approx g(z)$ *quand* $z \to z_0$ signifie que $\lim_{z\to z_0} |f(z)|/|g(z)| = C$ pour une certaine constante $0 < C < \infty$.

où $|\psi(u_n z)|$ est compris entre $1/12$ et $3/12$ lorsque $|z| \leqslant R$. La convergence du produit infini repose alors sur celle de la série $\sum_{n \geqslant N_2} |u_n^2 z^2|$. Or, pour $N$ suffisamment grand, $u_n \leqslant 1$ quel que soit $n \geqslant N$ et ainsi, lorsque $|z| \leqslant R$,

$$\sum_{n \geqslant N} |u_n^2 z^2| \leqslant \sum_{n \geqslant N} u_n R^2.$$

Puisque le membre de droite de cette dernière inéquation tend vers 0 quand $N \to \infty$ (indépendamment de $z$), ceci complète donc l'argument.

Notons que $|\sin(u_n z)|/|u_n z| = O(\mathrm{e}^{u_n |z|})$ quand $|z| \to \infty$. De plus, pour tout $x \in \mathbb{R}$, $|\sin(u_n x)|/|u_n x| \leqslant 1$. Finalement,

$$\lim_{|y| \to \infty} \frac{1}{|y|} \log \left| \frac{\sin(\mathrm{i} u_n y)}{u_n y} \right| = u_n.$$

Ainsi, un argument de Phragmén–Lindelöf (corollaire du théorème 1.6) permet de tirer

$$\left| \frac{\sin u_n z}{u_n z} \right| \leqslant \mathrm{e}^{u_n |\Im z|}$$

sur tout le plan complexe.

Envisageons

$$f(z) = \left( \frac{\sin(\varepsilon z / n_0)}{\varepsilon z / n_0} \right)^{2 n_0} \prod_{n = n_0}^{\infty} \frac{\sin u_n z}{u_n z}.$$

Par ce qui précède, il s'agit d'une fonction entière, vérifiant

$$\begin{aligned} |f(z)| &\leqslant (\mathrm{e}^{\varepsilon |\Im z| / n_0})^{2 n_0} \prod_{n = n_0}^{\infty} \mathrm{e}^{u_n |\Im z|} \\ &= \exp\left( 2\varepsilon |\Im z| + |\Im z| \sum_{n = n_0}^{\infty} u_n \right) \leqslant \mathrm{e}^{3\varepsilon |\Im z|}. \end{aligned} \tag{2.2}$$

Remarquons également que, pour $x \in \mathbb{R}$,

$$|f(x)| \leqslant \left| \frac{\sin(\varepsilon x / n_0)}{\varepsilon x / n_0} \right|^{n_0},$$

où $n_0 \geqslant 2$. Cette dernière inéquation indique que $f(x)$ est à la fois dans $L^1(\mathbb{R})$ et $L^2(\mathbb{R})$. Vu la relation (2.2), le théorème de Paley–Wiener assure l'existence d'un $\tilde{\varphi}(\lambda) \in L^2([-3\varepsilon, 3\varepsilon])$ tel que

$$f(z) = \frac{1}{2\pi} \int_{-3\varepsilon}^{3\varepsilon} \mathrm{e}^{-\mathrm{i}\lambda z} \tilde{\varphi}(\lambda) \, \mathrm{d}\lambda.$$

Prolongeons $\tilde{\varphi}(\lambda)$ de manière nulle en dehors de $[-3\varepsilon, 3\varepsilon]$. Le théorème de Plancherel, doublé du fait que $f(x) \in L^1(\mathbb{R})$, entraîne

$$\tilde{\varphi}(\lambda) = \int_{-\infty}^{\infty} \mathrm{e}^{\mathrm{i}\lambda x} f(x) \, \mathrm{d}x \quad \text{p.p.}$$

Le membre de droite de cette dernière relation, que nous désignons par $\varphi(\lambda)$, est continu et vérifie donc $\varphi(\lambda) = 0$ partout en dehors de $[-3\varepsilon, 3\varepsilon]$, sans toutefois être identiquement nul, — car $f(x)$, continue, n'est pas identiquement nulle ($f(0) = 1$).

Pour compléter la preuve, il ne reste qu'à montrer $\varphi(\lambda) \in \mathcal{C}_{\mathbb{R}}(\{\underline{M}_n\})$. Rappelons que

$$|f(x)| = \left|\frac{\sin(\varepsilon x/n_0)}{\varepsilon x/n_0}\right|^{n_0} \times \left|\frac{\sin(\varepsilon x/n_0)}{\varepsilon x/n_0}\right|^{n_0} \times \prod_{n=n_0}^{\infty}\left|\frac{\sin u_n x}{u_n x}\right|. \tag{2.3}$$

Nous convenons d'appeler *premier*, *deuxième* et *troisième* facteurs les produits du membre de droite de la précédente relation séparés par un symbole de multiplication. En ménageant le premier facteur, mais en retranchant le bon nombre de $x$ aux dénominateurs des deuxième et troisième facteurs successivement, il apparaît que $x^k f(x)$ est dominée par une fonction intégrable, quel que soit $k \geqslant 0$, — car $n_0 \geqslant 2$. Par le théorème de la convergence dominée, nous pouvons donc dériver $k$ fois l'expression suivante sous le signe d'intégration,

$$\varphi(\lambda) = \int_{-\infty}^{\infty} \mathrm{e}^{\mathrm{i}\lambda x} f(x)\,\mathrm{d}x,$$

obtenant ainsi, pour tout $k \geqslant 0$,

$$\varphi^{(k)}(\lambda) = \int_{-\infty}^{\infty} (\mathrm{i}x)^k \mathrm{e}^{\mathrm{i}\lambda x} f(x)\,\mathrm{d}x.$$

Par conséquent,

$$|\varphi^{(k)}(\lambda)| \leqslant \int_{-\infty}^{\infty} |x^k f(x)|\,\mathrm{d}x. \tag{2.4}$$

Nous sommes appelés, de nouveau, à estimer $|x^k f(x)|$. Pour $k \geqslant n_0$, retranchons la variable $x$, $k$ fois du membre de droite de (2.3) ainsi : $n_0$ fois du deuxième facteur et $k - n_0$ fois du troisième. Utilisant les estimations triviales $|\sin\xi| \leqslant 1$ et $\big|(\sin\xi)/\xi\big| \leqslant 1$, nous obtenons

$$\begin{aligned}|x^k f(x)| &\leqslant \left|\frac{\sin(\varepsilon x/n_0)}{\varepsilon x/n_0}\right|^{n_0} \left(\frac{n_0}{\varepsilon}\right)^{n_0} \frac{1}{u_{n_0}}\frac{1}{u_{n_0+1}}\cdots\frac{1}{u_{k-1}}\\ &= \left(\frac{n_0}{\varepsilon}\right)^{n_0} \frac{1}{\underline{M}_{n_0}} \left|\frac{\sin(\varepsilon x/n_0)}{\varepsilon x/n_0}\right|^{n_0} \underline{M}_k = C_0\left|\frac{\sin(\varepsilon x/n_0)}{\varepsilon x/n_0}\right|^{n_0} \underline{M}_k,\end{aligned}$$

en posant $C_0 = (n_0/\varepsilon)^{n_0}/\underline{M}_{n_0}$. Par contre, pour $k < n_0$, en ne retranchant $x$ qu'au sein du deuxième facteur, nous obtenons

$$|x^k f(x)| \leqslant \left(\frac{n_0}{\varepsilon}\right)^k \left|\frac{\sin(\varepsilon x/n_0)}{\varepsilon x/n_0}\right|^{n_0} \leqslant C_1\left|\frac{\sin(\varepsilon x/n_0)}{\varepsilon x/n_0}\right|^{n_0} \underline{M}_k,$$

en posant $C_1 = \max\{(n_0/\varepsilon)^j/\underline{M}_j\,;\, j = 0, \ldots, n_0 - 1\}$. Dans tous les cas, en posant $C_2 = \max\{C_0, C_1\}$ (qui ne dépend pas de $k$), nous trouvons

$$|x^k f(x)| \leqslant C_2\left|\frac{\sin(\varepsilon x/n_0)}{\varepsilon x/n_0}\right|^{n_0} \underline{M}_k$$

pour tout $k \geqslant 0$. Finalement, pour $C = C_2 \int_{-\infty}^{\infty} |(\varepsilon x/n_0)^{-1} \sin(\varepsilon x/n_0)|^{n_0}\, dx$, qui représente une quantité finie (car $n_0 \geqslant 2$), l'inéquation (2.4) donne

$$|\varphi^{(k)}(\lambda)| \leqslant C\underline{M}_k$$

pour tout $k \geqslant 0$ et $\lambda \in \mathbb{R}$.

En d'autres mots, $\varphi(\lambda)$, qui n'est pas identiquement nulle, est de classe $\mathcal{C}_{\mathbb{R}}(\{\underline{M}_n\})$, et ce, malgré qu'elle s'annule partout en dehors de $[-3\varepsilon, 3\varepsilon]$, — ce qui achève la démonstration. □

Regroupant les théorèmes 2.1, 2.3, 2.4 et 2.5, nous concluons :

**Théorème 2.6.** *Toujours dans l'hypothèse* A, *les trois propositions suivantes sont équivalentes* :

(1) *La classe* $\mathcal{C}_I(\{\underline{M}_n\})$ *est quasi-analytique.*
(2) $\int_1^{\infty} [T(r)/r^2]\, dr = \infty$.
(3) $\sum_{n=1}^{\infty} \underline{M}_n/\underline{M}_{n+1} = \infty$.

**Élimination de l'hypothèse A.** Sans cette hypothèse, seul $M_n \geqslant 0$ (pour tout $n \geqslant 0$) est su. Voyons de quelle manière cette situation peut être ramenée au cas précédent. À cette fin, envisageons $f(x) \in \mathcal{C}_I(\{M_n\})$.

• S'il existe un $n \geqslant 0$ tel que $M_n = 0$, alors $f^{(n)}(x)$ est identiquement nulle sur l'intervalle $I$, de sorte que $f(x)$ est un polynôme. Ainsi, $\mathcal{C}_I(\{M_n\})$, pour n'être constituée que de polynômes, est quasi-analytique.

• Sinon, tous les $M_n$ sont positifs. Posons $M'_n = \max\{M_n, 1\}$, de sorte que $\mathcal{C}_I(\{M_n\}) \subseteq \mathcal{C}_I(\{M'_n\})$, où $\{M'_n\}$ vérifie l'hypothèse A.

– Si $M'_n > M_n$ seulement un nombre fini de fois, alors il existe une constante, $C$, vérifiant $M_n \leqslant M'_n \leqslant CM_n$ pour tout $n \geqslant 0$. Ainsi, $\mathcal{C}_I(\{M_n\}) = \mathcal{C}_I(\{M'_n\})$ : nous sommes ramenés aux critères précédents, appliqués à $\{M'_n\}$.
– Sinon, $M'_n = 1$ infiniment souvent. Par conséquent, en définissant $\Pi(\nu)$ à partir de la suite $\{M'_n\}$, $\Pi(\nu) = 0$ pour toute valeur suffisamment grande de $\nu$. En particulier, $\underline{M}'_n = 1$ à partir d'un certain rang. Le théorème 2.6 nous révèle qu'alors, la classe $\mathcal{C}_I(\{M'_n\})$ est quasi-analytique, de sorte que $\mathcal{C}_I(\{M_n\})$, qui lui est incluse, l'est également.

CHAPITRE 3

# Fonctions entières de type exponentiel : — leurs zéros

## 3.1. Formule de Jensen

*La célèbre* formule de Jensen *permet, le plus souvent, de tirer des informations sur la distribution des zéros d'une fonction holomorphe. Nous démontrons cette formule en suivant l'approche de Mandelbrojt.*

Dans la suite, pour une fonction, $f(z)$, donnée, $n_f(r)$ désigne le nombre de ses zéros dont le module est inférieur ou égal à $r$, — en tenant compte de leur multiplicité.

**Théorème 3.1.** *Pour $R' > 0$ fixé, soit $f(z)$ une fonction holomorphe dans $|z| < R'$ et telle que $f(0) \neq 0$. Alors, pour tout $R < R'$,*

$$\frac{1}{2\pi}\int_{-\pi}^{\pi} \log|f(Re^{i\theta})|\, d\theta = \log|f(0)| + \int_0^R \frac{n_f(r)}{r}\, dr.$$

**Remarque.** Le fait que $n_f(r) = 0$ pour tout $r > 0$ suffisamment petit assure la convergence de $\int_0^R [n_f(r)/r]\, dr$, qui s'écrit en fait $\int_\eta^R [n_f(r)/r]\, dr$ pour un certain $\eta > 0$.

PREUVE. Dans le cas trivial où $f(z)$ ne possède aucun zéro sur $|z| \leqslant R$, $\log|f(z)|$ est harmonique au voisinage de cette région, de sorte que

$$\frac{1}{2\pi}\int_{-\pi}^{\pi} \log|f(Re^{i\theta})|\, d\theta = \log|f(0)|,$$

cependant que $n_f(r) = 0$ pour $0 \leqslant r \leqslant R$. La formule est donc vérifiée.

Supposons maintenant que $f(z)$ possède des zéros dans $|z| < R$, sans toutefois en posséder sur $|z| = R$. Puisque $f(z)$ est holomorphe dans $|z| < R'$, ces zéros sont en nombre fini. Désignons-les par $z_1, \ldots, z_l$, en les répétant, au besoin, selon leur multiplicité. Alors, la fonction suivante,

$$g(z) = \frac{f(z)}{(z - z_1)\cdots(z - z_l)},$$

est à la fois régulière[1] et dépourvue de zéros sur $|z| \leqslant R$. Par conséquent, nous pouvons prélever son logarithme et obtenir

$$(3.1) \quad \frac{1}{2\pi}\int_{-\pi}^{\pi} \log\left|\frac{f(R\mathrm{e}^{\mathrm{i}\theta})}{(R\mathrm{e}^{\mathrm{i}\theta}-z_1)\cdots(R\mathrm{e}^{\mathrm{i}\theta}-z_l)}\right| \mathrm{d}\theta = \log|g(0)| = \log|f(0)| - \sum_{k=1}^{l}\log|z_k|.$$

Or,

$$\begin{aligned}\frac{1}{2\pi}\int_{-\pi}^{\pi}\log|R\mathrm{e}^{\mathrm{i}\theta}-z_k|\,\mathrm{d}\theta &= \log R + \frac{1}{2\pi}\int_{-\pi}^{\pi}\log\left|1-\frac{z_k}{R}\mathrm{e}^{-\mathrm{i}\theta}\right|\mathrm{d}\theta \\ &= \log R + \frac{1}{2\pi}\int_{-\pi}^{\pi}\log\left|1-\frac{\overline{z_k}}{R}\mathrm{e}^{\mathrm{i}\theta}\right|\mathrm{d}\theta.\end{aligned}$$

De plus, comme $|z_k/R| < 1$, $\log(1-\overline{z_k}wR^{-1})$ est régulière sur $|w| \leqslant 1$, de sorte que, par le théorème de Cauchy

$$\frac{1}{2\pi}\int_{-\pi}^{\pi}\log\left|1-\frac{\overline{z_k}}{R}\mathrm{e}^{\mathrm{i}\theta}\right|\mathrm{d}\theta = \Re\left(\frac{1}{2\pi\mathrm{i}}\oint_{|w|=1}\frac{\log(1-\overline{z_k}wR^{-1})}{w}\,\mathrm{d}w\right) = 0.$$

Donc, le membre de gauche de l'équation (3.1) se réduit à

$$\frac{1}{2\pi}\int_{-\pi}^{\pi}\log|f(R\mathrm{e}^{\mathrm{i}\theta})|\,\mathrm{d}\theta - l\log R,$$

d'où il s'ensuit

$$\frac{1}{2\pi}\int_{-\pi}^{\pi}\log|f(R\mathrm{e}^{\mathrm{i}\theta})|\,\mathrm{d}\theta = \log|f(0)| + l\log R - \sum_{k=1}^{l}\log|z_k|.$$

Finalement, observons que les deux derniers termes du membre de droite de la précédente équation s'expriment sous la forme d'une intégrale de Stieltjes ; en effet, puisque $n_f(R) = l$, une intégration par parties donne

$$\int_0^R \frac{n_f(r)}{r}\,\mathrm{d}r = n_f(R)\log R - \int_0^R \log r\,\mathrm{d}n_f(r) = l\log R - \sum_{k=1}^{l}\log|z_k|.$$

Ainsi, la formule de Jensen est maintenant démontrée pour $f(z)$ ne possédant aucun zéro sur $|z| = R$.

Voyons ce qu'il advient lorsque $f(z)$ possède un ou plusieurs zéros de module $R$. Leur nombre, nécessairement fini, n'affecte guère le prochain raisonnement ; aussi, traitons-nous en détail la situation où $f(z)$ possède exactement un tel zéro, $R\mathrm{e}^{\mathrm{i}\alpha}$, — les autres cas étant laissés au lecteur.

Montrons d'abord que

$$(3.2) \quad \frac{1}{2\pi}\int_{-\pi}^{\pi}\big|\log|R\mathrm{e}^{\mathrm{i}\theta}-R\mathrm{e}^{\mathrm{i}\alpha}|\big|\,\mathrm{d}\theta < \infty.$$

[1]Une fonction est dite *régulière* sur un certain ensemble si elle est analytique au voisinage de cet ensemble.

En effet,

$$|Re^{i\theta} - Re^{i\alpha}| = R|1 - e^{i(\alpha-\theta)}| = R|e^{i(\theta-\alpha)/2} - e^{-i(\theta-\alpha)/2}| = 2R\left|\sin\frac{\theta-\alpha}{2}\right|.$$

En posant $\psi = \theta - \alpha$, l'intégrale envisagée vaut donc, par périodicité,

$$\frac{1}{2\pi}\int_{-\pi}^{\pi}\left|\log 2R + \log\left|\sin\frac{\psi}{2}\right|\right| d\psi.$$

Or, pour $-\pi \leqslant \psi \leqslant \pi$, $|\sin(\psi/2)| \geqslant |\psi|/\pi$. Donc,

$$\begin{aligned}\frac{1}{2\pi}\int_{-\pi}^{\pi}\left|\log 2R + \log\left|\sin\frac{\psi}{2}\right|\right| d\psi &\leqslant |\log 2R| + \frac{1}{2\pi}\int_{-\pi}^{\pi}\left|\log\left|\sin\frac{\psi}{2}\right|\right| d\psi \\ &\leqslant |\log 2R| - \frac{1}{2\pi}\int_{-\pi}^{\pi}\log\frac{|\psi|}{\pi}\, d\psi \\ &= |\log 2R| + 1 < \infty,\end{aligned}$$

tel qu'annoncé.

Nous voulons établir, pour $R'' = R$,

$$\frac{1}{2\pi}\int_{-\pi}^{\pi}\log|f(R''e^{i\theta})|\, d\theta \overset{?}{=} \log|f(0)| + \int_0^{R''}\frac{n_f(r)}{r}\, dr.$$

Parce que les zéros de $f(z)$ ne s'accumulent pas dans $|z| < R'$, il est possible, pour $R''$, de tendre vers $R$, tout en restant entre $R$ et $R'$, d'une telle manière que $f(z)$ ne possède jamais de zéro sur $|z| = R''$. Par la première partie de la preuve, la précédente équation vaut, pour de tels $R'' > R$ ; son membre de droite étant continu en $R''$, il suffit de démontrer

$$\lim_{R''\downarrow R}\int_{-\pi}^{\pi}\log|f(R''e^{i\theta})|\, d\theta \overset{?}{=} \int_{-\pi}^{\pi}\log|f(Re^{i\theta})|\, d\theta$$

pour inférer qu'elle vaut aussi pour $R'' = R$.

Par hypothèse, $f(z) = (z - Re^{i\alpha})\varphi(z)$, où $\varphi(z)$, holomorphe, ne possède de zéro ni sur le cercle $|z| = R$, ni en son voisinage. Clairement, puisque $\log|\varphi(z)|$ est continue près de $|z| = R$,

$$\lim_{R''\downarrow R}\int_{-\pi}^{\pi}\big|\log|\varphi(R''e^{i\theta})| - \log|\varphi(Re^{i\theta})|\big|\, d\theta = 0.$$

Il suffit donc de démontrer

$$\lim_{R''\downarrow R}\int_{-\pi}^{\pi}\big|\log|R''e^{i\theta} - Re^{i\alpha}| - \log|Re^{i\theta} - Re^{i\alpha}|\big|\, d\theta \overset{?}{=} 0.$$

Cette dernière relation découle du théorème de la convergence dominée, avec, pour dominant, $|\log(R'+R)| + \big|\log|Re^{i\theta} - Re^{i\alpha}|\big|$, — dont le choix est légitimé par la relation (3.2). Ceci achève la démonstration. □

**Scolie.** Notre argument démontre en fait que, pour $R < R'$ fixé et $R''$ variant dans $]R, R'[$, $\lim_{R''\downarrow R}\int_{-\pi}^{\pi}\big|\log|f(R''e^{i\theta})| - \log|f(Re^{i\theta})|\big|\, d\theta = 0$.

## 3.2. Factorisation d'Hadamard

*Lorsqu'une fonction holomorphe est de type exponentiel, sa factorisation de Weierstrass prend une forme simplifiée, nommée* factorisation d'Hadamard. *Nous obtenons cette dernière directement, — ce qui en simplifie la démonstration.*

**Lemme.** *Soit $f(z)$ une fonction entière, telle que $f(0) \neq 0$. Supposons-la de type exponentiel, — vérifiant $|f(z)| \leqslant C\mathrm{e}^{A|z|}$ pour des constantes $C > 0$ et $A > 0$. Alors, il existe une constante réelle, $B$, telle que*

$$\frac{n_f(r)}{r} \leqslant \mathrm{e}A + \frac{B}{r}$$

*pour tout $r > 0$.*

**Remarques.** (1) Le terme $\mathrm{e}A$ de l'inéquation précédente ne peut pas être diminué.

(2) Puisque $n_f(r) = 0$ pour $r \geqslant 0$ suffisamment petit, le présent lemme assure l'existence d'un $D > 0$ tel que

$$\frac{n_f(r)}{r} \leqslant D \tag{3.3}$$

pour tout $r > 0$.

PREUVE. La formule de Jensen et l'hypothèse entraînent, pour tout $r > 0$,

$$\log|f(0)| + \int_0^r \frac{n_f(\rho)}{\rho}\,\mathrm{d}\rho = \frac{1}{2\pi}\int_{-\pi}^{\pi} \log|f(r\mathrm{e}^{\mathrm{i}\theta})|\,\mathrm{d}\theta \leqslant Ar + \log C.$$

Ainsi, en posant $B = \log C - \log|f(0)|$, nous obtenons $\int_0^r [n_f(\rho)/\rho]\,\mathrm{d}\rho \leqslant Ar + B$. Remplaçons $r$ par $\mathrm{e}r$ dans la précédente inéquation. En utilisant d'abord le fait que la fonction $n_f(\rho)$ est non négative et, ensuite, qu'elle est croissante (au sens large), nous trouvons

$$\mathrm{e}Ar + B \geqslant \int_0^{\mathrm{e}r} \frac{n_f(\rho)}{\rho}\,\mathrm{d}\rho \geqslant \int_r^{\mathrm{e}r} \frac{n_f(\rho)}{\rho}\,\mathrm{d}\rho \geqslant n_f(r)\log\mathrm{e} = n_f(r),$$

tel que désiré. □

**Théorème 3.2.** *Soit $f(z)$ une fonction entière, dont les zéros non nuls, répétés selon leur multiplicité, sont désignés par $z_1, z_2, \ldots$ — en suivant l'ordre croissant de leur module : $0 < |z_1| \leqslant |z_2| \leqslant \cdots$. Si $f(z)$ est de type exponentiel, alors il existe des constantes complexes $C$ et $b$, et un entier $l \geqslant 0$ tels que*

$$f(z) = Cz^l\mathrm{e}^{bz}\prod_k\left(1 - \frac{z}{z_k}\right)\mathrm{e}^{z/z_k},$$

*où le produit, s'il contient une infinité de facteurs, converge uniformément sur tout compact.*

**Remarque.** Le membre de droite de la dernière équation se nomme la *factorisation d'Hadamard* de $f(z)$.

PREUVE. Sans restreindre la généralité, supposons $f(0) \neq 0$, quitte à remplacer $f(z)$ par $f(z)/z^l$ pour l'entier $l \geqslant 0$ approprié.

Montrons d'abord que, même lorsque les zéros de $f(z)$ sont en quantité infinie, le produit $\prod_{k=1}^{\infty}(1-(z/z_k))e^{z/z_k}$ converge uniformément sur tout compact, donc représente une fonction holomorphe.

Supposons $|z| \leqslant R$, où $R > 0$ est arbitrairement fixé. Convenons de désigner par $K_r$ le premier indice tel que $|z_{K_r}| \geqslant r$, où $r \geqslant 0$. Si $k \geqslant K_{2R}$, alors

$$\begin{aligned}\Big(1-\frac{z}{z_k}\Big)e^{z/z_k} &= \exp\Big(\log\Big(1-\frac{z}{z_k}\Big)+\frac{z}{z_k}\Big)\\ &= \exp\Big(-\tfrac12(z/z_k)^2-\tfrac13(z/z_k)^3-\cdots\Big)\\ &= \exp\Big(-\tfrac12(z/z_k)^2(1+\tfrac23(z/z_k)+\tfrac24(z/z_k)^2+\cdots)\Big).\end{aligned}$$

Or, pour de tels $z$ et $k$, comme $|z/z_k| \leqslant \frac12$, $|1+\frac23(z/z_k)+\frac24(z/z_k)^2+\cdots|$ est compris entre

$$1-\tfrac23(\tfrac12+\tfrac14+\cdots)=\tfrac13$$

et

$$1+\tfrac23(\tfrac12+\tfrac14+\cdots)=\tfrac53.$$

Donc,

$$\Big(1-\frac{z}{z_k}\Big)e^{z/z_k} = \exp\Big(-\frac12\psi_k(z)(z/z_k)^2\Big) \qquad (k \geqslant K_{2R}) \tag{3.4}$$

pour un certain $\psi_k(z)$ dont le module est compris entre $\frac13$ et $\frac53$ quand $|z| \leqslant R$. Ainsi, la convergence du produit infini $\prod_k(1-(z/z_k))e^{z/z_k}$ repose sur celle de la série $\sum_{k\geqslant K_{2R}}|z/z_k|^2$, d'ailleurs majorée par $R^2\sum_{k\geqslant K_{2R}}1/|z_k|^2$.

Montrons que ce majorant est fini à l'aide d'une intégration par parties. Pour $R' \geqslant R$, le lemme entraîne

$$\sum_{k\geqslant K_{2R'}}\frac{1}{|z_k|^2}=\int_{[2R',\infty[}\frac{dn_f(\rho)}{\rho^2}=-\frac{n_f(2R'-0)}{(2R')^2}+2\int_{2R'}^{\infty}\frac{n_f(\rho)}{\rho^3}\,d\rho,$$

de sorte que

$$\sum_{k\geqslant K_{2R'}}\frac{1}{|z_k|^2}\leqslant 2\int_{2R'}^{\infty}\frac{n_f(\rho)}{\rho}\frac{d\rho}{\rho^2}. \tag{3.5}$$

Toujours par le lemme, il existe une constante, $D$, telle que $n_f(\rho)/\rho \leqslant D$. Le membre de droite de la relation (3.5) est donc fini ; il est majoré par $C^{te}/R'$.[2]

En particulier, pour $|z| \leqslant R$,

$$\sum_{k\geqslant K_{2R'}}\Big|\frac{z}{z_k}\Big|^2\leqslant C^{te}\frac{R^2}{R'}. \tag{3.6}$$

[2]Dans ce texte, $C^{te}$ désigne génériquement une constante positive, dont la valeur peut très bien changer d'une ligne à l'autre.

Puisque le membre de droite de cette dernière relation tend vers 0 indépendamment de $z$ quand $R' \to \infty$, la convergence de son membre de gauche est uniforme sur $|z| \leqslant R$.

En conclusion, comme $R$ est arbitraire, $\prod_k (1-(z/z_k))\mathrm{e}^{z/z_k}$ converge uniformément sur tout compact, donnant une fonction entière, — que nous nommerons $\varphi(z)$ —, ayant les mêmes zéros que $f(z)$ (en tenant compte de leur multiplicité). Cette conclusion, évidemment, vaut aussi bien si $f(z)$ ne possède qu'un nombre fini de zéros.

Ainsi, $f(z)/\varphi(z)$ représente une fonction entière et sans zéro, donc s'écrit

$$\frac{f(z)}{\varphi(z)} = \mathrm{e}^{\theta(z)},$$

où $\theta(z)$ est aussi entière. Nous voulons établir $\theta(z) = az + b$, achevant ainsi la démonstration.

À cette fin, estimons la partie réelle de $\theta(z)$. Supposons $|z| = R$ pour $R > 0$ fixé et décomposons $\mathrm{e}^{\theta(z)}$ en $\mathrm{I}\cdot\mathrm{II}$, où

$$\mathrm{I} = \prod_{|z_k|<2R} \frac{f(z)}{(1-(z/z_k))\mathrm{e}^{z/z_k}} \quad \text{et} \quad \mathrm{II} = \prod_{k \geqslant K_{2R}} \frac{1}{(1-(z/z_k))\mathrm{e}^{z/z_k}}.$$

La relation (3.4) et l'inéquation (3.6) appliquée à $R' = R$ montrent que

$$|\mathrm{II}| \leqslant \mathrm{e}^{\mathrm{C^{\underline{te}}}R}. \tag{3.7}$$

Reste à traiter I. Il s'agit de la fonction suivante, évaluée en $z$ :

$$\mathrm{I}(\zeta) = \prod_{|z_k|<2R} \frac{f(\zeta)}{(1-(\zeta/z_k))\mathrm{e}^{\zeta/z_k}}.$$

Puisqu'elle est entière, par le principe du maximum, $|\mathrm{I}| \leqslant \max_{|\zeta|=4R} |\mathrm{I}(\zeta)|$. Or, pour $|\zeta| = 4R$,

$$\begin{aligned}\prod_{|z_k|<2R} \left|\left(1-\frac{\zeta}{z_k}\right)\mathrm{e}^{\zeta/z_k}\right| &\geqslant \prod_{|z_k|<2R} |\mathrm{e}^{\zeta/z_k}| \\ &\geqslant \prod_{|z_k|<2R} \mathrm{e}^{-4R/|z_k|} = \exp\Big(-4R \sum_{|z_k|<2R} 1/|z_k|\Big).\end{aligned}$$

Donc, puisque $f(z)$ est de type exponentiel,

$$|\mathrm{I}(\zeta)| \leqslant \frac{\mathrm{C^{\underline{te}}}'\,\mathrm{e}^{4R\,\mathrm{C^{\underline{te}}}}}{\exp\Big(-4R\sum_{|z_k|<2R} 1/|z_k|\Big)}.$$

De plus, une intégration par parties donne

$$\sum_{|z_k|<2R} \frac{1}{|z_k|} = \int_{[0,2R[} \frac{\mathrm{d}n_f(r)}{r} = \frac{n_f(2R-0)}{2R} + \int_0^{2R} \frac{n_f(r)}{r}\frac{\mathrm{d}r}{r} \leqslant D\log 2R + \mathrm{C^{\underline{te}}},$$

en vertu du lemme. Donc, à tout le moins pour $R \geqslant \mathrm{e}$,

$$|\mathrm{I}| \leqslant \max_{|\zeta|=4R} |\mathrm{I}(\zeta)| \leqslant \mathrm{C^{\underline{te}}}' \exp(\mathrm{C^{\underline{te}}}\, R\log R). \tag{3.8}$$

Au total, les estimations (3.7) et (3.8) impliquent

$$|\mathrm{e}^{\theta(z)}| \leqslant \mathrm{C}^{\underline{\mathrm{te}}\prime} \exp(\mathrm{C}^{\underline{\mathrm{te}}} R \log R),$$

où $|z| = R$ et $R \geqslant \mathrm{e}$. Dans ces circonstances,

$$(\Re\theta)^+(z) \leqslant \mathrm{C}^{\underline{\mathrm{te}}} R \log R + \mathrm{C}^{\underline{\mathrm{te}}\prime},$$

où $(\Re\theta)^+(z)$ désigne la partie positive de la fonction $\Re\theta(z)$, — tandis que sa partie négative sera désignée par $(\Re\theta)^-(z)$. Alors,

$$\int_{-\pi}^{\pi} (\Re\theta)^+(R\mathrm{e}^{\mathrm{i}\vartheta})\,\mathrm{d}\vartheta \leqslant \mathrm{C}^{\underline{\mathrm{te}}} R \log R + \mathrm{C}^{\underline{\mathrm{te}}\prime}.$$

De plus, comme $\Re\theta(z)$ est harmonique,

$$\frac{1}{2\pi}\int_{-\pi}^{\pi} (\Re\theta)^-(R\mathrm{e}^{\mathrm{i}\vartheta})\,\mathrm{d}\vartheta = \frac{1}{2\pi}\int_{-\pi}^{\pi} (\Re\theta)^+(R\mathrm{e}^{\mathrm{i}\vartheta})\,\mathrm{d}\vartheta - \Re\theta(0),$$

de sorte que $\int_{-\pi}^{\pi} (\Re\theta)^-(R\mathrm{e}^{\mathrm{i}\vartheta})\,\mathrm{d}\vartheta$ vérifie une inégalité du même genre. Au total, nous trouvons

$$\frac{1}{2\pi}\int_{-\pi}^{\pi} |\Re\theta(R\mathrm{e}^{\mathrm{i}\vartheta})|\,\mathrm{d}\vartheta \leqslant \mathrm{C}^{\underline{\mathrm{te}}} R \log R + \mathrm{C}^{\underline{\mathrm{te}}\prime},$$

toujours pour $R \geqslant \mathrm{e}$.

Comme la fonction $\Re\theta(z)$ est harmonique dans tout le plan, elle s'écrit

$$\Re\theta(R\mathrm{e}^{\mathrm{i}\vartheta}) = \sum_{n=-\infty}^{\infty} a_n R^{|n|} \mathrm{e}^{\mathrm{i}n\vartheta},$$

où $a_n = (2\pi R^{|n|})^{-1} \int_{-\pi}^{\pi} \Re\theta(R\mathrm{e}^{\mathrm{i}\vartheta})\mathrm{e}^{-\mathrm{i}n\vartheta}\,\mathrm{d}\vartheta$. En particulier, pour $R \geqslant \mathrm{e}$,

$$|a_n| \leqslant \frac{\mathrm{C}^{\underline{\mathrm{te}}} R \log R + \mathrm{C}^{\underline{\mathrm{te}}\prime}}{R^{|n|}},$$

où le membre de droite tend vers 0 quand $R \to \infty$, et ce, si $|n| \geqslant 2$. Par conséquent, $\Re\theta(z) = a_{-1}\bar{z} + a_0 + a_1 z$, voire

$$\Re\theta(z) = \Re(2a_1 z + a_0),$$

puisque $\Re\theta(z)$ est une fonction à valeurs réelles, — c'est-à-dire $a_{-1} = \overline{a_1}$ et $a_0 = \overline{a_0}$. Ainsi, $\theta(z) = az + b$ pour des constantes complexes $a$ et $b$. En conclusion,

$$f(z) = \mathrm{e}^{az+b} \prod_k \left(1 - \frac{z}{z_k}\right) \mathrm{e}^{z/z_k},$$

ce qui complète la démonstration. □

**Scolie.** Supposons que nous sachions seulement $n_f(r)/r \leqslant D$ pour une certaine constante $D > 0$. Formons le produit infini $\prod_k (1 - (z/z_k))\mathrm{e}^{z/z_k}$. La première partie de la preuve montre qu'il converge vers une fonction entière, $\varphi(z)$, qui n'est pas nécessairement de type exponentiel. Cependant, décomposons $\varphi(z)$ en $\mathrm{I}' \cdot \mathrm{II}'$, où

$$\mathrm{I}' = \prod_{|z_k|<2R}\Big(1 - \frac{z}{z_k}\Big)\mathrm{e}^{z/z_k} \quad \text{et} \quad \mathrm{II}' = \prod_{|z_k|\geqslant 2R}\Big(1 - \frac{z}{z_k}\Big)\mathrm{e}^{z/z_k}.$$

Pour $|z| = R$, la preuve montre que $|\mathrm{II}'| \leqslant \mathrm{e}^{\mathrm{C^{te}}R}$, mais d'autre part

$$|\mathrm{I}'| \leqslant \exp\left(R\left|\sum_{|z_k|<2R}\frac{1}{z_k}\right|\right)\prod_{|z_k|<2R}\Big(1 + \frac{R}{|z_k|}\Big).$$

Supposons que $\left|\sum_{|z_k|<2R} 1/z_k\right|$ soit borné pour $R$ variable. Alors, à un facteur $\mathrm{e}^{\mathrm{C^{te}}R}$ près, $|\mathrm{I}'|$ se comporte dans le pire des cas comme $\prod_{|z_k|<2R}(1+(R/|z_k|))$. Or,

$$\begin{aligned}
\sum_{|z_k|<2R}\log\Big(1 + \frac{R}{|z_k|}\Big) &= \int_{[0,2R[}\log\Big(1 + \frac{R}{r}\Big)\,\mathrm{d}n_f(r)\\
&= n_f(2R-0)\log\Big(\frac{3}{2}\Big) + \int_0^{2R}\frac{R}{R+r}\,\frac{n_f(r)}{r}\,\mathrm{d}r\\
&\leqslant 2RD\log\Big(\frac{3}{2}\Big) + RD\log 3 = 2RD\log\Big(\frac{3\sqrt{3}}{2}\Big).
\end{aligned}$$

Donc, $\prod_{|z_k|<2R}(1 + (R/|z_k|)) \leqslant \mathrm{e}^{\mathrm{C^{te}}R}$, de sorte qu'au total, nous trouvons bien

$$|\varphi(z)| \leqslant \mathrm{e}^{\mathrm{C^{te}}|z|},$$

— pour autant que les sommes $\sum_{|z_k|<2R} 1/z_k$ soient bornées en valeur absolue.

## 3.3. Théorème de Lindelöf

*Le* théorème de Lindelöf *révèle que les zéros d'une fonction de type exponentiel sont « équilibrés », dans la mesure où les sommes partielles de leurs inverses restent bornées. Ce théorème est d'ailleurs renforcé à la prochaine section, pour les fonctions de classe Cartwright : ces sommes partielles, alors, convergent.*

Voici le *théorème de Lindelöf* :

**Théorème 3.3.** *Soit $f(z)$ une fonction entière, ne s'annulant pas à l'origine. Désignons ses zéros, répétés selon leur multiplicité, par $z_1, z_2, \ldots$ en les rangeant dans l'ordre croissant de leur module : $0 < |z_1| \leqslant |z_2| \leqslant \cdots$. Si $f(z)$ est de type exponentiel, alors $\left|\sum_{|z_k|\leqslant r} 1/z_k\right|$ est borné pour $r$ variant dans $]0, \infty[$.*

**Remarque.** La réciproque de cet énoncé est démontrée au scolie du précédent théorème.

PREUVE. Pour $r > 0$, posons

$$S(r) = \sum_{|z_k|<r} \frac{1}{z_k}.$$

Choisissons $r$ en dehors de $\{|z_k| \; ; \; k \geqslant 1\}$. Alors, par le théorème des résidus,

$$S(r) = \frac{1}{2\pi \mathrm{i}} \oint_{|z|=r} \frac{f'(z)}{z f(z)} \, \mathrm{d}z - \frac{f'(0)}{f(0)}.$$

Puisque $f(z)$ n'a aucun zéro autour d'un quelconque $z$ de module $r$, les équations de Cauchy–Riemann s'appliquent à la fonction $\log f$ en un tel voisinage, donnant ainsi

$$\frac{f'(z)}{f(z)} = \frac{\mathrm{d}}{\mathrm{d}z} \log f(z) = \left( \frac{\partial}{\partial x} - \mathrm{i} \frac{\partial}{\partial y} \right) \log|f(z)|.$$

Par conséquent,

$$S(r) = \frac{1}{2\pi} \int_{-\pi}^{\pi} \left( \frac{\partial}{\partial x} - \mathrm{i} \frac{\partial}{\partial y} \right) \log|f(r\mathrm{e}^{\mathrm{i}\theta})| \, \mathrm{d}\theta - \frac{f'(0)}{f(0)}.$$

Si nous envisageons un intervalle, $[R_1, R_2]$, ne comprenant aucun des $|z_k|$, nous déduisons donc que $\int_{R_1}^{R_2} S(r) r \, \mathrm{d}r$ vaut

$$\frac{1}{2\pi} \int_{-\pi}^{\pi} \int_{R_1}^{R_2} \left( \frac{\partial}{\partial x} \log|f(r\mathrm{e}^{\mathrm{i}\theta})| - \frac{\partial}{\partial y} \mathrm{i} \log|f(r\mathrm{e}^{\mathrm{i}\theta})| \right) r \, \mathrm{d}r \, \mathrm{d}\theta - \frac{f'(0)}{f(0)} \frac{R_2^2 - R_1^2}{2}.$$

Par le théorème de Green, l'intégrale double, dans la précédente expression, vaut [3]

$$\int_{-\pi}^{\pi} [\mathrm{i} \log|f(\widetilde{R}\mathrm{e}^{\mathrm{i}\theta})|(-\widetilde{R} \sin\theta) + \log|f(\widetilde{R}\mathrm{e}^{\mathrm{i}\theta})|(\widetilde{R} \cos\theta)] \, \mathrm{d}\theta \Big|_{\widetilde{R}=R_1}^{R_2},$$

c'est-à-dire

$$\int_{-\pi}^{\pi} \widetilde{R}\mathrm{e}^{-\mathrm{i}\theta} \log|f(\widetilde{R}\mathrm{e}^{\mathrm{i}\theta})| \, \mathrm{d}\theta \Big|_{R_1}^{R_2},$$

de sorte que

$$\int_{R_1}^{R_2} S(r) r \, \mathrm{d}r = \left( \frac{1}{2\pi} \int_{-\pi}^{\pi} \widetilde{R}\mathrm{e}^{-\mathrm{i}\theta} \log|f(\widetilde{R}\mathrm{e}^{\mathrm{i}\theta})| \, \mathrm{d}\theta - \frac{f'(0)}{f(0)} \frac{\widetilde{R}^2}{2} \right) \Big|_{R_1}^{R_2}. \tag{3.9}$$

Fixons $R > 0$. Soient $r_1, r_2, \ldots, r_{m-1}$ les modules des zéros de $f(z)$ compris entre $R$ et $2R$, mis en ordre croissant. Soient également $r_0 = R$ et $r_m = 2R$, — de sorte que $R = r_0 < r_1 < \cdots < r_m = 2R$. En additionnant de part et d'autre les deux membres de la relation (3.9) appliquée successivement aux bornes d'intégration $r_0$ et $r_1$, $r_1$ et $r_2$, …, $r_{m-1}$ et $r_m$, la somme se télescope, donnant ainsi

$$\int_{R}^{2R} S(r) r \, \mathrm{d}r \stackrel{?}{=} \left( \frac{1}{2\pi} \int_{-\pi}^{\pi} \widetilde{R}\mathrm{e}^{-\mathrm{i}\theta} \log|f(\widetilde{R}\mathrm{e}^{\mathrm{i}\theta})| \, \mathrm{d}\theta - \frac{f'(0)}{f(0)} \frac{\widetilde{R}^2}{2} \right) \Big|_{R}^{2R}, \tag{3.10}$$

[3] Nous écrivons, en général, $g(\widetilde{R})|_{R_1}^{R_2}$ pour $g(R_2 - 0) - g(R_1 + 0)$.

— pour autant que, d'une part, $\int_{R_1}^{R_2} S(r)r\,\mathrm{d}r$ soit continue en $R_1$ et $R_2$, et d'autre part, *que* $\int_{-\pi}^{\pi} \mathrm{e}^{-\mathrm{i}\theta} \log|f(\widetilde{R}\mathrm{e}^{\mathrm{i}\theta})|\,\mathrm{d}\theta$ *soit continue en* $\widetilde{R}$.

Puisque $S(r)$ est constante par morceaux et ne prend que des valeurs finies, la première de ces deux conditions est vérifiée. Démontrons de manière détaillée la seconde. Fixons $R_0 > 0$ et faisons tendre $\widetilde{R}$ vers $R_0$. Si $R_0$ n'est pas le module d'un zéro de $f(z)$, il en est de même pour $\widetilde{R}$, lorsque celui-ci est suffisamment rapproché de celui-là. Alors, le théorème de la convergence dominée (ou, plus simplement, la convergence uniforme) justifie le résultat. Donc, le seul cas difficile survient quand $R_0 = |z_k|$ pour un certain $k$. Pour fixer les idées, supposons que $f(z)$ possède exactement un zéro, $z_k$, sur le cercle $|z| = R_0$, — le cas général étant laissé au lecteur. Ainsi, $f(z)$ s'écrit

$$f(z) = (z - z_k)g(z),$$

où $g(z_k) \neq 0$. Notons que $f(z)$ ne s'annule pas si $|z|$ est suffisamment près de $R_0$ sans par contre lui être égal. En d'autres mots,

$$g(\widetilde{R}\mathrm{e}^{\mathrm{i}\theta}) \neq 0 \quad \text{si } R_0 - \eta < \widetilde{R} < R_0 + \eta$$

pour un certain $\eta > 0$. Alors,

$$\log|f(\widetilde{R}\mathrm{e}^{\mathrm{i}\theta})| = \log|g(\widetilde{R}\mathrm{e}^{\mathrm{i}\theta})| + \log|\widetilde{R}\mathrm{e}^{\mathrm{i}\theta} - z_k|.$$

Comme, manifestement,

$$\lim_{\widetilde{R}\to R_0} \int_{-\pi}^{\pi} \big|\log|g(\widetilde{R}\mathrm{e}^{\mathrm{i}\theta})| - \log|g(R_0\mathrm{e}^{\mathrm{i}\theta})|\big|\,\mathrm{d}\theta = 0,$$

nous sommes ramenés à démontrer

$$\lim_{\widetilde{R}\to R_0} \int_{-\pi}^{\pi} \big|\log|\widetilde{R}\mathrm{e}^{\mathrm{i}\theta} - z_k| - \log|R_0\mathrm{e}^{\mathrm{i}\theta} - z_k|\big|\,\mathrm{d}\theta \stackrel{?}{=} 0,$$

où $|z_k| = R_0$. Par périodicité, ceci revient à

$$\lim_{\widetilde{R}\to R_0} \int_{-\pi}^{\pi} \big|\log|\widetilde{R}\mathrm{e}^{\mathrm{i}\theta} - R_0| - \log|R_0\mathrm{e}^{\mathrm{i}\theta} - R_0|\big|\,\mathrm{d}\theta \stackrel{?}{=} 0.$$

Si $R_0 < \widetilde{R} < 2R_0$ et $\widetilde{R} \downarrow R_0$, alors

$$1 < \frac{|\widetilde{R}\mathrm{e}^{\mathrm{i}\theta} - R_0|}{|R_0\mathrm{e}^{\mathrm{i}\theta} - R_0|} \leqslant \frac{\widetilde{R} + R_0}{2R_0}\,\frac{1}{|\sin(\theta/2)|} < \frac{3}{2}\,\frac{1}{|\sin(\theta/2)|}.$$

Donc,

$$\big|\log|\widetilde{R}\mathrm{e}^{\mathrm{i}\theta} - R_0| - \log|R_0\mathrm{e}^{\mathrm{i}\theta} - R_0|\big| = \log\frac{|\widetilde{R}\mathrm{e}^{\mathrm{i}\theta} - R_0|}{|R_0\mathrm{e}^{\mathrm{i}\theta} - R_0|} < \log\frac{3}{2} - \log\left|\sin\frac{\theta}{2}\right|.$$

Il est aisé de vérifier que cette dernière expression est intégrable sur $[-\pi, \pi]$, nous fournissant ainsi un dominant. Donc, par le théorème de la convergence dominée,

$$\lim_{\widetilde{R}\downarrow R_0} \int_{-\pi}^{\pi} \big|\log|\widetilde{R}\mathrm{e}^{\mathrm{i}\theta} - R_0| - \log|R_0\mathrm{e}^{\mathrm{i}\theta} - R_0|\big|\,\mathrm{d}\theta = 0.$$

Si plutôt $R_0/2 < \widetilde{R} < R_0$ et $\widetilde{R} \uparrow R_0$, alors

$$(3.11)\qquad \big|\log|\widetilde{R}e^{i\theta} - R_0| - \log|R_0 e^{i\theta} - R_0|\big| \leqslant \left|\log \frac{|\widetilde{R}e^{i\theta} - R_0|}{|\widetilde{R}e^{i\theta} - \widetilde{R}|}\right| + \log \frac{R_0}{\widetilde{R}}.$$

Justement,

$$1 < \frac{|\widetilde{R}e^{i\theta} - R_0|}{|\widetilde{R}e^{i\theta} - \widetilde{R}|} \leqslant \frac{\widetilde{R} + R_0}{2\widetilde{R}} \frac{1}{|\sin(\theta/2)|} \leqslant \frac{3}{2} \frac{1}{|\sin(\theta/2)|}.$$

Donc, en utilisant le fait que $R_0/\widetilde{R} < 2$, l'inéquation (3.11) entraîne

$$\big|\log|\widetilde{R}e^{i\theta} - R_0| - \log|R_0 e^{i\theta} - R_0|\big| \leqslant \log 3 - \log\left|\sin \frac{\theta}{2}\right|,$$

ce qui fournit, à nouveau, un dominant. Donc,

$$\lim_{\widetilde{R}\uparrow R_0} \int_{-\pi}^{\pi} \big|\log|\widetilde{R}e^{i\theta} - R_0| - \log|R_0 e^{i\theta} - R_0|\big| \, d\theta = 0.$$

En conséquence, $\int_{-\pi}^{\pi} e^{-i\theta} \log|f(\widetilde{R}e^{i\theta})| \, d\theta$ est bel et bien continue en tout $\widetilde{R} > 0$. En particulier, l'équation (3.10), qui s'écrit explicitement

$$\int_R^{2R} S(r) r \, dr = \frac{1}{2\pi} \int_{-\pi}^{\pi} (2R \log|f(2Re^{i\theta})| - R \log|f(Re^{i\theta})|) e^{-i\theta} \, d\theta - \frac{f'(0)}{f(0)} \frac{3R^2}{2},$$

est démontrée.

Rappelons que, par le lemme figurant au début de la section 3.2, il existe une constante, $D$, telle que $n_f(r)/r \leqslant D$ pour tout $r > 0$. En particulier, pour $r \in [R, 2R]$,

$$|S(r) - S(R)| \leqslant \sum_{R \leqslant |z_k| < r} \frac{1}{|z_k|} \leqslant \frac{n_f(r)}{R} \leqslant 2D = C^{\underline{te}}.$$

Par conséquent,

$$\begin{aligned}\left|\int_R^{2R} S(r) r \, dr\right| &\geqslant \left|\int_R^{2R} S(R) r \, dr\right| - \left|\int_R^{2R} (S(R) - S(r)) r \, dr\right| \\ &\geqslant |S(R)| \frac{3R^2}{2} - \int_R^{2R} |S(R) - S(r)| r \, dr \\ &\geqslant |S(R)| \frac{3R^2}{2} - C^{\underline{te}} \frac{3R^2}{2},\end{aligned}$$

cependant que

$$\left|\int_R^{2R} S(r) r \, dr\right| \leqslant \frac{1}{2\pi} \int_{-\pi}^{\pi} (2R|\log|f(2Re^{i\theta})|| + R|\log|f(Re^{i\theta})||) \, d\theta + C^{\underline{te}} R^2.$$

En somme,

$$(3.12)\quad |S(R)|\frac{3R^2}{2} \leqslant \frac{1}{2\pi}\int_{-\pi}^{\pi}\big(2R|\log|f(2R\mathrm{e}^{\mathrm{i}\theta})|| + R|\log|f(R\mathrm{e}^{\mathrm{i}\theta})||\big)\,\mathrm{d}\theta + \mathrm{C}^{\underline{\mathrm{te}}}\,R^2.$$

De plus, comme $f(z)$ est de type exponentiel, $\log|f(z)| \leqslant \mathrm{C}^{\underline{\mathrm{te}}}|z|$ pour $|z|$ suffisamment grand. En particulier, $\log^+|f(z)| \leqslant \mathrm{C}^{\underline{\mathrm{te}}}|z|$, ce qui entraîne

$$\int_{-\pi}^{\pi}\log^+|f(R\mathrm{e}^{\mathrm{i}\theta})|\,\mathrm{d}\theta \leqslant \mathrm{C}^{\underline{\mathrm{te}}}\,R.$$

Puisque $\log|f(z)|$ est sous-harmonique, il résulte aussi

$$\begin{aligned}\int_{-\pi}^{\pi}\log^-|f(R\mathrm{e}^{\mathrm{i}\theta})|\,\mathrm{d}\theta &\leqslant \int_{-\pi}^{\pi}\log^+|f(R\mathrm{e}^{\mathrm{i}\theta})|\,\mathrm{d}\theta - 2\pi\log|f(0)|\\ &\leqslant \mathrm{C}^{\underline{\mathrm{te}}}\,R + \mathrm{C}^{\underline{\mathrm{te}}\prime} \leqslant \mathrm{C}^{\underline{\mathrm{te}}}\,R\end{aligned}$$

pour $R$ suffisamment grand. Au total, pour de tels $R$,

$$\int_{-\pi}^{\pi}|\log|f(R\mathrm{e}^{\mathrm{i}\theta})||\,\mathrm{d}\theta \leqslant \mathrm{C}^{\underline{\mathrm{te}}}\,R.$$

Cette conclusion subsiste en remplaçant $R$ par $2R$. Rapportant le tout dans la relation (3.12), nous obtenons $|S(R)|3R^2/2 \leqslant \mathrm{C}^{\underline{\mathrm{te}}}\,R^2$ pour $R$ suffisamment grand, c'est-à-dire

$$|S(R)| \leqslant \mathrm{C}^{\underline{\mathrm{te}}},$$

ce qui vaut, en réalité, pour tout $R > 0$, — tel que désiré. □

### 3.4. Théorème de Levinson–Cartwright

*Les zéros des fonctions de la classe de Cartwright (définie ci-après) sont distribués de manière plutôt régulière : dans un sens précisé plus loin, ils ont une densité, provenue entièrement des zéros dont l'argument est arbitrairement petit ou arbitrairement près de $\pi$. Voilà le contenu du* théorème de Levinson–Cartwright, *dont la démonstration présentée ci-dessous est, à notre connaissance, inédite.*

**Définition.** Une fonction $f(z)$ est dans la *classe de Cartwright* si elle est entière, de type exponentiel, non identiquement nulle et vérifie

$$\int_{-\infty}^{\infty}\frac{\log^+|f(t)|}{1+t^2}\,\mathrm{d}t < \infty.$$

Pour un tel $f(z)$, définissons

$$a = \limsup_{y\to\infty}\frac{\log|f(\mathrm{i}y)|}{y} \quad \text{et} \quad b = \limsup_{y\to-\infty}\frac{\log|f(\mathrm{i}y)|}{|y|}.$$

*Dans la suite, nous supposons $a = b$ et désignons cette quantité par $A$.* Cette hypothèse ne compromet en rien la généralité de notre discussion, puisqu'elle est vérifiée en remplaçant $f(z)$ par $\mathrm{e}^{\mathrm{i}cz}f(z)$ pour le $c \in \mathbb{R}$ approprié.[4] Ce faisant, les zéros de la fonction étudiée ne sont pas changés ; observons de plus que $|f(t)| = |\mathrm{e}^{\mathrm{i}ct}f(t)|$ pour tout $t \in \mathbb{R}$.

**Discussion préliminaire.** Rappelons que, par le théorème 1.12,

$$\int_{-\infty}^{\infty} \frac{|\log|f(t)||}{1+t^2}\,\mathrm{d}t < \infty. \tag{3.13}$$

Par conséquent, le théorème 1.10 appliqué à $\log^+|f(t)|$ et $\log^-|f(t)|$ successivement assure que $A\Im z + \pi^{-1}\int_{-\infty}^{\infty}(\Im z/|z-t|^2)\log|f(t)|\,\mathrm{d}t$ est harmonique dans $\Im z > 0$ et continue sur $\Im z \geqslant 0$.[5] De plus, par le deuxième corollaire du théorème 1.12, pour $\Im z > 0$,

$$\log|f(z)| \leqslant A\Im z + \frac{1}{\pi}\int_{-\infty}^{\infty} \frac{\Im z}{|z-t|^2}\log|f(t)|\,\mathrm{d}t. \tag{3.14}$$

Ajoutons que, pour $\Im z < 0$, nous avons semblablement

$$\log|f(z)| \leqslant A|\Im z| + \frac{1}{\pi}\int_{-\infty}^{\infty} \frac{|\Im z|}{|z-t|^2}\log|f(t)|\,\mathrm{d}t.$$

Analysons la relation (3.14). Pour $z = R\mathrm{e}^{\mathrm{i}\theta}$, son membre de droite vaut

$$AR\sin\theta + \frac{1}{\pi}\int_{-\infty}^{\infty} \frac{R\sin\theta\log|f(t)|}{R^2+t^2-2Rt\cos\theta}\mathrm{d}t. \tag{3.15}$$

Supposons en outre $\delta < \theta < \pi - \delta$, où $\delta \in\, ]0, \pi/2[$ est arbitrairement petit. Alors, $|R^2 + t^2 - 2Rt\cos\theta| \geqslant (1-\cos\delta)(R^2+t^2)$, de sorte que l'expression (3.15) s'écarte de $AR\sin\theta$ par

$$\frac{1}{\pi(1-\cos\delta)}\int_{-\infty}^{\infty} \frac{R\sin\theta|\log|f(t)||}{R^2+t^2}\,\mathrm{d}t$$

ou moins. Or, le théorème de la convergence dominée et la relation (3.13) assurent que cette dernière quantité est $o(R)$ quand $R \to \infty$, indépendamment de $\theta$ (où, toujours, $\delta < \theta < \pi - \delta$). Donc, pour de tels $\theta$, $AR\sin\theta$ est le terme qui prévaut dans l'expression (3.15).

**Premiers résultats.** Envisageons, pour $\Im z > 0$,

$$v(z) = \log|f(z)| - A\Im z - \frac{1}{\pi}\int_{-\infty}^{\infty} \frac{\Im z}{|z-t|^2}\log|f(t)|\,\mathrm{d}t.$$

Cette fonction jouit des propriétés suivantes :

(1) Tel que rappelé par la relation (3.14), $v(z) \leqslant 0$. De plus, pour $x \in \mathbb{R}$,

$$\limsup_{\substack{\Im z > 0\\ z \to x}} v(z) \leqslant 0.$$

---

[4]Ceci est fait au cours de la preuve du théorème de Paley–Wiener, relation (1.12) *ssq.*

[5]... sauf peut-être aux zéros réels de $f(z)$. Il est aisé d'établir que, lorsque $z$ se rapproche d'un tel zéro, la fonction en question tend vers $-\infty$. *A fortiori*, elle devient négative, — ce qui est utilisé au début de la notice 11, p. 52. (*N.d.T.*)

(2) $v(z)$ est sous-harmonique.

(3) $\limsup_{y\to\infty} v(\mathrm{i}y)/y = 0$.

Cette dernière propriété provient du théorème 1.10 et de la définition de $A$.

Appliquons maintenant les idées de Rubel et Dufresnoy à la fonction $v(z)$.[6] Envisageons le demi-cercle $\Gamma_R^+ = \{Re^{\mathrm{i}\theta}\ ;\ 0 < \theta < \pi\}$. *Nous supposons, pour commencer, que $f(z)$ ne s'annule pas sur l'adhérence de celui-ci.* Alors, $v(z)$ est minorée (donc, bornée) sur $\Gamma_R^+$. Définissons, pour $|z| < R$,

$$w_R(z) = \frac{1}{2\pi}\int_{-\pi}^{\pi} \frac{R^2 - |z|^2}{|Re^{\mathrm{i}\tau} - z|^2} v(Re^{\mathrm{i}|\tau|}) \operatorname{sgn}(\tau)\, \mathrm{d}\tau.$$

Cette dernière fonction est harmonique[7] et vérifie $w_R(\bar{z}) = -w_R(z)$ pour $|z| < R$, — de sorte qu'elle s'annule sur l'intervalle ouvert $]-R, R[$. De plus, elle s'écrit

$$w_R(z) = \frac{1}{2\pi}\int_0^{\pi} T(Re^{\mathrm{i}\tau}, z) v(Re^{\mathrm{i}\tau})\, \mathrm{d}\tau,$$

où $T(Re^{\mathrm{i}\tau}, z) = (R^2 - |z|^2)/|Re^{\mathrm{i}\tau} - z|^2 - (R^2 - |z|^2)/|Re^{-\mathrm{i}\tau} - z|^2$. Observons que $T(Re^{\mathrm{i}\tau}, z) \geqslant 0$ si $0 \leqslant \tau \leqslant \pi$ et $z \in \mathcal{D}$, où $\mathcal{D}$ désigne le demi-disque $\{z\ ;\ |z| < R \text{ et } \Im z > 0\}$.[8] Le principe du maximum généralisé nous permet d'établir :

**Lemme.** *Pour* tout $R > 0$ *et tout* $z \in \mathcal{D}$, $v(z) \leqslant w_R(z)$.

PREUVE. Maintenons d'abord notre hypothèse à propos de $R$, à savoir qu'aucun zéro de $f(z)$ n'est incident à l'adhérence de $\Gamma_R^+$. La fonction $v(z)$ est alors minorée sur $\Gamma_R^+$. Comme, en outre, $T(Re^{\mathrm{i}\tau}, z) \geqslant 0$ pour $0 \leqslant \tau \leqslant \pi$ et $z \in \mathcal{D}$, et

$$\frac{1}{2\pi}\int_0^{\pi} T(Re^{\mathrm{i}\tau}, z)\, \mathrm{d}\tau \leqslant \frac{1}{2\pi}\int_0^{\pi} \frac{R^2 - |z|^2}{|Re^{\mathrm{i}\tau} - z|^2}\, \mathrm{d}\tau < \frac{1}{2\pi}\int_0^{2\pi} \frac{R^2 - |z|^2}{|Re^{\mathrm{i}\tau} - z|^2}\, \mathrm{d}\tau = 1,$$

il s'ensuit que $w_R(z)$ est minorée dans $\mathcal{D}$. Donc, $v(z) - w_R(z)$ est majorée dans $\mathcal{D}$, en plus d'y être sous-harmonique. De plus, le théorème 1.10 relevé

[6] *Cf.* devoir 2, annexe B.

[7] D'abord, nous reconnaissons en $(R^2 - |z|^2)/|Re^{\mathrm{i}\tau} - z|^2$ le noyau de Poisson pour le disque $|z| < R$. Les détails peuvent être esquissés ainsi : envisageons une fonction mesurable, $v(t)$, définie sur $\mathbb{R}$ et vérifiant $\int_{-\infty}^{\infty}(1 + t^2)^{-1}|v(t)|\, \mathrm{d}t < \infty$. Le théorème 1.10 et la décomposition $v(t) = v^+(t) - v^-(t)$ entraînent que $\pi^{-1}\int_{-\infty}^{\infty}(\Im z/|z - t|^2)v(t)\, \mathrm{d}t$ est harmonique dans $\Im z > 0$. Nous pouvons transférer ce résultat du demi-plan supérieur au disque $|z| < R$ grâce à une homographie, pour obtenir le noyau de Poisson ci-dessus. Maintenant, puisque notre $v(z)$ particulier est borné sur $\Gamma_R^+$, la condition de finitude (1.14) ainsi transférée est vérifiée par $v(Re^{\mathrm{i}|\tau|}) \operatorname{sgn}(\tau)$. Par conséquent, $w_R(z)$ est harmonique. (*N.d.T.*)

[8] Ceci et l'inéquation $v(z) \leqslant 0$ entraînent que $w_R(z)$ est bien définie pour *tout* $R > 0$ et $z \in \mathcal{D}$, que l'adhérence de $\Gamma_R^+$ contienne des zéros de $f(z)$ ou non. L'énoncé du prochain lemme est donc admissible. (*N.d.T.*)

au disque entraîne, pour $0 < \theta < \pi$,

$$\lim_{\substack{z\in\mathcal{D}\\ z\to R\mathrm{e}^{\mathrm{i}\theta}}} v(z) - w_R(z) = v(R\mathrm{e}^{\mathrm{i}\theta}) - v(R\mathrm{e}^{\mathrm{i}\theta}) = 0.$$

Par ailleurs, pour $-R < x < R$,

$$\limsup_{\substack{z\in\mathcal{D}\\ z\to x}} v(z) - w_R(z) = \limsup_{\substack{z\in\mathcal{D}\\ z\to x}} v(z) \leqslant 0.$$

Bien que le comportement de $v(z) - w_R(z)$ aux abords de $R$ et $-R$ ne soit pas éclairci, le principe du maximum, tel que généralisé dans le premier devoir,[9] nous permet de conclure $v(z) \leqslant w_R(z)$ dans $\mathcal{D}$, c'est-à-dire, pour $0 < r < R$ et $0 < \theta < \pi$,

$$v(r\mathrm{e}^{\mathrm{i}\theta}) \leqslant \frac{1}{2\pi}\int_0^\pi T(R\mathrm{e}^{\mathrm{i}\tau}, r\mathrm{e}^{\mathrm{i}\theta}) v(R\mathrm{e}^{\mathrm{i}\tau})\,\mathrm{d}\tau. \tag{3.16}$$

Cette formule est maintenant démontrée *dans le cas où l'adhérence de* $\Gamma_R^+$ *ne contient aucun zéro de* $f(z)$. Montrons qu'elle subsiste dans le cas contraire, pour $r$ et $\theta$ fixés.

En effet, dans ce cas, il existe une suite, $\{R_n\}$, comprise entre $r$ et $R$, tendant vers $R$ et telle que l'adhérence de $\Gamma_{R_n}^+$ ne contienne aucun zéro de $f(z)$. L'inéquation (3.16) est donc valable en y remplaçant $R$ par $R_n$, quel que soit $n$. De plus,

$$\lim_{n\to\infty} T(R_n\mathrm{e}^{\mathrm{i}\tau}, r\mathrm{e}^{\mathrm{i}\theta}) v(R_n\mathrm{e}^{\mathrm{i}\tau}) = T(R\mathrm{e}^{\mathrm{i}\tau}, r\mathrm{e}^{\mathrm{i}\theta}) v(R\mathrm{e}^{\mathrm{i}\tau})$$

pour presque tous les $\tau \in \,]0,\pi[$, — à savoir ceux pour lesquels $f(R\mathrm{e}^{\mathrm{i}\tau}) \neq 0$.[10] Remarquons que $T(R_n\mathrm{e}^{\mathrm{i}\tau}, r\mathrm{e}^{\mathrm{i}\theta}) v(R_n\mathrm{e}^{\mathrm{i}\tau}) \leqslant 0$. Par conséquent, l'inéquation (3.16) appliquée aux $R_n$ et le lemme de Fatou impliquent

$$\begin{aligned} v(r\mathrm{e}^{\mathrm{i}\theta}) &\leqslant \limsup_{n\to\infty} \frac{1}{2\pi}\int_0^\pi T(R_n\mathrm{e}^{\mathrm{i}\tau}, r\mathrm{e}^{\mathrm{i}\theta}) v(R_n\mathrm{e}^{\mathrm{i}\tau})\,\mathrm{d}\tau \\ &\leqslant \frac{1}{2\pi}\int_0^\pi T(R\mathrm{e}^{\mathrm{i}\tau}, r\mathrm{e}^{\mathrm{i}\theta}) v(R\mathrm{e}^{\mathrm{i}\tau})\,\mathrm{d}\tau = w_R(r\mathrm{e}^{\mathrm{i}\theta}). \end{aligned}$$

Ainsi, le lemme est démontré pour *tout* $R > 0$. □

Notons que, par une décomposition en fractions simples,

$$\begin{aligned} \frac{R^2 - r^2}{|R\mathrm{e}^{\mathrm{i}\tau} - r\mathrm{e}^{\mathrm{i}\theta}|^2} &= 1 + \frac{(r/R)\mathrm{e}^{\mathrm{i}(\theta-\tau)}}{1-(r/R)\mathrm{e}^{\mathrm{i}(\theta-\tau)}} + \frac{(r/R)\mathrm{e}^{-\mathrm{i}(\theta-\tau)}}{1-(r/R)\mathrm{e}^{-\mathrm{i}(\theta-\tau)}} \\ &= \sum_{n=-\infty}^{\infty} \left(\frac{r}{R}\right)^{|n|} \mathrm{e}^{\mathrm{i}n(\theta-\tau)}. \end{aligned}$$

---

[9] *Cf.* annexe B, section B.1.

[10] Que $\lim_{n\to\infty} v(R_n\mathrm{e}^{\mathrm{i}\tau}) = v(R\mathrm{e}^{\mathrm{i}\tau})$ est alors justifié par le théorème 1.10. (*N.d.T.*)

De même, $(R^2 - r^2)/|R\mathrm{e}^{-\mathrm{i}\tau} - r\mathrm{e}^{\mathrm{i}\theta}|^2 = \sum_{n=-\infty}^{\infty}(r/R)^{|n|}\mathrm{e}^{\mathrm{i}n(\theta+\tau)}$. En combinant le tout, $T(R\mathrm{e}^{\mathrm{i}\tau}, r\mathrm{e}^{\mathrm{i}\theta}) = \sum_{n=-\infty}^{\infty}(r/R)^{|n|}\mathrm{e}^{\mathrm{i}n\theta}(2/\mathrm{i})\sin(n\tau)$, de sorte que

$$\begin{aligned} w_R(r\mathrm{e}^{\mathrm{i}\theta}) &= \frac{1}{2\pi}\int_0^\pi \sum_{n=-\infty}^{\infty}\left(\frac{r}{R}\right)^{|n|}\mathrm{e}^{\mathrm{i}n\theta}\left(\frac{2}{\mathrm{i}}\right)\sin(n\tau)v(R\mathrm{e}^{\mathrm{i}\tau})\,\mathrm{d}\tau \\ &= \frac{1}{\mathrm{i}\pi}\sum_{n=-\infty}^{\infty}\left(\frac{r}{R}\right)^{|n|}\mathrm{e}^{\mathrm{i}n\theta}\int_0^\pi v(R\mathrm{e}^{\mathrm{i}\tau})\sin n\tau\,\mathrm{d}\tau. \end{aligned}$$

Nous écrivons

$$w_R(r\mathrm{e}^{\mathrm{i}\theta}) = \sum_{n=1}^{\infty}\alpha_n(R)\left(\frac{r}{R}\right)^n\sin n\theta, \tag{3.17}$$

en posant $\alpha_n(R) = (2/\pi)\int_0^\pi v(R\mathrm{e}^{\mathrm{i}\tau})\sin n\tau\,\mathrm{d}\tau$.[11] Ainsi, par le lemme précédent,

$$v(r\mathrm{e}^{\mathrm{i}\theta}) \leqslant \sum_{n=1}^{\infty}\alpha_n(R)\left(\frac{r}{R}\right)^n\sin n\theta.$$

De ceci, nous tirons :

**Lemme.** *Si* $0 < r < R$*, alors* $\alpha_1(r)/r \leqslant \alpha_1(R)/R$.

PREUVE. Le résultat provient de la dernière inégalité, en multipliant ses deux membres par $\sin\theta$ et en les intégrant de 0 à $\pi$. □

En conséquence, $\lim_{R\to\infty}\alpha_1(R)/R$ existe, finie ou infinie. En fait, non seulement cette limite existe, mais elle est finie, voire non positive, puisque $v(R\mathrm{e}^{\mathrm{i}\tau}) \leqslant 0$ pour tout $\theta \in ]0,\pi[$, — ce qui entraîne $\alpha_1(R) \leqslant 0$. Désignons-la par $B$. En réalité,

**Lemme.** $B = 0$.

PREUVE. Rappelons que, pour $0 < \tau < \pi$, $|\sin n\tau| \leqslant n\sin\tau$. Par conséquent,

$$\begin{aligned} |\alpha_n(R)| &= \left|\frac{2}{\pi}\int_0^\pi v(R\mathrm{e}^{\mathrm{i}\tau})\sin n\tau\,\mathrm{d}\tau\right| \leqslant \frac{2}{\pi}\int_0^\pi |v(R\mathrm{e}^{\mathrm{i}\tau})|n\sin\tau\,\mathrm{d}\tau \\ &= -\frac{2n}{\pi}\int_0^\pi v(R\mathrm{e}^{\mathrm{i}\tau})\sin\tau\,\mathrm{d}\tau = n|\alpha_1(R)|. \end{aligned}$$

---

[11]La convergence absolue de cette dernière intégrale repose sur la finitude de $\int_0^\pi \big|\log|f(R\mathrm{e}^{\mathrm{i}\tau})|\big|\,\mathrm{d}\tau$, plus précisément, sur sa finitude lorsque $R\mathrm{e}^{\mathrm{i}\tau}$ franchit (ou rejoint) un zéro de $f$. [*À ce sujet, revoir la notice* 5, *p. 49 et la propriété* (1) *de* $v(z)$.] Si $R\mathrm{e}^{\mathrm{i}\tau_0}$ est un zéro d'ordre $\alpha$, $|f(z)|$ s'écrit $|z - R\mathrm{e}^{\mathrm{i}\tau_0}|^\alpha|g(z)|$ au voisinage de celui-ci, où $g(R\mathrm{e}^{\mathrm{i}\tau_0}) \neq 0$. En extrayant le logarithme, nous sommes ramenés à démontrer la finitude de l'intégrale $\int\big|\log|\mathrm{e}^{\mathrm{i}\tau} - \mathrm{e}^{\mathrm{i}\tau_0}|\big|\,\mathrm{d}\tau$ prise autour de $\tau_0$, donc, de $\int\big|\log|\sin(\tau/2)|\big|\,\mathrm{d}\tau$ prise autour de 0. Celle-ci résulte d'un calcul élémentaire. En conclusion, $\int_0^\pi |v(R\mathrm{e}^{\mathrm{i}\tau})|\,\mathrm{d}\tau < \infty$, — ce qui justifie également l'interversion de l'intégrale et de la sommation dans le calcul précédent. (*N.d.T.*)

En particulier, l'équation (3.17) entraîne

$$\left|\frac{w_R(re^{i\theta})}{r} - \frac{\alpha_1(R)}{R}\sin\theta\right| \leqslant \frac{1}{R}\sum_{n=2}^{\infty}|\alpha_n(R)|\left(\frac{r}{R}\right)^{n-1} \leqslant \sum_{n=2}^{\infty} n\left|\frac{\alpha_1(R)}{R}\right|\left(\frac{r}{R}\right)^{n-1}.$$

Or, en faisant tendre $R$ vers l'infini, à la fois $\alpha_1(R)/R$ croît vers $B$ (non positif) et $\sum_{n=2}^{\infty} n(r/R)^{n-1} \to 0$, où $r < R$ est arbitrairement fixé. Donc, l'inéquation précédente implique

$$\lim_{R\to\infty} \frac{w_R(re^{i\theta})}{r} = B\sin\theta.$$

Comme, de plus, $v(re^{i\theta})/r \leqslant w_R(re^{i\theta})/r$, il s'ensuit que $v(re^{i\theta})/r \leqslant B\sin\theta$, où $0 < \theta < \pi$. En particulier, $\limsup_{y\to\infty} v(iy)/y \leqslant B \leqslant 0$. La propriété (3) de $v(z)$ rappelle que cette limite supérieure est nulle. Donc, $B = 0$, tel qu'affirmé. □

Nous sommes finalement en mesure de démontrer :

**Théorème 3.4.** *Pour $\delta \in ]0,\pi[$ arbitrairement petit,*

$$\lim_{R\to\infty}\int_{\delta}^{\pi-\delta}\left|\frac{\log|f(Re^{i\theta})|}{R} - A\sin\theta\right| d\theta = 0.$$

PREUVE. Par le lemme précédent,

$$\frac{\alpha_1(R)}{R} = \frac{2}{\pi}\int_0^{\pi}\frac{v(Re^{i\theta})}{R}\sin\theta\, d\theta \to 0, \quad R\to\infty.$$

Puisque $v(z) \leqslant 0$ (pour $\Im z > 0$) et $\sin\theta \geqslant 0$ (pour $0 < \theta < \pi$), il s'ensuit

$$\int_0^{\pi}\left|\frac{v(Re^{i\theta})}{R}\right|\sin\theta\, d\theta \to 0, \quad R\to\infty.$$

Or, la minoration $\sin\theta > \sin\delta$ pour $\delta < \theta < \pi - \delta$ entraîne

$$\sin\delta\int_{\delta}^{\pi-\delta}\left|\frac{v(Re^{i\theta})}{R}\right| d\theta \leqslant \int_0^{\pi}\left|\frac{v(Re^{i\theta})}{R}\right|\sin\theta\, d\theta.$$

Donc,

$$\int_{\delta}^{\pi-\delta}\left|\frac{v(Re^{i\theta})}{R}\right| d\theta \to 0, \quad R\to\infty. \tag{3.18}$$

Vu la définition de $v(z)$, l'intégrande, dans l'énoncé du théorème, vaut justement

$$\left|\frac{v(Re^{i\theta})}{R} + \frac{1}{\pi}\int_{-\infty}^{\infty}\frac{\sin\theta}{|Re^{i\theta} - t|^2}\log|f(t)|\, dt\right|.$$

Or, nous avons établi, au cours de la discussion préliminaire, que

$$\lim_{R\to\infty}\int_{-\infty}^{\infty}\frac{\sin\theta}{|Re^{i\theta} - t|^2}\log|f(t)|\, dt = 0$$

uniformément en $\theta \in ]\delta, \pi - \delta[$. La relation (3.18) complète donc la démonstration. □

De la même manière, on peut démontrer :

**Théorème 3.5.** *Pour $\delta \in ]0, \pi[$ arbitrairement petit,*

$$\lim_{R\to\infty} \int_{-\pi+\delta}^{-\delta} \left| \frac{\log|f(Re^{i\theta})|}{R} - A|\sin\theta| \right| d\theta = 0.$$

Nous voulons étendre ces résultats à une intégrale sur $[-\pi, \pi]$, — pour ensuite recourir à l'égalité de Jensen. À cette fin, de nouvelles idées sont nécessaires, exposées ci-après.

**Principe des petits arcs.** Dans la suite, $R > 0$ et $\delta > 0$ sont des nombres fixés ; le premier est grand, le second, petit.[12] Nous nous apprêtons à construire une fonction harmonique qui dépend de $R$ et $\delta$ (jusqu'à son domaine de définition en dépend), et qui sera utilisée pour démontrer une inégalité remarquable.

Envisageons d'abord la couronne $\mathcal{C} = \{z \in \mathbb{C} ; \kappa < |z| < 1\}$, où $\kappa \in ]0, 1[$ est un petit nombre à déterminer. Désignons sa frontière intérieure par $\gamma = \{z \in \mathbb{C} ; |z| = \kappa\}$. Il existe une fonction, continue sur la fermeture de $\mathcal{C}$ et harmonique dans $\mathcal{C}$, qui vaut 0 sur le cercle unité et 1 sur $\gamma$, — à savoir $\log|z|/\log\kappa$. Transformons son domaine de définition, $\mathcal{C}$, comme suit.

Appliquons l'homographie $T(z) = (z + \frac{1}{2})/(1 + \frac{1}{2}z)$ au disque unité fermé. Celui-ci demeure en place, tandis que $\gamma$ est envoyé sur un petit cercle dont le centre euclidien, situé sur l'axe des $x$, avoisine $1/2$. Ce petit cercle rencontre l'axe des $x$ aux points $T(-\kappa) = (1 - 2\kappa)/(2 - \kappa)$ et $T(\kappa) = (1 + 2\kappa)/(2 + \kappa)$, de sorte que son diamètre (euclidien) vaut $6\kappa/(4 - \kappa^2)$. *Nous exigeons que ce diamètre vaille $2\delta$, ce qui détermine univoquement la valeur de $\kappa > 0$.* Notons qu'alors, $\delta = 3\kappa/(4 - \kappa^2) = \frac{3}{4}\kappa + O(\kappa^3)$ quand $\kappa \to 0$, de sorte que $\kappa = \frac{4}{3}\delta + O(\delta^3)$ quand $\delta \to 0$, c'est-à-dire

$$\frac{1}{\kappa} = \frac{3}{4\delta + O(\delta^3)} \quad \text{quand } \delta \to 0. \tag{3.19}$$

Le point $T(\kappa) + \delta$ est également distingué. Nous demandons qu'il soit situé, sur l'axe des $x$, entre $T(\kappa)$ et 1 (en d'autres mots, à la droite du petit cercle, mais dans le disque unité), — ce qui est évidemment le cas pour $\delta > 0$ suffisamment petit.

Appliquons ensuite l'homothétie $S(z) = 2R'z$ au disque troué ainsi obtenu. *Nous exigeons que cette homothétie mène $T(\kappa) + \delta$ sur $R$, ce qui détermine univoquement la valeur de $R'$.* Notons qu'alors, pour $\delta$ suffisamment petit, $R'$ est à peine inférieur à $R$.[13] Désignons par $\gamma'$ le cercle

[12] En tout et pour tout, $R > \frac{1}{2}$ et (mettons) $\delta < 10^{-1\,000\,000\,000}$ suffisent. (*N.d.T.*)

[13] Explicitement, la relation $\frac{1}{2} < T(\kappa) + \delta < \frac{1}{2} + 3\delta$ entraîne $R' < R < (1 + 6\delta)R'$, c'est-à-dire $R/(1 + 6\delta) < R' < R$. (*N.d.T.*)

$S(T(\gamma))$.[14] Posons également $\mathcal{D} = S(T(\mathcal{C}))$ ; il s'agit du domaine de la fonction à définir. Celle-ci est spécifiée par $T^{-1} \circ S^{-1}$ suivi de $\log|z|/\log \kappa$ ; nous la nommons $U(z)$. Ainsi, $U(z)$ vaut 0 sur $\{|z| = 2R'\}$ et 1 sur $\gamma'$. De plus, $U(0) = \log 2/\log(1/\kappa)$, de sorte que la relation (3.19) entraîne, pour $\delta \to 0$,

$$U(0) = \frac{\log 2}{\log(3/(4\delta + O(\delta^3)))} = \frac{\log 2}{\log(1/\delta) + O(1)}. \tag{3.20}$$

Nous sommes maintenant en mesure de démontrer le *principe des petits arcs*, dû à Wolfgang Fuchs :

**Théorème 3.6.** *Soit $f(z)$ une fonction entière, de type exponentiel, telle que $f(0) = 1$. Si $\delta > 0$ est suffisamment petit et $R$ suffisamment grand,*[15] *alors*

$$\int_{-\delta}^{\delta} \log^-|f(Re^{i\theta})|\, d\theta \leqslant C\delta \log\left(\frac{1}{\delta}\right) R,$$

*où la constante $C$ ne dépend que de $f(z)$.*

Preuve. Puisque $f(z)$ est de type exponentiel et $f(0) = 1$, il existe un $K > 0$ tel que $\log|f(z)| \leqslant K|z|$ pour tout $z \in \mathbb{C}$. Majorons $\log|f(\zeta)|$ de la manière suivante, pour $\zeta$ variant sur $\gamma'$ :[16]

$$\begin{aligned}
\log|f(\zeta)| &\leqslant \frac{1}{2\pi}\int_{-\pi}^{\pi} \frac{R^2 - |\zeta|^2}{|Re^{i\tau} - \zeta|^2} \log|f(Re^{i\tau})|\, d\tau \\
&= \frac{1}{2\pi}\int_{-\pi}^{\pi} \frac{R^2 - |\zeta|^2}{|Re^{i\tau} - \zeta|^2} (\log^+|f(Re^{i\tau})| - \log^-|f(Re^{i\tau})|)\, d\tau \\
&\leqslant \frac{1}{2\pi}\int_{-\pi}^{\pi} \frac{R^2 - |\zeta|^2}{|Re^{i\tau} - \zeta|^2} KR\, d\tau - \frac{1}{2\pi}\int_{-\delta}^{\delta} \frac{R^2 - |\zeta|^2}{|Re^{i\tau} - \zeta|^2} \log^-|f(Re^{i\tau})|\, d\tau \\
&= KR - \frac{1}{2\pi}\int_{-\delta}^{\delta} \frac{R^2 - |\zeta|^2}{|Re^{i\tau} - \zeta|^2} \log^-|f(Re^{i\tau})|\, d\tau.
\end{aligned}$$

Le cercle $\gamma'$ est construit de manière à ce que la distance entre ses points et $R$ soit comprise entre deux multiples de $R\delta$ (pour $\delta$ suffisamment petit), — une conclusion qui subsiste en remplaçant $R$ par un petit arc centré en $R$, en l'occurrence l'arc du cercle centré à l'origine reliant $Re^{-i\delta}$ et $Re^{i\delta}$. Ainsi, pour $\zeta \in \gamma'$ et $\tau \in [-\delta, \delta]$, $|Re^{i\tau} - \zeta| \leqslant \mathrm{C^{te}}\,\delta R$, cependant que $R - |\zeta| \geqslant \mathrm{C^{te}}\,\delta R$ (puisque $|\zeta|$ appartient au disque fermé délimité par $\gamma'$). Comme, de surcroît,

[14] Ainsi, par la précédente notice, la distance entre $R$ et un point quelconque de $\gamma'$ est comprise entre deux multiples de $R\delta$ (pour $\delta$ suffisamment petit), — ce qui sera rappelé plus loin. (*N.d.T.*)

[15] *Cf.* notice 12, p. 54. (*N.d.T.*)

[16] Nous renvoyons le lecteur aux paragraphes précédents, quant aux définitions de $\mathcal{D}$, $\gamma'$, $R'$ et $U(z)$. Par ailleurs, la prochaine inégalité n'est autre que le second corollaire du théorème 1.12, relevé au disque centré à l'origine et de rayon $R$ (qui contient évidemment le cercle $\gamma'$). (*N.d.T.*)

$R + |\zeta| \geqslant R$, il existe un nombre $a$, ne dépendant ni de $R$, ni de $\delta$, tel que $(R^2 - |\zeta|^2)/|Re^{i\tau} - \zeta|^2 \geqslant a/\delta$ pour tout $\zeta \in \gamma'$ et $\tau \in [-\delta, \delta]$. En particulier,

$$\frac{1}{2\pi}\int_{-\delta}^{\delta} \frac{R^2 - |\zeta|^2}{|Re^{i\tau} - \zeta|^2} \log^-|f(Re^{i\tau})|\, d\tau \geqslant \frac{a}{2\pi\delta}J,$$

où nous posons $J = \int_{-\delta}^{\delta} \log^-|f(Re^{i\tau})|\, d\tau$. Ainsi, la précédente majoration devient

$$\log|f(\zeta)| \leqslant KR - \frac{a}{2\pi\delta}J, \tag{3.21}$$

toujours pour $\zeta \in \gamma'$.

Déduisons que $\log|f(z)|$ est majoré comme suit sur l'adhérence de $\mathcal{D}$ au moyen de $U(z)$ :

$$\log|f(z)| \overset{?}{\leqslant} (1 - U(z))\, 2KR + U(z)\Big(KR - \frac{a}{2\pi\delta}J\Big).$$

En effet, le membre de gauche de cette inéquation est sous-harmonique dans $\mathcal{D}$, tandis que son membre de droite y est harmonique. Sur $\gamma'$, l'inéquation en question revient à (3.21), tandis que sur le cercle de rayon $2R'$, elle revient à $\log|f(z)| \leqslant 2KR$, — une inégalité trivialement vérifiée pour $R$ suffisamment grand (en fait, pour $R > \frac{1}{2}$). Ainsi, puisqu'elle vaut sur sa frontière, l'inégalité proposée vaut aussi sur $\mathcal{D}$, — par le principe du maximum.

En particulier, puisque $f(0) = 1$,

$$0 \leqslant (1 - U(0))2KR + U(0)\Big(KR - \frac{a}{2\pi\delta}J\Big) \leqslant 2KR - \frac{aJ}{2\pi\delta}U(0),$$

— en utilisant le fait que $U(0) \geqslant 0$, qui découle aussi du principe du maximum. Donc, en vertu de l'équation (3.20),

$$J \leqslant \frac{4\pi\delta}{aU(0)}KR = \frac{4\pi K}{a\log 2}\Big(\delta\log\Big(\frac{1}{\delta}\Big) + O(\delta)\Big)R,$$

c'est-à-dire $J \leqslant C\delta\log(1/\delta)R$ si $\delta > 0$ est suffisamment petit (indépendamment de $R$), — pour une constante $C > 0$ ne dépendant que de $f(z)$. Ceci achève la démonstration. □

**Suite et fin.** Nous en sommes toujours à étudier une fonction, $f(z)$, entière, vérifiant $\log|f(z)| \leqslant K|z|$ quand $|z| \to \infty$, $\int_{-\infty}^{\infty}(1+t^2)^{-1}\log^+|f(t)|\, dt < \infty$ et

$$\limsup_{y\to\infty}\frac{\log|f(iy)|}{y} = \limsup_{y\to-\infty}\frac{\log|f(iy)|}{|y|} = A. \tag{3.22}$$

Nous supposons, en outre, $f(0) \neq 0$.[17] Alors, grâce au principe des petits arcs, nous pouvons parfaire la relation

$$\lim_{R\to\infty} \int_{\delta\leqslant|\theta|\leqslant\pi-\delta} \left| \frac{\log|f(Re^{i\theta})|}{R} - A|\sin\theta| \right| d\theta = 0, \tag{3.23}$$

fournie (pour tout $\delta > 0$) par les théorèmes 3.4 et 3.5 :

**Théorème 3.7.** *Dans les hypothèses actuelles,*

$$\lim_{R\to\infty} \int_{-\pi}^{\pi} \left| \frac{\log|f(Re^{i\theta})|}{R} - A|\sin\theta| \right| d\theta = 0.$$

Preuve. Supposons, sans restreindre la généralité, $f(0) = 1$. Par le principe des petits arcs, pour $\delta > 0$ suffisamment petit et $R$ suffisamment grand,

$$\begin{aligned} \int_{-\delta}^{\delta} \left| \frac{\log|f(Re^{i\theta})|}{R} \right| d\theta &= \int_{-\delta}^{\delta} \left( \frac{\log^+|f(Re^{i\theta})|}{R} + \frac{\log^-|f(Re^{i\theta})|}{R} \right) d\theta \\ &\leqslant 2K\delta + C\delta \log \frac{1}{\delta}. \end{aligned} \tag{3.24}$$

De même,

$$\int_{\pi-\delta}^{\pi+\delta} \left| \frac{\log|f(Re^{i\theta})|}{R} \right| d\theta \leqslant 2K\delta + C\delta\log\frac{1}{\delta}. \tag{3.25}$$

Finalement,

$$\int_{-\delta}^{\delta} \big|A|\sin\theta|\big|\, d\theta \leqslant 2\delta|A| \quad \text{et} \quad \int_{\pi-\delta}^{\pi+\delta} \big|A|\sin\theta|\big|\, d\theta \leqslant 2\delta|A|. \tag{3.26}$$

En regroupant les relations (3.23), (3.24), (3.25) et (3.26), nous obtenons

$$\int_{-\pi}^{\pi} \left| \frac{\log|f(Re^{i\theta})|}{R} - A|\sin\theta| \right| d\theta \leqslant o(1) + \mathrm{C^{te}}\left( \delta\log\frac{1}{\delta} + \delta \right)$$

quand $R \to \infty$, d'où nous tirons

$$\limsup_{R\to\infty} \int_{-\pi}^{\pi} \left| \frac{\log|f(Re^{i\theta})|}{R} - A|\sin\theta| \right| d\theta \leqslant \mathrm{C^{te}}\left( \delta\log\frac{1}{\delta} + \delta \right).$$

Comme ceci vaut pour $\delta > 0$ arbitrairement petit, le résultat s'ensuit. □

Ce dernier théorème et la formule de Jensen nous permettent d'obtenir un premier résultat sur les zéros de $f(z)$ :

**Théorème 3.8.** *Dans les hypothèses actuelles,*[18]

$$\lim_{R\to\infty} \frac{1}{R} \int_0^R \frac{n_f(r)}{r}\, dr = \frac{2A}{\pi}.$$

[17] Ces hypothèses sur $f(z)$ sont maintenues jusqu'à la fin de cette section, ce que nous rappelons, le plus souvent, par la formule « dans les hypothèses actuelles » (ou toute autre formule semblable).

[18] La définition de $n_f(r)$ est donnée au début de la section 3.1.

PREUVE. Nous supposons, sans restreindre la généralité, $f(0) = 1$, quitte à remplacer $f(z)$ par $f(z)/f(0)$ (ce qui n'affecte ni $n_f(r)$, ni $A$). La formule de Jensen donne alors, pour $R > 0$,

$$\frac{1}{R}\int_0^R \frac{n_f(r)}{r}\,\mathrm{d}r = \frac{1}{2\pi}\int_{-\pi}^{\pi} \frac{\log|f(Re^{\mathrm{i}\theta})|}{R}\,\mathrm{d}\theta.$$

Or, par le théorème précédent, $\lim_{R\to\infty} R^{-1}\log|f(Re^{\mathrm{i}\theta})| = A|\sin\theta|$ dans $L^1[-\pi,\pi]$. Donc,

$$\lim_{R\to\infty}\frac{1}{R}\int_0^R \frac{n_f(r)}{r}\,\mathrm{d}r = \frac{A}{2\pi}\int_{-\pi}^{\pi}|\sin\theta|\,\mathrm{d}\theta = \frac{2A}{\pi},$$

tel que souhaité. □

Nous pouvons nous défaire de l'intégrale, dans la précédente proposition, grâce au *truc de Landau* :

**Théorème 3.9.** *Dans les hypothèses actuelles,*

$$\lim_{R\to\infty}\frac{n_f(R)}{R} = \frac{2A}{\pi}.$$

PREUVE. Fixons $\lambda > 1$. Par le théorème précédent, à la fois

$$\lim_{R\to\infty}\frac{1}{\lambda R}\int_0^{\lambda R}\frac{n_f(r)}{r}\,\mathrm{d}r = \frac{2A}{\pi} \quad \text{et} \quad \lim_{R\to\infty}\frac{1}{R}\int_0^{R}\frac{n_f(r)}{r}\,\mathrm{d}r = \frac{2A}{\pi}.$$

En soustrayant la seconde équation de $\lambda$ fois la première, nous obtenons

$$\lim_{R\to\infty}\frac{1}{R}\int_R^{\lambda R}\frac{n_f(r)}{r}\,\mathrm{d}r = \frac{2A}{\pi}(\lambda-1).$$

Donc, puisque $n_f(r)$ est croissante,

$$\limsup_{R\to\infty}\frac{n_f(R)}{R}\int_R^{\lambda R}\frac{1}{r}\,\mathrm{d}r \leqslant \frac{2A}{\pi}(\lambda-1),$$

c'est-à-dire

$$\limsup_{R\to\infty}\frac{n_f(R)}{R} \leqslant \frac{2A(\lambda-1)}{\pi\log\lambda}. \tag{3.27}$$

Inversement, toujours parce que $n_f(r)$ est croissante,

$$\frac{1}{R}\int_R^{\lambda R}\frac{n_f(r)}{r}\,\mathrm{d}r \leqslant \frac{n_f(\lambda R)}{R}\int_R^{\lambda R}\frac{1}{r}\,\mathrm{d}r = \frac{n_f(\lambda R)}{R}\log\lambda,$$

d'où il s'ensuit $\liminf_{R\to\infty} n_f(\lambda R)/(\lambda R) \geqslant 2A(\lambda-1)/(\pi\lambda\log\lambda)$, c'est-à-dire

$$\liminf_{R\to\infty}\frac{n_f(R)}{R} \geqslant \frac{2A(\lambda-1)}{\pi\lambda\log\lambda}. \tag{3.28}$$

Puisque $\lambda > 1$ est arbitraire, les relations (3.27) et (3.28) entraînent le résultat escompté. □

Désignons par $z_k$ les zéros de $f(z)$ — répétés selon leur multiplicité. Rappelons que $z_k \neq 0$ pour tout $k = 0, 1, \ldots$ Le prochain énoncé affirme que $\{z_k\}$ vérifie la *condition de Blaschke* :

**Théorème 3.10.** *Dans les hypothèses actuelles,* $\sum_k |\Im z_k|/|z_k|^2 < \infty$.

Preuve. Nous montrons seulement $\sum_{\Im z_k > 0} \Im z_k/|z_k|^2 < \infty$, le même raisonnement s'appliquant tout aussi bien au demi-plan inférieur. Quant aux $z_k$ sur l'axe réel, ils ne contribuent évidemment pas à la somme étudiée.

Puisque $f(0) \neq 0$, il existe un $h > 0$ tel que $h < |z_k|/2$ pour tout $k$ ; en particulier, $f(\mathrm{i}h) \neq 0$. Désignons par $S$ l'ensemble des indices $k$ tels que $\Im z_k > 0$ et par $S_N$ les $N$ premiers d'entre eux. Définissons

$$P_N(z) = \prod_{k \in S_N} \left( \frac{z - z_k}{z - \overline{z_k}} \right).$$

Il s'agit d'une fonction continue sur $\Im z \geqslant 0$ et holomorphe dans $\Im z > 0$. Définissons $g_N(z) = f(z)/P_N(z)$, qui est aussi continue sur $\Im z \geqslant 0$ et holomorphe dans $\Im z > 0$. Clairement,

$$\lim_{\substack{\Im z \geqslant 0 \\ |z| \to \infty}} \left| \frac{f(z)}{g_N(z)} \right| = \lim_{\substack{\Im z \geqslant 0 \\ |z| \to \infty}} |P_N(z)| = 1, \tag{3.29}$$

de sorte que $\log|g_N(z)| \leqslant 2K|z|$ sur $\Im z \geqslant 0$ pour $|z|$ suffisamment grand. L'équation (3.29) entraîne aussi $\limsup_{y \to \infty} y^{-1} \log|g_N(\mathrm{i}y)| = A$. Finalement, puisque $|P_N(t)| = 1$ pour tout $t \in \mathbb{R}$,

$$\int_{-\infty}^{\infty} \frac{\log^+|g_N(t)|}{1 + t^2} \, \mathrm{d}t = \int_{-\infty}^{\infty} \frac{\log^+|f(t)|}{1 + t^2} \, \mathrm{d}t < \infty.$$

Par conséquent, en vertu du deuxième corollaire du théorème 1.12,

$$\log|g_N(\mathrm{i}h)| \leqslant Ah + \frac{1}{\pi} \int_{-\infty}^{\infty} \frac{h \log|f(t)|}{h^2 + t^2} \, \mathrm{d}t.$$

Puisque, de surcroît, $\log|f(\mathrm{i}h)| > -\infty$, nous déduisons cette minoration :

$$\log|P_N(\mathrm{i}h)| \geqslant -Ah - \frac{1}{\pi} \int_{-\infty}^{\infty} \frac{h \log|f(t)|}{h^2 + t^2} \, \mathrm{d}t + \log|f(\mathrm{i}h)| > -\infty. \tag{3.30}$$

Développons le membre de gauche de la précédente inéquation, à savoir

$$\log|P_N(\mathrm{i}h)| = \sum_{k \in S_N} \log \left| \frac{ih - z_k}{ih - \overline{z_k}} \right|. \tag{3.31}$$

D'abord, $|ih - z_k|/|\mathrm{i}h - \overline{z_k}| = |1 - (\mathrm{i}h/z_k)|/|1 + (\mathrm{i}h/z_k)|$ et $0 < h/|z_k| < 1/2$ entraînent

$$\log \left| \frac{ih - z_k}{ih - \overline{z_k}} \right| = \Re \log \left( \frac{1 - (\mathrm{i}h/z_k)}{1 + (\mathrm{i}h/z_k)} \right) = -2\Re \left( \frac{\mathrm{i}h}{z_k} + \frac{(\mathrm{i}h)^3}{3z_k^3} + \frac{(\mathrm{i}h)^5}{5z_k^5} + \cdots \right).$$

En écrivant $z_k = r_k \mathrm{e}^{\mathrm{i}\theta_k}$, où $0 < \theta_k < \pi$, nous obtenons

$$\begin{aligned}\log\left|\frac{ih - z_k}{ih - \overline{z_k}}\right| &= -2\Re\left(\frac{\mathrm{i}\mathrm{e}^{-\mathrm{i}\theta_k}h}{r_k} - \frac{\mathrm{i}\mathrm{e}^{-3\mathrm{i}\theta_k}h^3}{3r_k^3} + \frac{\mathrm{i}\mathrm{e}^{-5\mathrm{i}\theta_k}h^5}{5r_k^5} - \cdots\right)\\ &= -2(\sin\theta_k)\frac{h}{r_k} + 2\frac{\sin 3\theta_k}{3}\left(\frac{h}{r_k}\right)^3 - 2\frac{\sin 5\theta_k}{5}\left(\frac{h}{r_k}\right)^5 + \cdots\\ &\leqslant -2(\sin\theta_k)\frac{h}{r_k} + 2\left|\frac{\sin 3\theta_k}{3}\right|\left(\frac{h}{r_k}\right)^3 + 2\left|\frac{\sin 5\theta_k}{5}\right|\left(\frac{h}{r_k}\right)^5 + \cdots.\end{aligned}$$

Or, $|(\sin n\theta)/n| \leqslant \sin\theta$ pour tout $n \geqslant 1$ et $0 \leqslant \theta \leqslant \pi$. Donc,

$$\begin{aligned}\log\left|\frac{ih - z_k}{ih - \overline{z_k}}\right| &\leqslant 2(\sin\theta_k)\frac{h}{r_k}\left(-1 + \left(\frac{h}{r_k}\right)^2 + \left(\frac{h}{r_k}\right)^4 + \cdots\right)\\ &\leqslant 2(\sin\theta_k)\frac{h}{r_k}\left(-1 + \left(\frac{1}{2}\right)^2 + \left(\frac{1}{2}\right)^4 + \cdots\right)\\ &= -\frac{4h}{3}\,\frac{\sin\theta_k}{r_k} = -\frac{4h}{3}\,\frac{\Im z_k}{|z_k|^2}.\end{aligned}$$

Rapportant le tout dans (3.31), nous obtenons $-(4h/3)\sum_{k\in S_N}\Im z_k/|z_k|^2 \geqslant \log|P_N(\mathrm{i}h)|$. Puisque $N \geqslant 1$ est arbitraire, la minoration (3.30) nous permet de conclure $-(4h/3)\sum_{k\in S}\Im z_k/|z_k|^2 > -\infty$, c'est-à-dire $\sum_{k\in S}\Im z_k/|z_k|^2 < \infty$, tel qu'escompté. Le même argument, appliqué au demi-plan inférieur, complète la démonstration. □

**Remarque.** Les produits finis $\prod_{k\in S_N}(z - z_k)/(z - \overline{z_k})$ sont nommés *produits partiels de Blaschke* (pour $\Im z > 0$). S'il advenait qu'aucun des $z_k \in S$ ne soit égal à i, en choisissant $\gamma_k$ pour que $\mathrm{e}^{\mathrm{i}\gamma_k}(\mathrm{i} - z_k)/(\mathrm{i} - \overline{z_k}) > 0$, le produit infini $\prod_{k\in S}\mathrm{e}^{\mathrm{i}\gamma_k}(z - z_k)/(z - \overline{z_k})$ deviendrait convergent sur le demi-plan $\Im z > 0$, uniformément sur tout compact, — dans la mesure où chaque $|z_k|$ est supérieur à un certain $\eta > 0$ et $\sum_{k\in S}\Im z_k/|z_k|^2 < \infty$. Le précédent produit infini serait alors nommé *produit de Blaschke* (pour $\Im z > 0$).

Étudions maintenant les sommes

$$S(r) = \sum_{|z_k|\leqslant r}\frac{1}{z_k}.$$

Le théorème de Lindelöf établit qu'elles restent bornées quand $r$ tend vers l'infini. En réalité, *dans les hypothèses actuelles*, $\lim_{r\to\infty} S(r)$ *existe et est finie.* Démontrons cette dernière affirmation. Observons premièrement que $\Im S(r) = -\sum_{|z_k|\leqslant r}\Im z_k/|z_k|^2$. Par le théorème précédent, cette dernière quantité converge quand $r \to \infty$. Il ne reste donc qu'à démontrer la convergence de $\Re S(r)$ quand $r$ tend vers l'infini. À cette fin, nous utilisons le résultat suivant, tiré du sixième devoir. [19]

[19] *Cf.* annexe B, section B.6.

**Théorème 3.11.** *Dans les hypothèses actuelles,*

$$\lim_{R\to\infty} \frac{1}{R^2}\int_0^R \Re S(r) r\,\mathrm{d}r = -\frac{1}{2}\Re\frac{f'(0)}{f(0)}.$$

Nous tentons, à nouveau, de nous défaire de l'intégrale (dans l'énoncé précédent) grâce au truc de Landau :

**Théorème 3.12.** *Dans les hypothèses actuelles,*

$$\lim_{R\to\infty} \Re S(R) = -\Re\Big(\frac{f'(0)}{f(0)}\Big).$$

PREUVE. Fixons $\lambda > 1$. En posant $l = -\Re(f'(0)/f(0))$, le théorème précédent donne à la fois

$$\lim_{R\to\infty} \frac{1}{\lambda^2R^2}\int_0^{\lambda R} \Re S(r) r\,\mathrm{d}r = \frac{l}{2} \quad \text{et} \quad \lim_{R\to\infty} \frac{1}{R^2}\int_0^{R} \Re S(r) r\,\mathrm{d}r = \frac{l}{2}.$$

Par conséquent,

$$\lim_{R\to\infty} \frac{1}{R^2}\int_R^{\lambda R} \Re S(r) r\,\mathrm{d}r = \frac{\lambda^2-1}{2}l. \tag{3.32}$$

Cette fois, $\Re S(r)$ n'est pas monotone, ce qui fait obstacle à l'exécution du truc de Landau. Par contre, pour $R \leqslant r \leqslant \lambda R$,

$$\begin{aligned} |\Re S(r) - \Re S(R)| &\leqslant |S(r) - S(R)| \\ &\leqslant \sum_{R<|z_k|\leqslant \lambda R} \frac{1}{|z_k|} \leqslant \frac{n_f(\lambda R) - n_f(R)}{R}. \end{aligned} \tag{3.33}$$

De plus, pour $a = 2A/\pi$, le théorème 3.9 montre que $\lim_{R\to\infty} R^{-1}n_f(R) = a$. En particulier, en posant $\varepsilon_R = \sup_{r\geqslant R}|r^{-1}n_f(r) - a|$, $\varepsilon_R$ tend vers zéro quand $R \to \infty$, en plus de vérifier $R^{-1}n_f(R) \geqslant a - \varepsilon_R$ et $(\lambda R)^{-1}n_f(\lambda R) \leqslant a + \varepsilon_R$, — de sorte que $(n_f(\lambda R) - n_f(R))/R \leqslant (\lambda-1)a + (\lambda+1)\varepsilon_R$. Rapportant le tout dans (3.33), nous obtenons, pour $R \leqslant r \leqslant \lambda R$,

$$|\Re S(r) - \Re S(R)| \leqslant (\lambda-1)a + (\lambda+1)\varepsilon_R.$$

Par conséquent,

$$\begin{aligned} \Big|\frac{\lambda^2-1}{2}\Re S(R) - \frac{1}{R^2}\int_R^{\lambda R}\Re S(r) r\,\mathrm{d}r\Big| &= \Big|\frac{1}{R^2}\int_R^{\lambda R}(\Re S(R) - \Re S(r)) r\,\mathrm{d}r\Big| \\ &\leqslant ((\lambda-1)a + (\lambda+1)\varepsilon_R)\frac{\lambda^2-1}{2}. \end{aligned}$$

Cette dernière inégalité et la relation (3.32) entraînent, quand $R \to \infty$,

$$|\Re S(R) - l| \leqslant (\lambda-1)a + (\lambda+1)\varepsilon_R + \frac{2}{\lambda^2-1}o(1).$$

En faisant tendre $R$ vers l'infini, mais en laissant $\lambda$ fixe, il s'ensuit

$$l - (\lambda-1)a \leqslant \liminf_{R\to\infty} \Re S(R) \leqslant \limsup_{R\to\infty} \Re S(R) \leqslant l + (\lambda-1)a.$$

Puisque $\lambda > 1$ est arbitraire, le théorème est démontré. □

Tel qu'expliqué juste avant le théorème 3.11,

**Corollaire.** *Dans ces circonstances,* $\lim_{r\to\infty} S(r)$ *existe et est finie.*

**Remarque.** Grâce à ce dernier corollaire, la factorisation d'Hadamard d'une fonction dans la classe de Cartwright se simplifie comme suit. Rappelons qu'elle est originellement donnée par

$$f(z) = cz^l e^{\alpha z} \lim_{R\to\infty} \prod_{|z_k|\leqslant R} \left(1 - \frac{z}{z_k}\right) e^{z/z_k}.$$

Or, $\sum_{|z_k|\leqslant R} 1/z_k$ tend vers un certain nombre, $\beta$, quand $R \to \infty$. Donc,

$$f(z) = cz^l e^{(\alpha+\beta)z} \lim_{R\to\infty} \prod_{|z_k|\leqslant R} \left(1 - \frac{z}{z_k}\right).$$

En quelque sorte, quand les produits partiels sont « équilibrés », les facteurs de convergence, $e^{z/z_k}$, sont superflus.

**Corollaire.** *Dans les hypothèses actuelles, en posant* $z_k = r_k e^{i\theta_k}$,

$$\lim_{R\to\infty} \frac{1}{R} \sum_{|z_k|\leqslant R} \cos\theta_k = 0.$$

Preuve. En effet, une intégration par parties donne

$$\begin{aligned}\frac{1}{R} \sum_{|z_k|\leqslant R} \cos\theta_k &= \frac{1}{R} \sum_{|z_k|\leqslant R} r_k \Re\left(\frac{1}{z_k}\right) \\ &= \frac{1}{R} \int_{[0,R]} r\, d(\Re S(r)) = \Re S(R) - \frac{1}{R} \int_0^R \Re S(r)\, dr.\end{aligned}$$

Puisque $\lim_{R\to\infty} \Re S(R) = l$ pour un certain nombre $l$, le théorème d'Abel donne, en outre, $\lim_{R\to\infty} R^{-1} \int_0^R \Re S(r)\, dr = l$, — et le résultat s'ensuit. □

Décrivons enfin la distribution des zéros de $f(z)$ dans $\mathbb{C}$. Dans la suite, étant donnée une région $\mathcal{S}$ du plan complexe, nous désignons par $n_f(r, \mathcal{S})$ le nombre de zéros de $f(z)$ qui appartiennent à $\mathcal{S}$ et dont le module vaut $r$ ou moins, en tenant compte de leur multiplicité.

**Théorème 3.13.** *Soit* $\mathcal{S}$ *un secteur angulaire fermé, issu de l'origine et reposant entièrement dans le demi-plan* $\Im z > 0$ *(sauf pour ce qui est de son sommet). Dans les hypothèses actuelles,* $\lim_{r\to\infty} n_f(r, \mathcal{S})/r = 0$. *Le même résultat vaut, pour le demi-plan* $\Im z < 0$.

**Remarque.** Si l'un des côtés de $\mathcal{S}$ reposait plutôt sur l'axe réel, nous ne pourrions rien tirer de ce théorème.

Preuve. Nous supposons que $\mathcal{S}$ repose sur le demi-plan $\Im z > 0$, l'autre cas étant semblable. Désignons par $z_k = r_k e^{i\theta_k}$ les zéros de $f(z)$. Par hypothèse, il existe un $\delta > 0$ tel que $\delta < \theta_k < \pi - \delta$ pour tous les $z_k \in \mathcal{S}$, — qui vérifient de ce fait $\sin\theta_k \geqslant \sin\delta$. Or, le théorème 3.10 entraîne

$\sum_{z_k\in\mathcal{S}}(\sin\theta_k)/r_k < \infty$. Donc, $\sum_{z_k\in\mathcal{S}} 1/r_k$, c'est-à-dire $\int_0^\infty [1/r]\,\mathrm{d}n_f(r,\mathcal{S})$, est fini. Ceci implique $\lim_{r\to\infty} n_f(r,\mathcal{S})/r = 0$, ce qu'il fallait démontrer.

Voyons en détail cette dernière implication. Soit $\varepsilon > 0$. Si $A$ est suffisamment grand, alors $\int_A^R [1/r]\,\mathrm{d}n_f(r,\mathcal{S}) < \varepsilon$ pour tout $R > A$. Puisque

$$\frac{n_f(R,\mathcal{S}) - n_f(A,\mathcal{S})}{R} \leqslant \int_A^R \frac{1}{r}\,\mathrm{d}n_f(r,\mathcal{S}),$$

il découle $n_f(R,\mathcal{S})/R < \varepsilon + (n_f(A,\mathcal{S})/R)$ pour tout $R > A$. En particulier, en choisissant $R$ suffisamment grand (pour cet $A$ fixé), $n_f(R,\mathcal{S})/R < 2\varepsilon$. Puisque $\varepsilon > 0$ est arbitraire, le théorème est bel et bien démontré. □

Il ne reste plus qu'à envisager le cas d'un secteur ouvert, $\mathcal{S}$, issu de l'origine, contenant la demi-droite $]0,\infty[$ (ou encore $]-\infty,0[$). Nous affirmons qu'alors, $\lim_{r\to\infty} n_f(r,\mathcal{S})/r = A/\pi$, où $A$ est défini par la relation (3.22). Compte tenu des théorèmes 3.9 et 3.13, il suffit de démontrer :

**Lemme.** *Désignons par $n_f^+(r)$ et $n_f^-(r)$ le nombre de zéros de $f(z)$ dont le module n'excède pas $r$, reposant dans $\Re z > 0$ et $\Re z < 0$ respectivement. Dans les hypothèses actuelles,*

$$\lim_{r\to\infty} \frac{n_f^+(r) - n_f^-(r)}{r} = 0.$$

PREUVE. Toujours en posant $z_k = r_k e^{i\theta_k}$, nous avons clairement

$$n_f^+(r) - n_f^-(r) = \sum_{|z_k|\leqslant r} \operatorname{sgn}(\cos\theta_k).$$

Or, par le second corollaire du théorème 3.12, $\lim_{r\to\infty} r^{-1}\sum_{|z_k|\leqslant r}\cos\theta_k = 0$. Il suffit donc de démontrer

$$\lim_{r\to\infty} \frac{1}{r} \sum_{|z_k|\leqslant r} |\operatorname{sgn}(\cos\theta_k) - \cos\theta_k| \stackrel{?}{=} 0.$$

Justement, $|\operatorname{sgn}(\cos\theta) - \cos\theta| \leqslant |\sin\theta|$, ce qui implique, en particulier,

$$\sum_k \frac{|\operatorname{sgn}(\cos\theta_k) - \cos\theta_k|}{r_k} \leqslant \sum_k \frac{|\sin\theta_k|}{r_k} < \infty,$$

— par le théorème 3.10. Le théorème de la convergence dominée entraîne donc

$$\lim_{r\to\infty} \frac{1}{r} \sum_{|z_k|\leqslant r} |\operatorname{sgn}(\cos\theta_k) - \cos\theta_k| = 0,$$

ce qui complète la démonstration. □

Tel que précisé juste avant le lemme, il résulte immédiatement :

**Théorème 3.14.** *Soit $\mathcal{S}$ un secteur angulaire ouvert, issu de l'origine, contenant la demi-droite $]0,\infty[$ (ou encore $]-\infty,0[$). Dans les hypothèses actuelles,*

$$\lim_{r\to\infty} \frac{n_f(r,\mathcal{S})}{r} = \frac{A}{\pi}.$$

* * *

En tout, nous avons démontré le *théorème de Levinson–Cartwright* :

**Théorème 3.15.** *Soit $f(z)$ une fonction entière, de type exponentiel, ne s'annulant pas à l'origine, et vérifiant $\int_{-\infty}^{\infty}(1+x^2)^{-1}\log^+|f(x)|\,\mathrm{d}x < \infty$ et*

$$\limsup_{y\to\infty}\frac{\log|f(\mathrm{i}y)|}{y} + \limsup_{y\to-\infty}\frac{\log|f(\mathrm{i}y)|}{|y|} = 2A.$$

*Désignons ses zéros, répétés selon leur multiplicité, par $z_k$ — et par $n_f(r,\mathcal{S})$ le nombre de ces zéros dans une région $\mathcal{S}$ donnée. Alors,*

(1) *Si $\mathcal{S}$ est un secteur angulaire fermé, issu de l'origine, entièrement contenu dans $\Im z > 0$ (ou encore dans $\Im z < 0$) — sauf pour ce qui est de son sommet —, alors $\lim_{r\to\infty} n_f(r,\mathcal{S})/r = 0$.*

(2) *Si $\mathcal{S}$ est un secteur angulaire ouvert, issu de l'origine, contenant $]0,\infty[$ (ou encore $]-\infty,0[$), alors $\lim_{r\to\infty} n_f(r,\mathcal{S})/r = A/\pi$.*

(3) *De plus, $\sum_k |\Im z_k|/|z_k|^2$ et $\sum_k \Re z_k/|z_k|^2$ convergent.*

**Remarque.** Ces résultats sont bien sûr déduits du cas où

$$\limsup_{y\to\infty}\frac{\log|f(\mathrm{i}y)|}{y} = \limsup_{y\to-\infty}\frac{\log|f(\mathrm{i}y)|}{|y|} = A$$

en remplaçant $f(z)$ par $\mathrm{e}^{\mathrm{i}\alpha z}f(z)$ pour le $\alpha \in \mathbb{R}$ approprié.

Envisageons, plus généralement, une fonction, $f(z)$, de type exponentiel et ne s'annulant pas à l'origine. Quelles conditions sont nécessaires et suffisantes pour qu'elle jouisse des propriétés (1), (2) et (3) du théorème précédent ? Les voici, sans démonstration :

- $\lim_{R\to\infty}\int_1^R x^{-2}\log|f(x)f(-x)|\,\mathrm{d}x$ existe et est finie.
- $\limsup_{x\to-\infty}|x|^{-1}\log|f(x)| + \limsup_{x\to\infty} x^{-1}\log|f(x)| \leqslant 0$.
- $\limsup_{y\to\infty} y^{-1}\log|f(\mathrm{i}y)| + \limsup_{y\to-\infty}|y|^{-1}\log|f(\mathrm{i}y)| = 2A$.

Il est loin d'être vrai que toutes les fonctions vérifiant ces dernières propriétés sont dans la classe de Cartwright. Par conséquent, les zéros des fonctions de la classe de Cartwright possèdent plus de propriétés que celles décrites par le théorème de Levinson–Cartwright. Quelles sont ces propriétés supplémentaires ? Nous l'ignorons. L'une d'entre elles nous est cependant connue : vous l'apprendrez dans la deuxième partie du cours ![20]

[20]Bien que la suite du cours eut bel et bien lieu en hiver 2006, elle fut moins ambitieuse que prévu, si bien que le résultat annoncé ne s'y trouve pas. Nous suggérons au lecteur intéressé la monographie *Leçons sur le théorème de Beurling et Malliavin*, de Paul Koosis, publiée à Montréal, en 1996, aux *Publications CRM* (*Centre de recherches mathématiques*). (*N.d.T.*)

# Seconde partie

# Hiver 2006

CHAPITRE 4

# Mesures rapidement décroissantes à l'infini, lacunarité de leurs transformées de Fourier

## 4.1. Approximation pondérée des éléments de $C_0(\mathbb{R})$ au moyen de fonctions de type exponentiel : approche d'Akhiezer

*Nous définissons le* minorant d'Akhiezer *d'une fonction de poids, $W(x)$, donnée et présentons, en termes de celui-ci, une condition nécessaire et suffisante pour que $\{e^{i\lambda x}/W(x) \; ; \; \lambda \in [-A, A]\}$ soit total dans $C_0(\mathbb{R})$. Comme nous le montrons au préalable, il revient au même de s'attaquer à l'approximation pondérée des éléments de $C_0(\mathbb{R})$ par des fonctions entières, de type exponentiel $A$ ou moins, bornées sur $\mathbb{R}$.*

Dans la mesure où $\mathbb{R}$ n'est pas compact, le plus grand espace envisageable de fonctions *définies sur* $\mathbb{R}$, mais susceptibles d'approximation uniforme est $C_0(\mathbb{R}) = \left\{f \in C(\mathbb{R}) \; ; \; \lim_{|x|\to\infty} f(x) = 0\right\}$. Aussi, dans les premiers temps, S. Bernstein s'est-il intéressé au problème suivant : soit donnée une *fonction de poids*, $W(x) \geqslant 1$, croissant vers l'infini plus rapidement que tous les monômes $|x|^n$ quand $|x| \to \infty$. Ainsi, $x^n/W(x) \in C_0(\mathbb{R})$ pour tout $n$. Quelle condition $W(x)$ doit-elle vérifier pour que les combinaisons linéaires finies des $x^n/W(x)$ soient uniformément denses dans $C_0(\mathbb{R})$ ? [1] Par exemple, pour $W(x) = e^{|x|^\alpha}$, on peut démontrer que l'approximation uniforme en question est réalisable quand $\alpha \geqslant 1$, mais ne l'est pas quand $\alpha < 1$.

Dans cette section, nous présentons un problème d'approximation pondérée autre que celui de Bernstein, mais traité semblablement. Soient donnés un poids, $W(x) \geqslant 1$, continu et tendant vers l'infini quand $|x| \to \infty$ (sans présumer que cette croissance soit rapide), et un nombre $A > 0$. Envisageons l'espace vectoriel engendré par $\{e^{i\lambda x} \; ; \; \lambda \in [-A, A]\}$ ; ses éléments sont les combinaisons linéaires finies de la forme $S(x) = \sum_{|\lambda|\leqslant A} a_\lambda e^{i\lambda x}$. Nous cherchons à déterminer quelle condition $W(x)$ doit remplir pour que les

[1] Nous présumons donc que $W(x)$ est continue, mais ceci peut être corrigé en reformulant la question. Par exemple, nous pouvons demander que toute fonction continue, $\Phi(x)$, vérifiant $\lim_{|x|\to\infty} \Phi(x)/W(x) = 0$ soit approchable par des polynômes, $P(x)$, en cela que $\sup_{x\in\mathbb{R}} |P(x) - \Phi(x)|/W(x)$ puisse être arbitrairement petit. Il est alors possible de poser $W(x) = \infty$ en dehors d'un ensemble fermé et non borné. Cette situation, plus générale, donne lieu au même cheminement que lorsque $W(x)$ est continue.

$S(x)/W(x)$ ainsi définis soient uniformément denses dans $C_0(\mathbb{R})$. La condition présentée ci-après, due à Akhiezer, fait intervenir le *minorant d'Akhiezer*, défini comme suit :

$$W_A(z) = \sup\{|S(z)| ; |S(t)| \leqslant W(t) \text{ pour tout } t \in \mathbb{R}\}$$

pour $z \in \mathbb{C}$, où $S(z)$ varie parmi les combinaisons linéaires finies de la forme $\sum_{|\lambda| \leqslant A} a_\lambda e^{i\lambda z}$. Notons qu'ainsi, $W_A(x) \leqslant W(x)$ pour tout $x \in \mathbb{R}$. Puisque $W(x) \geqslant 1$, la « fonction-témoin » $S(z) \equiv 1$ montre aussi que $W_A(z) \geqslant 1$ pour tout $z \in \mathbb{C}$.

Voici la solution d'Akhiezer :[2] *pour $S(z)$ de la forme précédente, les $S(x)/W(x)$ sont uniformément denses dans $C_0(\mathbb{R})$ si et seulement si*

$$\int_{-\infty}^{\infty} \frac{\log W_A(x)}{1+x^2}\, dx = \infty.$$

La preuve de ce théorème utilise le *truc de Riesz–Pollard*, où $S(t)$ est remplacé par $(S(t) - S(z_0))/(t - z_0)$ pour un $z_0 \notin \mathbb{R}$. Malheuseusement, cette dernière expression n'est plus de la forme $\sum_{|\lambda| \leqslant A} a_\lambda e^{i\lambda t}$ ; aussi, est-il nécessaire de réduire la question à l'approximation (pondérée) par des fonctions variant dans une classe plus ample que celle initialement envisagée, stable pour ce dernier remplacement, — en l'occurrence, l'espace des fonctions entières, de type exponentiel $A$ ou moins, bornées sur $\mathbb{R}$.[3] Une telle réduction est possible grâce au théorème suivant ; nous y écrivons, pour abréger, $\|g\|_W = \sup_{x \in \mathbb{R}} |g(x)|/W(x)$ pour toute fonction $g$.

**Théorème 4.1.** *Envisageons une fonction entière, $f(z)$, de type exponentiel $A$ ou moins, bornée sur $\mathbb{R}$. Il existe une suite de combinaisons linéaires finies, $S_n(z) = \sum_{|\lambda| \leqslant A} a_\lambda^{(n)} e^{i\lambda z}$, vérifiant à la fois*

$$\lim_{n\to\infty} \|f - S_n\|_W = 0 \quad \text{et} \quad \lim_{n\to\infty} |f(z_0) - S_n(z_0)| = 0$$

*pour un $z_0$ complexe préalablement fixé. De plus, les $S_n$ peuvent être choisis de manière que $\|S_n\|_W \leqslant \|f\|_W$ pour tout $n$.*

Preuve. Soit $\varepsilon > 0$. Rappelons que, $f(x)$ étant continue sur $\mathbb{R}$, elle est uniformément continue sur ses parties compactes. Par conséquent, puisque $f(x)$ est bornée, tandis que $W(x) \geqslant 1$ et $\lim_{|x|\to\infty} W(x) = \infty$, il existe un $\lambda < 1$ tel que

$$\|f(x) - f(\lambda x)\|_W < \varepsilon.$$

Quitte à augmenter $\lambda < 1$, nous supposons aussi $|f(z_0) - f(\lambda z_0)| < \varepsilon$ pour notre $z_0$ fixé.

Posons

$$f_{h,\lambda}(z) = \frac{\sin hz}{hz} f(\lambda z).$$

[2]Pollard a publié, en 1952, une solution du problème originel de Bernstein très semblable à cette dernière.

[3]Rappelons qu'une fonction, $f(z)$, est *de type exponentiel $A$ ou moins* si elle vérifie $|f(z)| \leqslant C_\varepsilon e^{(A+\varepsilon)|z|}$ pour tout $\varepsilon > 0$. En l'occurrence, puisqu'il existe un $M$ tel que $|f(x)| \leqslant M$ pour $x \in \mathbb{R}$, le corollaire du théorème 1.6 entraîne qu'en fait $|f(z)| \leqslant M e^{A|\Im z|}$.

Choisissons $h > 0$ suffisamment petit pour que

$$\|f(\lambda x) - f_{h,\lambda}(x)\|_W < \varepsilon \quad \text{et} \quad |f(\lambda z_0) - f_{h,\lambda}(z_0)| < \varepsilon.$$

Un tel choix de $h$ est possible, car $f(\lambda x)$ est bornée et continue, $W(x) \geqslant 1$, $\lim_{|x|\to\infty} W(x) = \infty$ et $\lim_{h\to 0}(\sin(hz))/(hz) = 1$. Nous demandons en outre $h < A - \lambda A$ : puisque $f(\lambda z)$ et $(\sin(hz))/(hz)$ sont de type exponentiel $\lambda A$ ou moins et $h$ respectivement, $f_{h,\lambda}(z)$ est ainsi de type exponentiel $A$ ou moins. Or, $f(\lambda x)$ étant bornée, $f_{h,\lambda}(x)$ appartient à $L^2(\mathbb{R})$. Le théorème de Paley–Wiener entraîne donc

$$f_{h,\lambda}(z) = \int_{-A}^{A} \mathrm{e}^{\mathrm{i}\nu z}\phi(\nu)\,\mathrm{d}\nu$$

pour une certaine fonction $\phi \in L^2[-A, A[ \subset L^1[-A, A[$.

Pour un entier $n$ arbitrairement fixé, morcelons $[-A, A[$ en intervalles $J_k = [(k-1)A/n, kA/n[$, où $k$ varie entre $-n+1$ et $n$. Choisissons un point $\nu_k$ dans chaque $J_k$. Alors, pour $s_n(x) = \sum_{k=-n+1}^{n} \mathrm{e}^{\mathrm{i}\nu_k x} \int_{J_k} \phi(\nu)\,\mathrm{d}\nu$,

$$|f_{h,\lambda}(x) - s_n(x)| \leqslant \sum_{k=-n+1}^{n} \int_{J_k} |\mathrm{e}^{\mathrm{i}\nu x} - \mathrm{e}^{\mathrm{i}\nu_k x}|\,|\phi(\nu)|\,\mathrm{d}\nu.$$

En particulier, $\sup_{x\in\mathbb{R}}|f_{h,\lambda}(x) - s_n(x)| \leqslant 2\|\phi\|_1$, où le membre de droite dépend de $h$ et $\lambda$. De plus, $\lim_{n\to\infty} \sum_{k=-n+1}^{n} \chi_{J_k}(\nu)|\mathrm{e}^{\mathrm{i}\nu x} - \mathrm{e}^{\mathrm{i}\nu_k x}| = 0$ uniformément en $\nu \in [-A, A[$ et en $x$ appartenant à un compact, — ce qui entraîne

$$\lim_{n\to\infty} |f_{h,\lambda}(x) - s_n(x)| = 0 \tag{4.1}$$

uniformément sur tout compact. Il résulte $\lim_{n\to\infty}\|f_{h,\lambda} - s_n\|_W = 0$, de sorte qu'au total, $\|f - s_n\|_W < 3\varepsilon$ pour $n$ suffisamment grand. En d'autres mots,

$$\lim_{n\to\infty} \|f - s_n\|_W = 0.$$

Si $z_0 \in \mathbb{R}$, la relation (4.1) permet aussi d'inférer, pour $n$ suffisamment grand, $|f_{h,\lambda}(z_0) - s_n(z_0)| < \varepsilon$, — de sorte qu'au total, $|f(z_0) - s_n(z_0)| < 3\varepsilon$, c'est-à-dire $\lim_{n\to\infty}|f(z_0) - s_n(z_0)| = 0$. La première assertion du théorème est dans ce cas démontrée.[4]

Sinon, nous supposons, sans affecter la généralité, $\Im z_0 > 0$. Il suffit, comme précédemment, d'établir $\lim_{n\to\infty} |f_{h,\lambda}(z_0) - s_n(z_0)| \stackrel{?}{=} 0$ pour compléter la démonstration. Puisque $f_{h,\lambda} - s_n$, en plus d'être bornée sur l'axe réel, est de type exponentiel $A$ ou moins, un argument de Phragmén-Lindelöf

[4] Tel qu'observé par E. Malinnikova lors de l'*École d'été* 2007, cette dernière conclusion peut être aussi tirée de $|f_{h,\lambda}(z_0) - s_n(z_0)| \leqslant \int_{-A}^{A} \sum_{k=-n+1}^{n} \chi_{J_k}(\nu)|\mathrm{e}^{\mathrm{i}\nu z_0} - \mathrm{e}^{\mathrm{i}\nu_k z_0}|\,|\phi(\nu)|\,\mathrm{d}\nu$, *que* $z_0$ *soit réel ou non*, — parce que l'intégrande précédente est dominée par $2\mathrm{e}^{A|\Im z_0|}|\phi(\nu)|$. Comme nous le verrons à l'instant, le professeur a plutôt déduit le résultat général du cas réel, en rappelant que le noyau de Poisson est un noyau reproduisant pour les fonctions harmoniques et bornées du demi-plan supérieur. (*N.d.T.*)

(corollaire du théorème 1.6) entraîne que $e^{iAz}(f_{h,\lambda}(z)-s_n(z))$ est bornée dans $\Im z > 0$. Donc, par la formule de Poisson (théorème 1.11), [5]

$$e^{iAz_0}(f_{h,\lambda}(z_0) - s_n(z_0)) = \frac{1}{\pi}\int_{-\infty}^{\infty} \frac{\Im z_0}{|z_0 - t|^2} e^{iAt}(f_{h,\lambda}(t) - s_n(t))\, dt.$$

Cette dernière expression tend vers 0 quand $n \to \infty$, — par le théorème de la convergence dominée, avec, pour dominant, $(\|f\|_\infty + \|\phi\|_1)\Im z_0/|z_0 - t|^2$. À nouveau, la première assertion du théorème est démontrée.

Ainsi, la suite $s_n$ vérifie à la fois $\|f - s_n\|_W \to 0$ et $|f(z_0) - s_n(z_0)| \to 0$ quand $n \to \infty$. Il en va donc de même de

$$S_n(z) = \frac{\|f\|_W}{\|f\|_W + \varepsilon_n} s_n(z),$$

où les $\varepsilon_n$ sont choisis de manière que $\|f - s_n\|_W < \varepsilon_n \to 0$ quand $n \to \infty$. Puisque la suite $S_n$ vérifie de surcroît $\|S_n\|_W \leqslant \|f\|_W$, ceci complète la démonstration. □

Ainsi, *l'éventuelle densité des $S(x)/W(x)$ dans $C_0(\mathbb{R})$, où $S(z)$ varie parmi les combinaisons linéaires finies de la forme $\sum_{\lambda \leqslant |A|} a_\lambda e^{i\lambda z}$, revient à celle des $f(x)/W(x)$, où $f(z)$ varie parmi les fonctions entières, de type exponentiel $A$ ou moins, bornées sur $\mathbb{R}$*. De plus, toujours par le théorème précédent, le minorant d'Akhiezer peut être défini, indifféremment, à l'aide de l'une ou l'autre des deux classes précédentes de fonctions, c'est-à-dire qu'*en faisant varier $f$ parmi les fonctions entières, de type exponentiel $A$ ou moins, bornées sur $\mathbb{R}$,*

$$W_A(z_0) = \sup\{|f(z_0)|\ ;\ \|f\|_W \leqslant 1\}$$

*pour tout $z_0 \in \mathbb{C}$.*

Voici enfin le *théorème d'Akhiezer* :

**Théorème 4.2.** *Pour $f$ parcourant l'une ou l'autre des deux classes précédentes de fonctions, les $f(x)/W(x)$ sont denses dans $C_0(\mathbb{R})$ si et seulement si*

$$\int_{-\infty}^{\infty} \frac{\log W_A(x)}{1 + x^2}\, dx = \infty.$$

PREUVE. *Si.* Supposons que les $f(x)/W(x)$ ne soient pas denses dans $C_0(\mathbb{R})$, où $f$ varie parmi les fonctions entières, de type exponentiel $A$ ou moins, bornées sur $\mathbb{R}$. Par le théorème de Hahn–Banach, cette supposition revient à l'existence d'une mesure complexe, $\mu$, sur $\mathbb{R}$, vérifiant $|\mu|(\mathbb{R}) = 1$ et

$$\int_{-\infty}^{\infty} \frac{f(t)}{W(t)}\, d\mu(t) = 0 \tag{4.2}$$

[5] Plus précisément, la formule de Poisson est appliquée aux parties réelles et imaginaires (additionnées d'une constante) de la fonction envisagée. Puisque ces dernières sont bornées, l'absence du terme $a\Im z$ est justifiée par la formule explicite pour $a$ (*cf.* théorème 1.10). (*N.d.T.*)

pour tous les $f$ ci-dessus.[6] Nous voulons démontrer

$$\int_{-\infty}^{\infty} \frac{\log W_A(x)}{1+x^2}\, \mathrm{d}x \overset{?}{<} \infty.$$

Pour un tel $f(\zeta)$, en fixant $z \notin \mathbb{R}$,[7] $(f(\zeta) - f(z))/(\zeta - z)$ est aussi une fonction entière, de type exponentiel $A$ ou moins, bornée sur $\mathbb{R}$. En particulier, l'équation (4.2) entraîne

$$\int_{-\infty}^{\infty} \frac{f(t)}{(t-z)W(t)}\, \mathrm{d}\mu(t) = f(z)\Phi(z), \tag{4.3}$$

en posant $\Phi(z) = \int_{-\infty}^{\infty}[1/(t-z)]W(t)^{-1}\, \mathrm{d}\mu(t)$ pour $z \notin \mathbb{R}$ arbitrairement fixé.

En utilisant $\int_{-\infty}^{\infty} W(t)^{-1}|\mathrm{d}\mu(t)| < \infty$, il est aisé d'établir que la fonction $\Phi(z)$ est analytique dans $\mathbb{C} \sim \mathbb{R}$. De plus, elle ne s'y annule pas identiquement ; sinon, la fonction

$$\int_{-\infty}^{\infty}\left(\frac{1}{t-z} - \frac{1}{t-\bar{z}}\right)\frac{1}{W(t)}\, \mathrm{d}\mu(t) = 2\mathrm{i}\int_{-\infty}^{\infty} \frac{\Im z}{|z-t|^2}\frac{1}{W(t)}\, \mathrm{d}\mu(t)$$

serait identiquement nulle dans $\Im z > 0$, d'où il s'ensuivrait, par unicité de la transformée de Poisson, $W(t)^{-1}\, \mathrm{d}\mu(t) = 0$, c'est-à-dire $\mu = 0$.

Montrons en détail cette dernière implication. Pour $z = x + \mathrm{i}h$ tel que $h > 0$, nous aurions en effet $\pi^{-1}\int_{-\infty}^{\infty}\left[h/\left((t-x)^2+h^2\right)\right]W(t)^{-1}\, \mathrm{d}\mu(t) = 0$. En multipliant d'abord les membres de cette équation par une fonction, $\psi(x)$, continue et à support compact, puis en les intégrant par rapport à $x$, nous obtiendrions, par le théorème de Fubini,

$$\int_{-\infty}^{\infty}\frac{1}{\pi}\int_{-\infty}^{\infty}\frac{h\psi(x)}{(x-t)^2+h^2}\, \mathrm{d}x\frac{\mathrm{d}\mu(t)}{W(t)} = 0. \tag{4.4}$$

Or, le théorème 1.10 entraîne $\lim_{h\downarrow 0}\pi^{-1}\int_{-\infty}^{\infty}\left[h\psi(x)/\left((x-t)^2+h^2\right)\right]\mathrm{d}x = \psi(t)$ uniformément.[8] Puisque $\int_{-\infty}^{\infty} W(t)^{-1}|\mathrm{d}\mu(t)| < \infty$, l'équation (4.4) impliquerait donc $\int_{-\infty}^{\infty}\psi(t)W(t)^{-1}\, \mathrm{d}\mu(t) = 0$. Ceci vaudrait pour toute fonction $\psi$ continue dont le support est compact — et $\mu = 0$ s'ensuivrait.

Aussi supposons-nous, sans restreindre la généralité, que $\Phi(z)$ n'est pas identiquement nulle dans le demi-plan supérieur. Notons que, par unicité du prolongement analytique, elle ne l'est pas non plus dans le demi-plan

---

[6]En détail, il existe un élément, $g(x)$, de $C_0(\mathbb{R})$, à distance uniforme 1 de l'espace linéaire fermé engendré par les $f(x)/W(x)$. Ainsi, par le théorème de Hahn–Banach, la fonctionnelle qui associe 0 aux éléments de ce dernier espace et $c$ aux éléments de la forme $cg(x)$ est prolongée par une fonctionnelle de norme 1, définie sur la totalité de $C_0(\mathbb{R})$. L'existence de la mesure ci-dessus est alors assurée par le théorème de Riesz–Markov. (*N.d.T.*)

[7]La prochaine étape de la démonstration est le *truc de Riesz–Pollard*.

[8]L'uniformité en $t$ est évidente quand $t$ reste éloigné du support de $\psi$ ; quand $t$ varie plutôt sur une région compacte dont l'intérieur contient le support de $\psi$, l'uniformité découle bien du théorème 1.10 — et du fait que toute fonction continue est uniformément continue sur tout compact. (*N.d.T.*)

$\Im z \geqslant 1$. Dans cette dernière région, $|\Phi(z)| \leqslant 1$, — puisque $\int_{-\infty}^{\infty}|\mathrm{d}\mu(t)| = 1$ et $W(t) \geqslant 1$. Par conséquent, $\Phi(z+i)$ vérifie les hypothèses du théorème 1.12, — qui entraîne

$$\int_{-\infty}^{\infty} \frac{\log^-|\Phi(x+\mathrm{i})|}{1+x^2}\,\mathrm{d}x < \infty. \tag{4.5}$$

Cette dernière relation se répercute sur $W_A$ de la manière suivante. Si $f(z)$, de la forme précisée, vérifie $\|f\|_W \leqslant 1$, alors

$$\left|\int_{-\infty}^{\infty} \frac{f(t)}{(t-(x+\mathrm{i}))W(t)}\,\mathrm{d}\mu(t)\right| \leqslant 1,$$

c'est-à-dire, en vertu de l'équation (4.3), $|f(x+\mathrm{i})| \leqslant 1/|\Phi(x+\mathrm{i})|$. La caractérisation de $W_A(z)$ entraîne donc $W_A(x+\mathrm{i}) \leqslant 1/|\Phi(x+\mathrm{i})|$. Puisque $|\Phi(x+\mathrm{i})| \leqslant 1$, il résulte $\log W_A(x+\mathrm{i}) \leqslant -\log|\Phi(x+\mathrm{i})| = \log^-|\Phi(x+\mathrm{i})|$. La relation (4.5) implique ainsi

$$\int_{-\infty}^{\infty} \frac{\log W_A(x+\mathrm{i})}{1+x^2}\,\mathrm{d}x < \infty. \tag{4.6}$$

Nous voulons nous débarrasser du i dans la formule précédente. Pour $f(z)$ de la forme précisée, supposons $\|f\|_W \leqslant 1$, de sorte que

$$|f(x+\mathrm{i})| \leqslant W_A(x+\mathrm{i}). \tag{4.7}$$

Puisque $f(x)$ est bornée sur l'axe réel, $f(x+\mathrm{i})$ y est également bornée, par le corollaire du théorème 1.6. Ainsi, le second corollaire du théorème 1.12, adapté au demi-plan inférieur, [9] s'applique à la fonction $f(z+\mathrm{i})$. Ce corollaire et l'inéquation (4.7) entraînent, pour $x \in \mathbb{R}$,

$$\log|f(x)| \leqslant A + \frac{1}{\pi}\int_{-\infty}^{\infty} \frac{\log|f(t+\mathrm{i})|}{(x-t)^2+1}\,\mathrm{d}t \leqslant A + \frac{1}{\pi}\int_{-\infty}^{\infty} \frac{\log W_A(t+\mathrm{i})}{(x-t)^2+1}\,\mathrm{d}t.$$

Puisque $f(z)$ est arbitraire parmi les fonctions de la classe envisagée qui vérifient $\|f\|_W \leqslant 1$,

$$\log W_A(x) \leqslant A + \frac{1}{\pi}\int_{-\infty}^{\infty} \frac{\log W_A(t+\mathrm{i})}{(x-t)^2+1}\,\mathrm{d}t.$$

Donc,

$$\int_{-\infty}^{\infty} \frac{\log W_A(x)}{x^2+1}\,\mathrm{d}x \leqslant A\pi + \frac{1}{\pi}\int_{-\infty}^{\infty}\int_{-\infty}^{\infty} \frac{\log W_A(t+\mathrm{i})}{((x-t)^2+1)(x^2+1)}\,\mathrm{d}t\,\mathrm{d}x.$$

---

[9] Explicitement, en vertu de ce corollaire, si $g(z)$ est continue sur $\Im z \leqslant 0$, analytique dans $\Im z < 0$ et de type exponentiel, et si elle vérifie $\int_{-\infty}^{\infty}(1+x^2)^{-1}\log^+|g(x)|\,\mathrm{d}x < \infty$, alors

$$\log|g(z)| \leqslant a|\Im z| + \frac{1}{\pi}\int_{-\infty}^{\infty} \frac{|\Im z|}{|z-t|^2}\log|g(t)|\,\mathrm{d}t,$$

où $a = \limsup_{y\to-\infty}|y|^{-1}\log^+|g(\mathrm{i}y)|$.

Un calcul simple[10] montre que

$$\frac{1}{\pi}\int_{-\infty}^{\infty}\frac{1}{((x-t)^2+1)(x^2+1)}\,\mathrm{d}x=\frac{2}{t^2+4}.$$

Puisque $\log W_A(t+\mathrm{i})\geqslant 0$, le théorème de Tonelli, puis la relation (4.6) permettent donc de conclure

$$\int_{-\infty}^{\infty}\frac{\log W_A(x)}{x^2+1}\,\mathrm{d}x\leqslant A\pi+2\int_{-\infty}^{\infty}\frac{\log W_A(t+\mathrm{i})}{t^2+4}\,\mathrm{d}t<\infty.$$

*Seulement si.*[11] Inversement, supposons $\int_{-\infty}^{\infty}(1+x^2)^{-1}\log W_A(x)\,\mathrm{d}x<\infty$. Nous voulons démontrer que les $f(x)/W(x)$ de la forme précédente ne sont pas denses dans $C_0(\mathbb{R})$.

Supposons $\|f\|_W\leqslant 1$. Alors, $|f(t)|\leqslant W_A(t)$ pour tout $t\in\mathbb{R}$. Donc, le second corollaire du théorème 1.12 — appliqué à $f(z)$ — implique

$$\log|f(x+\mathrm{i})|\leqslant A+\frac{1}{\pi}\int_{-\infty}^{\infty}\frac{\log W_A(t)}{(t-x)^2+1}\,\mathrm{d}t.$$

Le même corollaire, mais adapté au demi-plan inférieur et appliqué à $f(z+\mathrm{i})$, et le théorème de Tonelli entraînent alors, pour $s\in\mathbb{R}$ et $y>0$,

$$\begin{aligned}\log|f(s-\mathrm{i}y+\mathrm{i})|&\leqslant Ay+\frac{1}{\pi}\int_{-\infty}^{\infty}\frac{y\log|f(x+\mathrm{i})|}{(s-x)^2+y^2}\,\mathrm{d}x\\&\leqslant A+Ay+\frac{1}{\pi^2}\int_{-\infty}^{\infty}\int_{-\infty}^{\infty}\frac{y\log W_A(t)\,\mathrm{d}t\,\mathrm{d}x}{((t-x)^2+1)((s-x)^2+y^2)}\\&\leqslant A+Ay+\frac{y+1}{\pi}\int_{-\infty}^{\infty}\frac{\log W_A(t)}{(s-t)^2+1}\,\mathrm{d}t.\end{aligned}$$

Notons que, si $|s|\leqslant R$ pour un certain $R>0$, alors $(t^2+1)/((s-t)^2+1)$ est borné par une certaine constante, $D_R$, indépendante de $t$, — de sorte que, pour $y>0$,

$$\log|f(s-\mathrm{i}y+\mathrm{i})|\leqslant A+Ay+D_R\frac{y+1}{\pi}\int_{-\infty}^{\infty}\frac{\log W_A(t)}{t^2+1}\,\mathrm{d}t.$$

Ainsi, les fonctions entières, de type exponentiel $A$ ou moins, bornées sur $\mathbb{R}$ qui vérifient $\|f\|_W\leqslant 1$ constituent une *famille uniformément bornée sur tout compact* du demi-plan $\Im z<1$.

Supposons par l'absurde que les $f(x)/W(x)$ de la forme envisagée soient denses dans $C_0(\mathbb{R})$. Considérons une fonction, $u\in C_0(\mathbb{R})$, telle que $\|u\|_\infty<1$. Alors, il existe une suite de fonctions, $f_n(x)/W(x)$, de la forme envisagée,

---

[10] D'autant plus simple que le noyau de Poisson est un noyau reproduisant pour la fonction $\Im(-1/(z+i))$, — harmonique et bornée dans le demi-plan supérieur. (*N.d.T.*)

[11] En fait, la conclusion précédente peut être renforcée : la finitude de $\int_{-\infty}^{\infty}(x^2+1)^{-1}\log W_A(x)\,\mathrm{d}x$ *équivaut* à celle de $\int_{-\infty}^{\infty}(x^2+1)^{-1}\log W_A(x+h\mathrm{i})\,\mathrm{d}x$ pour $h\in\mathbb{R}$. Aussi, pourrions-nous simplifier la prochaine partie de la démonstration en basant le recours au théorème de Montel sur la relation plus directe $\log|f(x+\mathrm{i}y)|\leqslant A(y+1)+(y+1)\pi^{-1}\int_{-\infty}^{\infty}\big[\log W_A(t-\mathrm{i})/\big((x-t)^2+(y+1)^2\big)\big]\,\mathrm{d}t$, valable pour $y>-1$. (*N.d.T.*)

qui converge uniformément vers $u(x)$ — et vérifie donc $\|f_n\|_W \leqslant 1$ pour $n$ suffisamment grand. En vertu de ce qui précède, la suite $\{f_n(z)\}$, constituée de fonctions entières, est uniformément bornée sur les parties compactes du demi-plan $\Im z < 1$. Par le théorème de Montel, elle possède donc une sous-suite convergeant (uniformément sur tout compact) vers une certaine fonction, nécessairement analytique, définie dans $\Im z < 1$. En d'autres mots, la fonction $u(x)W(x)$ possède *nécessairement* un prolongement analytique dans $\Im z < 1$, — ce qui est absurde. Le résultat s'ensuit. □

**Scolie.** En remplaçant $W_A$ par un objet analogue approprié, $W_*$, le même argument, *mutatis mutandis*, donne un résultat analogue pour l'approximation (pondérée) par des polynômes. Selon M. Sodin, ce fait s'est trouvé sous le nez de S. Bernstein pendant vingt ans sans qu'il ne s'en aperçoive, avant qu'Akhiezer le lui fasse gentiment remarquer !

**Application.** Considérons un poids, $W(x)$, dont le logarithme vérifie la condition de Lipschitz

$$|\log W(x) - \log W(x')| \leqslant C|x - x'| \tag{4.8}$$

pour tout $x, x' \in \mathbb{R}$, où $C > 0$. Comme toujours, nous supposons $W(x) \geqslant 1$ et $\lim_{|x|\to\infty} W(x) = \infty$. Pour $A > 0$ arbitrairement fixé, nous pouvons minorer $W_A(x)$ grâce à la « fonction-témoin » suivante, — définie au moyen d'une détermination quelconque de la racine carrée : pour $x_0 \in \mathbb{R}$ arbitrairement fixé et $R = (\log W(x_0))/\sqrt{A^2 + C^2}$, nous posons

$$\varphi(z) = \cos(A\sqrt{(z - x_0)^2 - R^2}).$$

Cette fonction est bornée sur $\mathbb{R}$. De plus, elle est entière, car le développement $\cos w = 1 - (w^2/2!) + (w^4/4!) - \cdots$ entraîne

$$\varphi(z) = 1 - \frac{A^2((z - x_0)^2 - R^2)}{2!} + \frac{A^4((z - x_0)^2 - R^2)^2}{4!} - \cdots .$$

Finalement, elle est de type exponentiel $A$ ou moins : pour $|z - x_0| > R$,

$$\sqrt{(z - x_0)^2 - R^2} = \pm(z - x_0)\sqrt{1 - R^2/(z - x_0)^2} = \pm z + O(1)$$

quand $|z| \to \infty$, et alors $|\varphi(z)| \leqslant e^{A|\Im z| + O(1)} \leqslant C^{\text{te}} e^{A|\Im z|}$.

La définition du minorant d'Akhiezer entraîne donc $|\varphi(z)| \leqslant W_A(z)$ pour tout $z \in \mathbb{C}$, *pourvu que* $\|\varphi\|_W \leqslant 1$, *c'est-à-dire que la proposition suivante vaille* :

**Lemme.** *Si la condition* (4.8) *est vérifiée,* $|\varphi(x)| \leqslant W(x)$ *pour tout* $x \in \mathbb{R}$.

PREUVE. Le résultat est trivial si $|x - x_0| > R$. Supposons donc l'inverse. L'inégalité de Cauchy–Schwarz implique alors

$$|x - x_0| \tan\gamma + \sqrt{R^2 - (x - x_0)^2} \leqslant R \sec\gamma$$

pour tout $\gamma \in \,]0, \pi/2[$. En particulier, pour $\gamma_0$ vérifiant $A \tan \gamma_0 = C$,

$$A\sqrt{R^2 - (x - x_0)^2} \leqslant AR \sec \gamma_0 - C|x - x_0|.$$

Cependant, les définitions de $R$ et $\gamma_0$ entraînent $AR \sec \gamma_0 = \log W(x_0)$. La dernière inégalité et la condition (4.8) impliquent alors

$$A\sqrt{R^2 - (x - x_0)^2} \leqslant \log W(x),$$

c'est-à-dire

$$W(x) \geqslant \exp\Big(A\sqrt{R^2 - (x - x_0)^2}\Big) \geqslant |\varphi(x)|,$$

— et ce, pour $|x - x_0| \leqslant R$. Ceci achève la démonstration. □

Ainsi, $|\varphi(z)| \leqslant W_A(z)$ pour tout $z \in \mathbb{C}$, — en particulier, pour $x_0$. Or,

$$\begin{aligned}|\varphi(x_0)| = |\mathrm{ch}(AR)| &= \Big|\mathrm{ch}\Big((A \log W(x_0))/\sqrt{A^2 + C^2}\Big)\Big| \\ &\geqslant \tfrac{1}{2} \exp\Big((A \log W(x_0))/\sqrt{A^2 + C^2}\Big) = \tfrac{1}{2}\big(W(x_0)\big)^{A/\sqrt{A^2+C^2}}.\end{aligned}$$

À l'aide d'une « fonction-témoin », nous avons donc démontré :

**Théorème 4.3.** *Si $W(x) \geqslant 1$ vérifie la condition (4.8), alors, pour $A > 0$ et pour tout $x \in \mathbb{R}$,*

$$W_A(x) \geqslant \tfrac{1}{2}\big(W(x)\big)^{A/\sqrt{A^2+C^2}}.$$

Signalons que la propriété $\lim_{|x| \to \infty} W(x) = \infty$ n'est pas utilisée dans la démonstration du résultat précédent. Dans ce qui suit, cependant, toutes les propriétés des fonctions de poids interviennent.

**Corollaire.** *Envisageons une fonction de poids, $W(x)$, vérifiant la condition (4.8). Si, en outre,*

$$\int_0^\infty \frac{\log W(x)}{1 + x^2}\, \mathrm{d}x = \infty, \tag{4.9}$$

*alors, pour tout $A > 0$, $\big\{\mathrm{e}^{\mathrm{i}\lambda x}/W(x)\ ;\ \lambda \in [-A, A]\big\}$ est total dans $C_0(\mathbb{R})$.*

Preuve. Ayant établi $\log W_A(x) \geqslant (A/\sqrt{A^2 + C^2}) \log W(x) - \log 2$, nous déduisons ce résultat du théorème d'Akhiezer. □

**Remarque.** Au lieu de (4.9), nous aurions aussi bien pu supposer

$$\int_{-\infty}^0 \frac{\log W(x)}{1 + x^2}\, \mathrm{d}x = \infty.$$

## 4.2. Théorème de Beurling sur la lacunarité

*Le* théorème de Beurling sur la lacunarité (*Beurling's gap theorem*) *affirme, en gros, que si le support d'une mesure complexe donnée, $\mu$, présente des lacunes suffisamment importantes, alors la* transformée de Fourier[12] *de cette mesure ne possède, pour sa part, aucune lacune, — à moins que* $\mu = 0$.[13]

Le corollaire précédent constitue le premier pas dans la démonstration du théorème en question, qui repose en fait sur la définition d'un poids approprié. Cette définition fait intervenir une fonction continue, $T(x)$, qui vérifie $T(x) \geqslant 1$, $|\log T(x) - \log T(x')| < |x - x'|$ pour tout $x, x' \in \mathbb{R}$ et qui tend vers l'infini, quand $|x| \to \infty$, de manière si lente que $\int_{-\infty}^{\infty} T(x)|\mathrm{d}\mu(x)| < \infty$, — où la mesure complexe $\mu$ est soumise à notre étude.

**Lemme.** *Une telle fonction existe.*

Preuve. Envisageons une suite, $1 < B_1 < B_1 + 1 < B_2 < B_2 + 1 < B_3 < \cdots$, telle que $\int_{B_k - 0}^{\infty} |\mathrm{d}\mu(t)| < \mathrm{e}^{-2k}$ pour tout $k$. Posons, pour $x \in [0, \infty[$,

$$D(x) = \begin{cases} 1 & \text{si } 0 \leqslant x < B_1, \\ \mathrm{e} & \text{si } B_1 \leqslant x < B_2, \\ \mathrm{e}^2 & \text{si } B_2 \leqslant x < B_3, \\ \vdots & \end{cases}$$

Alors,

$$\int_{[0,\infty[} D(x)|\mathrm{d}\mu(x)| \leqslant 1 \cdot \|\mu\| + \mathrm{e} \cdot \mathrm{e}^{-2} + \mathrm{e}^2 \cdot \mathrm{e}^{-4} + \cdots = \|\mu\| + \frac{1}{\mathrm{e} - 1} < \infty.$$

En posant $B_0 = 0$, remarquons que $\log D(x) = k$ quand $B_k \leqslant x < B_{k+1}$, où $k = 0, 1, \ldots$ Comme, en outre, $B_{k+1} > B_k + 1$, $\log D(x)$ peut être minorée par une fonction linéaire par morceaux, non négative, dont les pentes valent au plus un. En effet, il n'y a qu'à envisager la fonction valant 0 entre 0 et $B_1$ ; s'accroissant ensuite jusqu'à la valeur 1 le long d'un segment de pente un, puis gardant cette valeur jusqu'en $(B_1, 1)$ ; s'accroissant ensuite jusqu'à la valeur 2 le long d'un segment de pente un, puis gardant cette valeur jusqu'en $(B_2, 2)$ ; etc. Désignons par $\log T(x)$ ce dernier minorant, définissant ainsi $T(x)$ sur $[0, \infty[$. Alors, $1 \leqslant T(x) \leqslant D(x)$, cependant que $\log T(x)$ est uniformément lipschitzienne de constante 1 et $\int_{[0,\infty[} T(x)|\mathrm{d}\mu(x)| < \infty$. En procédant à la même construction pour $]-\infty, 0[$, nous obtenons une fonction jouissant de toutes les propriétés désirées. □

Voici le *théorème de Beurling sur la lacunarité* :[14]

---

[12]Parfois nommée *fonction caractéristique.* (*N.d.T.*)

[13]Ce résultat n'est pas sans évoquer le *principe d'incertitude.* (*N.d.T.*)

[14]L'introduction de la fonction $\Delta(x)$, dans la preuve qui suit, est due à L. de Branges.

**Théorème 4.4.** *Envisageons une mesure borélienne complexe,* $\mu$, *et sa transformée de Fourier,*

$$\widehat{\mu}(\lambda) = \int_{-\infty}^{\infty} e^{i\lambda t}\, d\mu(t).$$

*Supposons qu'il existe une suite d'intervalles disjoints,* $]a_n, b_n[\ \subseteq\ ]\eta, \infty[$, *tels que* $\int_{]a_n,b_n[} |d\mu(t)| = 0$ *pour tout* $n$, *— où* $\eta > 0$.[15] *Si*

$$\sum_n \frac{(b_n - a_n)^2}{a_n^2} = \infty,$$

*alors* $\widehat{\mu}(\lambda)$ *ne s'annule sur aucun intervalle de longueur positive, — à moins que* $\mu = 0$.

PREUVE. Supposons $\sum(b_n - a_n)^2/a_n^2 = \infty$. Désignons par $b'_n$ le minimum d'entre $b_n$ et $2a_n$. Notre supposition entraîne son analogue pour $b'_n$, à savoir $\sum(b'_n - a_n)^2/a_n^2 = \infty$.[16] En effet, cette dernière relation vaut lorsqu'il n'y a qu'un nombre fini de $b'_n$ pour lesquels $b'_n < b_n$ ; autrement, $(b'_n - a_n)/a_n = 1$ infiniment souvent et, là encore, la relation vaut.

Envisageons une fonction, $\Delta(x)$, nulle en dehors des $]a_n, b'_n[$ et dont le graphique, au-dessus de chacun de ces intervalles, décrit un triangle isocèle dont les angles à la base mesurent 45°. Ainsi, $\Delta(x)$ est non négative et vérifie la condition de Lipschitz pour la constante 1. Soit $T(x)$ une fonction issue du lemme. Nous utilisons le poids

$$W(x) = T(x)e^{\Delta(x)}.$$

Ainsi, $W(x)$ est continu, supérieur ou égal à l'unité, $\log W(x)$ est lipschitzienne de constante 2, $\lim_{|x|\to\infty} W(x) = \infty$ et, puisque $W(x) = T(x)$ sur le support de $\mu$,

$$\int_{-\infty}^{\infty} W(x)|d\mu(x)| < \infty. \tag{4.10}$$

Supposons, par contradiction, $\widehat{\mu}(\lambda) = 0$ pour tout $\lambda$ appartenant à un certain intervalle $[c - A, c + A]$ (où $A > 0$ et $c \in \mathbb{R}$), malgré que $|\mu|(\mathbb{R}) \neq 0$. En d'autres mots, pour $d\nu(x) = e^{icx}W(x)\, d\mu(x)$, nous supposons

$$\int_{-\infty}^{\infty} \frac{e^{i\lambda x}}{W(x)}\, d\nu(x) = 0$$

quel que soit $\lambda \in [-A, A]$, malgré que $\nu \neq 0$. En vertu de la relation (4.10), la variation totale de $\nu$ est finie, faisant de l'intégration par rapport à $\nu$ une fonctionnelle linéaire bornée. La précédente supposition signifie donc que

---

[15]Le professeur a préféré la condition $0 < a_1 < b_1 < a_2 < b_2 < \cdots$, dont l'affaiblissement fut suggéré par Xavier Raynaud lors de l'*École d'été* 2007. (*N.d.T.*)

[16]Ainsi nous supposons $b_n < \infty$ pour tout $n$. Cependant, si $b_N = \infty$ pour un certain $N$, nous pouvons remplacer la suite d'intervalles considérée par $]na_N, (n + \frac{1}{2})a_N[$ : ce faisant, toutes les hypothèses du théorème sont vérifiées. (*N.d.T.*)

$\left\{e^{i\lambda x}/W(x)\ ;\ |\lambda| \leqslant A\right\}$ n'est pas total dans $C_0(\mathbb{R})$. En particulier, puisque $\log W(x)$ est lipschitzienne, le corollaire du théorème 4.3 entraîne

$$\int_0^\infty \frac{\log W(x)}{1+x^2}\,\mathrm{d}x < \infty.$$

*A fortiori*, $\int_0^\infty (1+x^2)^{-1}\Delta(x)\,\mathrm{d}x < \infty$, c'est-à-dire $\int_\eta^\infty x^{-2}\Delta(x)\,\mathrm{d}x < \infty$. Néanmoins,

$$\int_{a_n}^{b'_n} \frac{\Delta(x)}{x^2}\,\mathrm{d}x \geqslant \frac{1}{(b'_n)^2}\int_{a_n}^{b'_n} \Delta(x)\,\mathrm{d}x = \frac{(b'_n - a_n)^2}{4(b'_n)^2} \geqslant \frac{(b'_n - a_n)^2}{16a_n^2},$$

puisque $b'_n \leqslant 2a_n$. Par conséquent,

$$\int_\eta^\infty \frac{\Delta(x)}{x^2}\,\mathrm{d}x \geqslant \frac{1}{16}\sum_n \frac{(b'_n - a_n)^2}{a_n^2},$$

où le membre de droite est infini, — ce qui est contradictoire. □

**Scolie.** Si, au lieu de supposer $\widehat{\mu}(\lambda) = 0$ sur un intervalle de longueur positive, nous ne le supposons que sur un ensemble de mesure positive, alors il se peut, dans les hypothèses du théorème, que $\mu \neq 0$. De tels exemples furent exhibés par P. P. Kargaev.

## 4.3. Deux théorèmes de Levinson

*Lorsqu'une fonction de poids,* $W(x)$, *est croissante sur un demi-axe, le* théorème de Levinson *fournit un critère simple, en termes de* $W(x)$ *seulement (et non de son minorant d'Akhiezer), pour que* $\{e^{i\lambda x}/W(x)\ ;\ \lambda \in [-A, A]\}$ *soit total dans* $C_0(\mathbb{R})$. *Il en découle un second* théorème de Levinson, *selon lequel la transformée de Fourier d'une mesure décroissant rapidement à l'infini (au sens précisé plus loin) ne peut s'annuler sur un intervalle de longueur positive, sans que la mesure en question soit identiquement nulle.*[17]

Considérons d'abord une fonction croissante, $w(x) \geqslant 1$, définie sur $]0,\infty[$, continue (bien que ce ne soit pas essentiel) et vérifiant

$$\int_1^\infty \frac{\log w(x)}{x^2}\,\mathrm{d}x = \infty. \tag{4.11}$$

Observons qu'ainsi, $w(x) \to \infty$ quand $x \to \infty$.[18] Montrons que $w$ possède un minorant, $\mathfrak{W}$, défini sur $]0,\infty[$ et vérifiant, pour tout $x, x' > 0$,

$$|\log \mathfrak{W}(x) - \log \mathfrak{W}(x')| \leqslant |x - x'|.$$

En fait, ce minorant est issu de la construction géométrique suivante : envisageons la courbe d'équation $y = \log w(x)$, où $x > 0$. Elle repose sur le

[17] Remarquons que le résultat précédent vaut également lorsque l'intervalle de longueur positive est remplacé par un simple ensemble de mesure de Lebesgue positive ; la preuve de ce dernier fait (théorème 5.5), due à Beurling, utilise les mesures harmoniques.

[18] En plus d'être croissante, $w(x)$ vérifie donc toutes les propriétés d'une fonction de poids (*cf.* le début du présent chapitre), mais n'est définie que sur un demi-axe. (*N.d.T.*)

premier quadrant, au-dessus de la demi-droite issue de $(0, \lim_{x\to 0^+} \log w(x))$ qui traverse le premier quadrant horizontalement. Imaginons des rayons lumineux émanant de cette dernière demi-droite, décrivant des segments parallèles dont les pentes valent 1. Ces rayons sont éventuellement bloqués par la courbe envisagée, illuminant certains de ses points et en laissant d'autres ombragés. Le graphique de $\log \mathfrak{W}(x)$ est alors obtenu en parcourant les zones illuminées de $y = \log w(x)$ et en les reliant au moyen des rayons lumineux tangentiels.[19] Ainsi, explicitement, $\mathfrak{W}(x) = w(x)$, excepté sur un système d'intervalles disjoints, $]a_n, b_n[\ \subseteq\ ]0,\infty[$, où $0 \leqslant a_n < b_n \leqslant \infty$ ;[20] sur un quelconque de ces intervalles, $]a_n, b_n[$, $\mathfrak{W}(x)$ est défini par

$$\log \mathfrak{W}(x) = \log w(a_n) + (x - a_n). \tag{4.12}$$

**Lemme.** *La condition* (4.11) *entraîne que* $\int_1^\infty [(\log \mathfrak{W}(x))/x^2]\,\mathrm{d}x = \infty$ *également.*

Preuve. Puisque $\mathfrak{W}(x) = w(x)$ pour tout $x \notin \bigcup ]a_n, b_n[$, le résultat est trivial si $\int [(\log w(x))/x^2]\,\mathrm{d}x$, prise sur $]1,\infty[\ \sim \bigcup ]a_n, b_n[$, est déjà infinie. Supposons donc l'inverse ; la condition (4.11) revient ainsi à

$$\sum_{b_n>1} \int_{\max(1,a_n)}^{b_n} \frac{\log w(x)}{x^2}\,\mathrm{d}x = \infty.$$

Supposons aussi $b_n < \infty$ pour tout $n$ : sinon, l'équation (4.12) entraînerait $\int_{\max(1,a_n)}^\infty [(\log \mathfrak{W}(x))/x^2]\,\mathrm{d}x \geqslant \int_{\max(1,a_n)}^\infty [(x-a_n)/x^2]\,\mathrm{d}x = \infty$ pour un certain $n$ — et le résultat s'ensuivrait. Ainsi, l'unique intervalle $]a_n, b_n[$ qui comprend 1 (s'il existe) peut être écarté de la somme précédente, — car $\int_1^{b_n} [(\log w(x))/x^2]\,\mathrm{d}x$ est dorénavant fini. De plus, sans restreindre la généralité, $b_n < 2a_n$ sauf un nombre fini de fois : sinon, l'équation (4.12) entraînerait $\int_{a_n}^{b_n} [(\log \mathfrak{W}(x))/x^2]\,\mathrm{d}x \geqslant \int_{a_n}^{2a_n} [(x-a_n)/x^2]\,\mathrm{d}x = \log 2 - 1/2 > 0$ infiniment souvent — et le résultat s'ensuivrait. Aussi, les intervalles vérifiant $b_n \geqslant 2a_n$ peuvent-ils être, eux aussi, écartés de la somme précédente, — puisque de surcroît ils correspondent à des intégrales finies. L'hypothèse revient donc à

$$\sum_{1<a_n<b_n<2a_n} \int_{a_n}^{b_n} \frac{\log w(x)}{x^2}\,\mathrm{d}x = \infty.$$

---

[19] Ainsi, $\log \mathfrak{W}(x) = \inf_{0<t\leqslant x}(x + \log w(t) - t)$ pour $x > 0$ ; les propriétés de $\mathfrak{W}(x)$ présumées dans la suite peuvent donc être déduites analytiquement. Notons que, dans les cas extrêmes, la courbe $y = \log w(x)$ peut être tout illuminée, dans lequel cas $\mathfrak{W}(x) = w(x)$ ; elle peut être tout à l'ombre, dans lequel cas $\log \mathfrak{W}(x) = x + \log w(0^+)$. (*N.d.T.*)

[20] Bien que ces intervalles, non vides, soient en quantité finie ou dénombrable, nous ne prétendons pas qu'ils soient bien ordonnés, — l'ensemble de leurs extrémités pouvant admettre des points d'accumulation.

Supposons $1 < a_n < b_n < 2a_n$. D'une part, puisque la fonction $w(x)$ est croissante et supérieure ou égale à l'unité,

$$\begin{aligned}\int_{a_n}^{b_n} \frac{\log w(x)}{x^2}\,\mathrm{d}x &\leqslant \int_{a_n}^{b_n} \frac{1}{x^2}\,\mathrm{d}x \cdot \log w(b_n)\\ &= \frac{b_n - a_n}{a_n b_n} \log w(b_n) \leqslant \frac{b_n - a_n}{a_n^2} \log w(b_n).\end{aligned}$$

D'autre part, puisque $\mathfrak{W}(x)$ jouit des mêmes propriétés — et en vertu de l'équation (4.12) —,

$$\begin{aligned}\int_{a_n}^{b_n} \frac{\log \mathfrak{W}(x)}{x^2}\,\mathrm{d}x &\geqslant \frac{1}{b_n^2} \int_{a_n}^{b_n} \log \mathfrak{W}(x)\,\mathrm{d}x\\ &= \frac{1}{b_n^2} \frac{\log \mathfrak{W}(a_n) + \log \mathfrak{W}(b_n)}{2} (b_n - a_n)\\ &\geqslant \frac{b_n - a_n}{2b_n^2} \log \mathfrak{W}(b_n) \geqslant \frac{b_n - a_n}{8a_n^2} \log \mathfrak{W}(b_n).\end{aligned}$$

Puisque $w(b_n) = \mathfrak{W}(b_n)$, il s'ensuit

$$\int_{a_n}^{b_n} \frac{\log \mathfrak{W}(x)}{x^2}\,\mathrm{d}x \geqslant \frac{1}{8} \int_{a_n}^{b_n} \frac{\log w(x)}{x^2}\,\mathrm{d}x,$$

— d'où le résultat. □

Voici notre premier *théorème de Levinson* ; son hypothèse est remarquable, puisqu'elle s'applique à des poids qui ne croissent éventuellement que sur un demi-axe.[21]

**Théorème 4.5.** *Envisageons un poids, $W(x)$, croissant sur un des deux demi-axes issus de l'origine, — à savoir $J \in \{]-\infty, 0[, ]0, \infty[\}$. Si*

$$\int_J \frac{\log W(x)}{1 + x^2}\,\mathrm{d}x = \infty,$$

*alors $\{\mathrm{e}^{\mathrm{i}\lambda x}/W(x)\ ;\ \lambda \in [-A, A]\}$ est total dans $C_0(\mathbb{R})$, — quel que soit $A > 0$.*

Preuve. Nous supposons $J = ]0, \infty[$, l'autre cas étant semblable. En vertu du théorème 4.2, il suffit de démontrer

$$\int_{-\infty}^{\infty} \frac{\log W_A(x)}{1 + x^2}\,\mathrm{d}x \stackrel{?}{=} \infty,$$

où $W_A$ est le minorant d'Akhiezer de $W$.

Les considérations précédentes, à propos de $w(x)$, s'appliquent au poids $W(x)$ restreint à $]0, \infty[$, — qui possède donc un minorant logarithmiquement lipschitzien, $\mathfrak{W}(x)$, construit ci-dessus. Au départ, $\mathfrak{W}(x)$ n'est défini que pour

[21]Rappelons que, dans le présent chapitre, les poids envisagés sont définis sur tout l'axe réel ; il sont continus, supérieurs ou égaux à 1, et tendent vers l'infini quand $|x| \to \infty$.

$x > 0$ ; nous rectifions la situation, en posant $\mathfrak{W}(0) = \lim_{t\downarrow 0}\mathfrak{W}(t)$,[22] puis $\mathfrak{W}(x) = \mathfrak{W}(0)$ pour $x < 0$. $\mathfrak{W}(x)$, ainsi prolongé, est continu, supérieur ou égal à 1, croissant (au sens large) et vérifie $|\log \mathfrak{W}(x) - \log \mathfrak{W}(x')| \leqslant |x - x'|$ pour tout $x, x' \in \mathbb{R}$. De plus, par le lemme, $\int_1^\infty [(\log \mathfrak{W}(x))/x^2]\,\mathrm{d}x = \infty$, puisque $W(x)$ vérifie la relation analogue. Finalement, le théorème 4.3 (qui s'applique à des fonctions ne tendant pas vers $\infty$ quand $x \to \pm\infty$) entraîne

$$\mathfrak{W}_A(x) \geqslant \tfrac{1}{2}\mathfrak{W}(x)^{A/\sqrt{A^2+1}}.$$

Ainsi,

$$\begin{aligned}(4.13)\qquad \int_{-\infty}^{\infty} \frac{\log \mathfrak{W}_A(x)}{1+x^2}\,\mathrm{d}x &\geqslant \frac{1}{2}\int_1^\infty \frac{\log \mathfrak{W}_A(x)}{x^2}\,\mathrm{d}x \\ &\geqslant \frac{1}{2}\Big(\frac{A}{\sqrt{A^2+1}}\int_1^\infty \frac{\log \mathfrak{W}(x)}{x^2}\,\mathrm{d}x + \log\frac{1}{2}\Big) = \infty.\end{aligned}$$

Remarquons que $\mathfrak{W}(x) \leqslant \mathfrak{W}(0)W(x)$ pour tout $x \in \mathbb{R}$ : ceci découle simplement des relations $\mathfrak{W}(x) \leqslant W(x)$ pour $x > 0$ et $\mathfrak{W}(x) = \mathfrak{W}(0)$ pour $x \leqslant 0$. Par conséquent, vu la définition du minorant d'Akhiezer,

$$\mathfrak{W}_A(x) \leqslant \mathfrak{W}(0)W_A(x).$$

La relation (4.13) entraîne donc son analogue pour $W_A(x)$, — ce qui complète la démonstration. □

Passons maintenant au *théorème de Levinson sur la lacunarité,*[23] qui découle du résultat précédent.

**Théorème 4.6.** *Envisageons une mesure complexe, $\mu$, sur $\mathbb{R}$ et sa transformée de Fourier, $\widehat{\mu}(\lambda) = \int_{-\infty}^{\infty} \mathrm{e}^{\mathrm{i}\lambda t}\,\mathrm{d}\mu(t)$, — où $\lambda \in \mathbb{R}$. Supposons que $\mu$ décroisse rapidement à l'infini, plus précisément*

$$\int_0^\infty \frac{1}{x^2+1}\log\Big(\frac{1}{\int_{x+0}^{\infty}|\mathrm{d}\mu(t)|}\Big)\,\mathrm{d}x = \infty.$$

*Si $\widehat{\mu}(\lambda) = 0$ sur un intervalle de longueur positive, alors $\mu = 0$.*

Preuve. Nous supposons, quitte à remplacer $\mathrm{d}\mu(t)$ par $\mathrm{e}^{\mathrm{i}at}\,\mathrm{d}\mu(t)$ pour le nombre réel $a$ approprié, que $\widehat{\mu}(\lambda) = 0$ sur un intervalle de la forme $[-A, A]$ — et cherchons à démontrer $\mu = 0$.

Dans le cas facile où $\int_{-\infty}^{B-0}|\mathrm{d}\mu(t)| = 0$ pour un certain $B \in \mathbb{R}$, non seulement $\widehat{\mu}(\lambda)$ possède un prolongement continu sur $\Im\lambda \geqslant 0$ et analytique dans $\Im\lambda > 0$,[24] mais $\mathrm{e}^{-\mathrm{i}\lambda B}\widehat{\mu}(\lambda)$ est bornée sur $\Im\lambda \geqslant 0$. Puisque, par hypothèse, $\mathrm{e}^{-\mathrm{i}\lambda B}\widehat{\mu}(\lambda) = 0$ sur $[-A, A]$, le premier corollaire du théorème 1.12 entraîne donc que $\widehat{\mu}(\lambda)$ s'annule identiquement — et le résultat s'ensuit. Le même

---

[22]Cette dernière limite existe et vaut au moins 1, puisque $\mathfrak{W}(x)$ est croissante sur $]0,\infty[$ et y vérifie $\mathfrak{W}(x) \geqslant 1$. (*N.d.T.*)

[23]Précisons que Beurling a généralisé le théorème suivant en travaillant sa preuve originelle, et non pas l'argument, plus simple, présenté ci-après (*cf.* notice 17, p. 78).

[24]*Cf.* notice 2, p. 11. (*N.d.T.*)

raisonnement, mais appliqué au demi-plan inférieur, mène à la même conclusion lorsque $\int_{C-0}^{\infty}|\mathrm{d}\mu(t)| = 0$ pour un certain $C \in \mathbb{R}$. Aussi, sans restreindre la généralité, supposons-nous dorénavant $\int_{x-0}^{\infty}|\mathrm{d}\mu(t)| > 0$ et $\int_{-\infty}^{x-0}|\mathrm{d}\mu(t)| > 0$ pour tout $x \in \mathbb{R}$.

Traitons maintenant le cas où $\mu$ est absolument continue, — faisant de $\int_{-\infty}^{x}|\mathrm{d}\mu(t)|$ et $\int_{x}^{\infty}|\mathrm{d}\mu(t)|$ des fonctions continues de $x$. Supposons par l'absurde $\mu \neq 0$, — voire, sans restreindre la généralité, $\int_{-\infty}^{\infty}|\mathrm{d}\mu(t)| = 1$. Posons

$$W(x) = \begin{cases} \left(\int_x^{\infty}|\mathrm{d}\mu(t)|\right)^{-1/2} & \text{si } x \geqslant 0, \\ C\left(\int_{-\infty}^{x}|\mathrm{d}\mu(t)|\right)^{-1/2} & \text{sinon,} \end{cases}$$

où nous ajustons la valeur de $C$ pour que $W(x)$ soit continue, — en posant

$$C = \sqrt{\int_{-\infty}^{0}|\mathrm{d}\mu(t)| / \int_0^{\infty}|\mathrm{d}\mu(t)|}.$$

Ainsi, $W(x)$ est monotone sur $]-\infty, 0[$ et sur $]0, \infty[$, tend vers l'infini quand $|x| \to \infty$ et vérifie $1 \leqslant W(x) < \infty$. Observons que[25]

$$\begin{aligned} \int_{-\infty}^{\infty} W(x)|\mathrm{d}\mu(x)| &= C\int_{-\infty}^{0} \frac{|\mathrm{d}\mu(x)|}{\left(\int_{-\infty}^{x}|\mathrm{d}\mu(t)|\right)^{1/2}} + \int_0^{\infty} \frac{|\mathrm{d}\mu(x)|}{\left(\int_x^{\infty}|\mathrm{d}\mu(t)|\right)^{1/2}} \\ &= 2C\sqrt{\int_{-\infty}^{0}|\mathrm{d}\mu(t)|} + 2\sqrt{\int_0^{\infty}|\mathrm{d}\mu(t)|} < \infty. \end{aligned}$$

En d'autres mots, en posant $\mathrm{d}\nu(t) = W(t)\,\mathrm{d}\mu(t)$, la variation totale de $\nu$ est finie, — faisant de l'intégration par rapport à $\nu$ une fonctionnelle linéaire bornée. En particulier, puisque, par hypothèse, $\int_{-\infty}^{\infty} \mathrm{e}^{\mathrm{i}\lambda x} W(x)^{-1}\,\mathrm{d}\nu(x) = 0$ pour tout $\lambda \in [-A, A]$, tandis que $\nu \neq 0$, $\{\mathrm{e}^{\mathrm{i}\lambda x}/W(x)\ ;\ -A \leqslant \lambda \leqslant A\}$ n'est pas total dans $C_0(\mathbb{R})$. Par contre, puisque $W(x)$ croît sur $]0, \infty[$ et vérifie, par hypothèse,

$$\int_0^{\infty} \frac{\log W(x)}{1+x^2}\,\mathrm{d}x = \frac{1}{2}\int_0^{\infty} \frac{1}{1+x^2} \log\left(\frac{1}{\int_x^{\infty}|\mathrm{d}\mu(t)|}\right)\mathrm{d}x = \infty,$$

le précédent théorème de Levinson implique que $\{\mathrm{e}^{\mathrm{i}\lambda x}/W(x)\ ;\ -A \leqslant \lambda \leqslant A\}$ est total dans $C_0(\mathbb{R})$, — ce qui est absurde. Donc, $\mu = 0$.

Dans le cas restant, où $\mu$ possède une partie singulière, envisageons plutôt $\mu_h(E) = h^{-1}\int_0^h \mu(E+t)\,\mathrm{d}t$, — où $E \subseteq \mathbb{R}$ est mesurable et $h > 0$. Pour toute fonction continue, $\varphi(x)$, dont le support est compact,

$$\int_{-\infty}^{\infty} \varphi(x)\,\mathrm{d}\mu_h(x) = \frac{1}{h}\int_0^h \int_{-\infty}^{\infty} \varphi(x-t)\,\mathrm{d}\mu(x)\,\mathrm{d}t.$$

[25]La seconde ligne de ce calcul est justifiée comme suit. Posons $F(x) = \left(\int_{-\infty}^{x}|\mathrm{d}\mu(t)|\right)^{1/2}$, de sorte que $F'(x)\,\mathrm{d}x = \frac{1}{2}\left(\int_{-\infty}^{x}|\mathrm{d}\mu(t)|\right)^{-1/2}|\mu|'(x)\,\mathrm{d}x$, — où $|\mu|'(x)$ est la dérivée de Radon–Nikodym de $|\mu|$. Puisque $\mu$ est absolument continue, non seulement $|\mathrm{d}\mu(x)| = |\mu|'(x)\,\mathrm{d}x$, mais $\mathrm{d}F(x) = F'(x)\,\mathrm{d}x$. Puisqu'en outre $\lim_{x\to-\infty} F(x) = 0$, il résulte $F(0) = \int_{-\infty}^{0} \mathrm{d}F(x) = (1/2)\int_{-\infty}^{0}\left(\int_{-\infty}^{x}|\mathrm{d}\mu(t)|\right)^{-1/2}|\mathrm{d}\mu(x)|$, tel que désiré. *Idem* pour l'autre demi-axe. (*N.d.T.*, amendée par E. Malinnikova)

En particulier, par le théorème de la moyenne, $\mu_h$ converge vaguement vers $\mu$ quand $h \downarrow 0$, — mais a l'avantage d'être absolument continue.[26] De plus, puisque $\widehat{\mu_h}(\lambda)$ égale $\widehat{\mu}(\lambda)h^{-1}\int_0^h \mathrm{e}^{-\mathrm{i}\lambda t}\,\mathrm{d}t$, elle s'annule sur $[-A, A]$, à l'instar de $\widehat{\mu}(\lambda)$. Finalement, pour $x \geqslant 0$,

$$\int_x^\infty |\mathrm{d}\mu_h(t)| \leqslant \int_{]x,\infty[} |\mathrm{d}\mu(t)|.$$

Vérifions en détail cette dernière inégalité. Rappelons qu'il existe une fonction, $\psi(x)$, mesurable et de module 1, telle que $|\mathrm{d}\mu_h(x)| = \psi(x)\,\mathrm{d}\mu_h(x)$. Par conséquent,

$$\begin{aligned}
\int_x^\infty |\mathrm{d}\mu_h(s)| = \int_x^\infty \psi(s)\,\mathrm{d}\mu_h(s) &= \left|\int_{-\infty}^\infty \chi_{]x,\infty[}(s)\psi(s)\,\mathrm{d}\mu_h(s)\right| \\
&= \left|\frac{1}{h}\int_0^h \int_{-\infty}^\infty \chi_{]x,\infty[}(s-t)\psi(s-t)\,\mathrm{d}\mu(s)\,\mathrm{d}t\right| \\
&\leqslant \frac{1}{h}\int_0^h \int_{-\infty}^\infty \chi_{]x,\infty[}(s-t)\,|\mathrm{d}\mu(s)|\,\mathrm{d}t \\
&= \frac{1}{h}\int_0^h \int_{]x+t,\infty[} |\mathrm{d}\mu(s)|\,\mathrm{d}t \leqslant \int_{]x,\infty[} |\mathrm{d}\mu(s)|,
\end{aligned}$$

tel qu'affirmé.

Ainsi, $\mu_h$ vérifie $\int_0^\infty (1+x^2)^{-1}\log\bigl(1/\int_x^\infty |\mathrm{d}\mu_h(s)|\bigr)\,\mathrm{d}x = \infty$, à l'instar de $\mu$. La partie précédente de la preuve entraîne donc $\mu_h = 0$, — pour tout $h > 0$. Puisque $\mu_h$ converge vaguement vers $\mu$ quand $h \downarrow 0$, le résultat général s'ensuit. □

[26] En effet, $\mathrm{d}\mu_h(x) = (1/h)\mu([x, x+h])\,\mathrm{d}x$. (*N.d.T.*)

CHAPITRE 5

# Mesures harmoniques

## 5.1. Domaines considérés

*Nous amorçons ce chapitre en décrivant les domaines auxquels notre étude sur les mesures harmoniques s'applique. Pour ceux-ci, le problème de Dirichlet est résolu, — tel que démontré au chapitre* 6.

**Problème de Dirichlet.** Le *problème de Dirichlet est résolu* pour un domaine $\mathcal{D} \subset \mathbb{C}$ (dont la frontière n'est pas vide) dans l'une ou l'autre de ces situations. Si $\mathcal{D}$ est borné,

- *Pour tout $\varphi(\zeta) \in C(\partial\mathcal{D})$, il existe une fonction, $U_\varphi(z)$, continue sur $\overline{\mathcal{D}}$ et harmonique dans $\mathcal{D}$, telle que $U_\varphi(\zeta) = \varphi(\zeta)$ pour tout $\zeta \in \partial\mathcal{D}$.*

Si $\partial\mathcal{D}$ n'est pas borné,

- *Pour tout $\varphi(\zeta) \in C_0(\partial\mathcal{D})$, il existe une fonction, $U_\varphi(z)$, continue sur $\overline{\mathcal{D}}$ et harmonique dans $\mathcal{D}$, telle que $U_\varphi(\zeta) = \varphi(\zeta)$ pour tout $\zeta \in \partial\mathcal{D}$. On exige aussi que $U_\varphi(z) \to 0$ lorsque $z \to \infty$ dans $\mathcal{D}$.*

Le cas où $\partial\mathcal{D}$ est borné, mais $\mathcal{D}$ ne l'est pas se ramène à celui où $\mathcal{D}$ est borné, — voir plus loin.

La fonction harmonique, $U_\varphi(z)$, associée à $\varphi(\zeta)$ est unique, par le principe du maximum. Toujours selon ce principe, si $a \leqslant \varphi(\zeta) \leqslant b$, alors $a \leqslant U_\varphi(\zeta) \leqslant b$. En particulier, pour $z_0 \in \mathcal{D}$ arbitrairement fixé, la fonctionnelle linéaire

$$C_0(\partial\mathcal{D}) \to \mathbb{R}, \quad \varphi \mapsto U_\varphi(z_0)$$

est bornée, de norme inférieure ou égale à 1. De plus, $U_\varphi(z_0) \geqslant 0$ si $\varphi \geqslant 0$. Le théorème de représentation de Riesz–Markov assure donc l'existence d'une unique mesure $\mu$ sur $\partial\mathcal{D}$, positive, borélienne et régulière, telle que

$$U_\varphi(z_0) = \int_{\partial\mathcal{D}} \varphi(\zeta)\, \mathrm{d}\mu(\zeta).$$

Remarquons qu'en outre, $\int_{\partial\mathcal{D}} \mathrm{d}\mu(\zeta) = 1$ quand $\partial\mathcal{D}$ est bornée, — un résultat que nous démontrerons plus loin pour des frontières non bornées. [1] La mesure $\mu$ ainsi obtenue est univoquement déterminée par $z_0$ et, bien sûr, $\mathcal{D}$ ; nous l'écrivons $\mathrm{d}\mu(\zeta) = \mathrm{d}\omega_{\mathcal{D}}(\zeta, z_0)$, — de sorte que

$$U_\varphi(z_0) = \int_{\partial\mathcal{D}} \varphi(\zeta)\, \mathrm{d}\omega_{\mathcal{D}}(\zeta, z_0).$$

[1] Le lecteur l'aura compris : dans ce dernier cas, nous ne pouvons pas poser $\varphi(\zeta) = 1$ pour arriver à la conclusion désirée, parce que $1 \notin C_0(\partial\mathcal{D})$. (*N.d.T.*)

Elle est qualifiée de *mesure harmonique*[2] sur $\partial\mathcal{D}$ du point de vue de $z_0$. En définitive, $\omega_{\mathcal{D}}$ est ce qui résout le problème de Dirichlet pour le domaine considéré.[3]

Dans[4] ce chapitre, on établit certaines propriétés générales des mesures harmoniques correspondant aux domaines pour lesquels *on sait d'avance* que le problème de Dirichlet *est résolu*. Il est nécessaire, bien entendu, de vérifier d'abord que l'éventail de ces domaines est assez large pour rencontrer les besoins de ce cours, et c'est ce qu'on fait maintenant.

**Provision de domaines.** Notre procédé est de déduire, par étapes, que *si* le problème de Dirichlet *est* résolu pour une classe particulière de *domaines spéciaux*, il l'*est aussi* pour d'*autres* domaines de forme *plus générale*. La *vérification* de l'assomption *pour* les domaines spéciaux ne sera faite qu'au chapitre 6.

L'idée ici, qui est d'utiliser les transformations conformes, vient de deux observations. On sait, d'une part, que si $f$, *analytique* dans un domaine $\mathcal{D}$, y prend ses valeurs dans un autre, $\mathcal{E}$, et si $h$ est *harmonique* dans ce dernier, la *composition* $h(f(z))$ est alors *harmonique* dans $\mathcal{D}$. Le *théorème de Carathéodory* dit d'autre part que si $\mathcal{D}$ et $\mathcal{E}$ sont deux domaines *simplement connexes* ayant pour frontières *deux courbes de Jordan, toute application conforme* de $\mathcal{D}$ sur $\mathcal{E}$ se prolonge en un *homéomorphisme* de $\overline{\mathcal{D}}$ sur $\overline{\mathcal{E}}$. De là, il est presque immédiat que *le problème de Dirichlet est résolu pour* $\mathcal{D}$ *si et seulement s'il l'est pour* $\mathcal{E}$.

Poursuivons dans cette veine, et disons *qu'une application conforme d'un domaine borné* $\mathcal{D}$ *sur un autre domaine borné* $\mathcal{E}$ *se prolonge continûment à la frontière si elle a un prolongement continu sur* $\overline{\mathcal{D}}$. On peut alors dire que *dans ce cas, le problème de Dirichlet est résolu pour* $\mathcal{E}$ *s'il l'est pour* $\mathcal{D}$.

Soit en effet $\Phi$ une application conforme de $\mathcal{D}$ sur $\mathcal{E}$ qui se prolonge de façon continue jusqu'à $\partial\mathcal{D}$, et montrons d'abord que $\Phi(\partial\mathcal{D}) \subseteq \partial\mathcal{E}$. Supposons que ce ne soit pas le cas. On aurait alors un $\zeta_0 \in \partial\mathcal{D}$ tel que $\Phi(\zeta_0) = w_0 \in \mathcal{E}$. Soit donc $z_0 \in \mathcal{D}$ tel que $\Phi(z_0) = w_0$. Comme la fonction $\Phi$ est analytique et biunivoque sur $\mathcal{D}$, si $w \in \mathcal{E}$ est *assez près* de $w_0$, il y a juste *un* $z \in \mathcal{D}$, *près, lui aussi*, de $z_0$, tel que $\Phi(z) = w$. En prenant $w = \Phi(z)$ avec $z \in \mathcal{D}$ tendant vers $\zeta_0$, on aura $w \to \Phi(\zeta_0) = w_0$, de sorte que $z \to z_0 \neq \zeta_0$.

Montrons maintenant que $\Phi(\partial\mathcal{D}) = \partial\mathcal{E}$. Soit $\tau_0 \in \partial\mathcal{E}$. Il y a alors une suite de points $w \in \mathcal{E}$ tendant vers $\tau_0$, et une *sous-suite* $\{z_n\}$ de leurs

---

[2] Ce terme est dû à Nevanlinna, bien que Beurling l'ait peut-être utilisé plus tôt.

[3] Soulignons cet exemple important : si ce domaine est le disque unité, $\Delta$, alors le théorème 1.10 relevé au disque entraîne

$$\int_0^{2\pi} \varphi(\mathrm{e}^{\mathrm{i}t})\,\mathrm{d}\omega_\Delta(\mathrm{e}^{\mathrm{i}t}, z) = \frac{1}{2\pi}\int_0^{2\pi} \frac{1-|z|^2}{|z-\mathrm{e}^{\mathrm{i}t}|^2}\varphi(\mathrm{e}^{\mathrm{i}t})\,\mathrm{d}t,$$

c'est-à-dire $\mathrm{d}\omega_\Delta(\mathrm{e}^{\mathrm{i}t}, z) = (2\pi)^{-1}(1-|z|^2)/|z-\mathrm{e}^{\mathrm{i}t}|^2\,\mathrm{d}t$, — avec l'abus de notation évident. (*N.d.T.*)

[4] D'ici jusqu'à la fin de la section 5.1, le texte provient du professeur. (*N.d.T.*)

préimages $\Phi^{-1}(w_n) \in \mathcal{D}$ tendra vers un point $\zeta_0 \in \overline{\mathcal{D}}$. On aura nécessairement $\zeta_0 \in \partial\mathcal{D}$, car si $\zeta_0 \in \mathcal{D}$, les images $w_n = \Phi(z_n)$ tendraient vers un point de $\mathcal{E}$ et non vers $\tau_0 \in \partial\mathcal{E}$. Or, $\Phi$ étant continue jusqu'à $\zeta_0$, on a $\Phi(\zeta_0) = \lim_{n\to\infty} \Phi(z_n) = \lim_{n\to\infty} w_n = \tau_0$.

Soit maintenant $\psi \in C(\partial\mathcal{E})$ et posons, pour $\zeta \in \partial\mathcal{D}$, $\varphi(\zeta) = \psi(\Phi(\zeta))$ ; on a alors $\varphi \in C(\partial\mathcal{D})$ et, le problème de Dirichlet étant *supposé résolu* pour $\mathcal{D}$, il y a une fonction $h$, harmonique dans $\mathcal{D}$ et continue sur $\overline{\mathcal{D}}$, telle que $h(\zeta) = \varphi(\zeta) = \psi(\Phi(\zeta))$ pour $\zeta \in \partial\mathcal{D}$. Comme $\Phi^{-1}$ est analytique dans $\mathcal{E}$, la fonction $H(w) = h(\Phi^{-1}(w))$ y est harmonique.

Il suffit de montrer que pour chaque $\tau_0 \in \partial\mathcal{E}$, $H(w) \to \psi(\tau_0)$ lorsque $w \in \mathcal{E}$ tend vers $\tau_0$. Prenons une suite *quelconque* des $w \in \mathcal{E}$ tendant vers $\tau_0$. Pour une *sous-suite* $\{w_n\}$ de ces $w$, les $z_n = \Phi^{-1}(w_n)$ tendront vers un $\zeta_0 \in \overline{\mathcal{D}}$ ; en fait, $\zeta_0 \in \partial\mathcal{D}$, comme on vient de le voir. Donc, $h(z_n) \xrightarrow{n} h(\zeta_0) = \varphi(\zeta_0) = \psi(\Phi(\zeta_0))$. On vient aussi de voir que $\Phi(\zeta_0) = \tau_0$ (puisque $w_n \xrightarrow{n} \tau_0$). Il s'ensuit que $H(w_n) = h(z_n) \xrightarrow{n} \psi(\tau_0)$. *Toute suite* de points $w \in \mathcal{E}$ *tendant vers* $\tau_0 \in \partial\mathcal{E}$ *contient donc une sous-suite* $\{w_n\}$ *telle que* $H(w_n) \xrightarrow{n} \psi(\tau_0)$, et cela entraîne que $H(w) \to \psi(\tau_0)$ pour $w \in \mathcal{E}$ tendant vers $\tau_0 \in \partial\mathcal{E}$.[5] Le problème de Dirichlet est donc résolu pour $\mathcal{E}$, pourvu qu'il le soit pour $\mathcal{D}$.

Supposons maintenant que nous ayons deux domaines bornés, $\mathcal{D}$ et $\mathcal{E}$, le problème de Dirichlet étant *résolu* pour le *premier*, et supposons aussi qu'il y ait une application conforme $\Phi$ de $\mathcal{D}$ sur $\mathcal{E}$ *qui se prolonge continûment à la frontière*. Selon le résultat qu'on vient d'obtenir, il doit alors y avoir une *mesure harmonique* $\omega_{\mathcal{E}}(\cdot,\cdot)$ sur $\partial\mathcal{E}$, en plus de celle, $\omega_{\mathcal{D}}(\cdot,\cdot)$, sur $\partial\mathcal{D}$. Quel doit être le rapport entre ces deux objets ?

Si $\psi$ est continue sur $\partial\mathcal{E}$, son prolongement continu, $V_\psi(w)$, harmonique dans $\mathcal{E}$ doit, bien entendu, être donné par la formule

$$V_\psi(w) = \int_{\partial\mathcal{E}} \psi(\tau)\, \mathrm{d}\omega_{\mathcal{E}}(\tau, w), \quad w \in \mathcal{E}.$$

On vient cependant de voir, lors de la démonstration ci-dessus, que $V_\psi(w) = h(\Phi^{-1}(w))$, $h$ étant la fonction y intervenant. Elle est donnée par la formule $h(z) = \int_{\partial\mathcal{D}} \psi(\Phi(\zeta))\, \mathrm{d}\omega_{\mathcal{D}}(\zeta, z)$ pour $z \in \mathcal{D}$. On a donc

$$\int_{\partial\mathcal{E}} \psi(\tau)\, \mathrm{d}\omega_{\mathcal{E}}(\tau, w) = \int_{\partial\mathcal{D}} \psi(\Phi(\zeta))\, \mathrm{d}\omega_{\mathcal{D}}(\zeta, \Phi^{-1}(w))$$

pour $w \in \mathcal{E}$ et toute $\psi \in C(\partial\mathcal{E})$. Cela, et *l'unicité* dans le théorème de Riesz–Markov entraînent que

$$\omega_{\mathcal{E}}(E, w) = \omega_{\mathcal{D}}(\Phi^{-1}(E), \Phi^{-1}(w)) \tag{5.1}$$

---

[5]En effet, par ce qui précède les limites inférieure et supérieure de $H(w)$ doivent toutes deux tendre vers $\psi(\tau_0)$. (*N.d.T.*)

pour $w \in \mathcal{E}$ et les sous-ensembles boréliens $E$ de $\partial\mathcal{E}$.[6] *La mesure harmonique $\omega_{\mathcal{D}}(\cdot,\cdot)$, portée par $\partial\mathcal{D}$, se transplante ainsi de façon naturelle dans $\partial\mathcal{E}$.*

La simple relation (5.1) sera utilisée maintes fois par la suite, et son champ d'application sera généralisé bientôt. Mais il est bon de procéder d'abord à une *mise en garde.*

Pour la notion de transformation conforme *prolongée continûment à la frontière*, nous n'avons exigé que la *continuité* du prolongement en question, alors qu'il semblerait de prime abord *plus naturel* d'exiger que le prolongement soit aussi *biunivoque*, de manière à obtenir une application *topologique* de la fermeture d'un domaine vers celle de l'autre. Il est important de noter qu'une propriété ainsi formulée serait *trop restrictive* pour les applications.

Considérons, à titre d'exemple, l'application conforme $z \mapsto \Phi(z) = z^2$ du demi-disque $\mathcal{D} = \{z\ ;\ |z| < 1, \Re z > 0\}$ sur $\mathcal{E}$, *le disque unité muni d'une fente* le long de son rayon $[-1, 0]$. $\Phi$ a évidemment un prolongement continu sur $\overline{\mathcal{D}}$ qui, cependant, *n'est pas biunivoque*, car l'image du segment $[-\mathrm{i}, \mathrm{i}]$ *recouvre deux fois* la fente $[-1, 0]$, sauf au point 0. Pourtant, le problème de Dirichlet est bel et bien résolu pour $\mathcal{E}$ pourvu qu'il le soit pour $\mathcal{D}$ (et il *l'est* pour $\mathcal{D}$). Cette conséquence du résultat général établi ci-dessus peut aussi être vérifiée directement — il suffit d'examiner le comportement de $\Phi^{-1}(w) = \sqrt{w}$ pour $w \in \mathcal{E}$ tendant vers un côté ou l'autre de la fente $[-1, 0]$.

Il faut maintenant étendre nos considérations aux domaines non bornés, et même aux domaines sur la *sphère de Riemann*, $\mathbb{S} = \mathbb{C} \cup \{\infty\}$. Il nous suffira en fait de continuer avec des domaines *bornés* $\mathcal{D}$, et de voir ce qui arrive lorsque leurs *images conformes $\mathcal{E}$ ne le sont pas.*

Voyons ce qu'on peut faire si $\mathcal{E} \subseteq \mathbb{C}$, mais sa frontière *$\partial\mathcal{E}$ n'est pas bornée.* Dans ce cas *on prendra pour $\overline{\mathcal{E}}$ la fermeture* de $\mathcal{E}$ *dans* $\mathbb{S}$, et on *ajoutera* à *$\partial\mathcal{E}$ le point* $\infty$ pour avoir *une frontière agrandie qu'on notera $\partial\overline{\mathcal{E}}$.* On *continuera* alors de dire qu'une application conforme *d'un domaine borné $\mathcal{D}$* sur $\mathcal{E}$ *se prolonge continûment à la frontière* si elle possède un *prolongement continu* sur $\overline{\mathcal{D}}$, *la continuité étant définie*, cette fois, *à l'aide de la topologie de* $\mathbb{S}$.

Voyons ce qui arrive si l'on a une *telle* application conforme $\Phi$, sur $\mathcal{E}$, d'un domaine $\mathcal{D}$ borné et pour lequel le problème de Dirichlet *est* résolu. Prenons une fonction $\psi$ quelconque dans $C_0(\partial\mathcal{E})$ (*sic* !), et prolongeons-la d'abord en posant $\psi(\infty) = 0$ pour obtenir une fonction dans $C(\partial\overline{\mathcal{E}})$. La fermeture $\overline{\mathcal{E}}$ de $\mathcal{E}$ dans $\mathbb{S}$ étant *compacte*, on peut établir l'existence d'une fonction, $H(w)$, *harmonique* dans $\mathcal{E}$ et telle que $H(w) \to \psi(\tau)$ pour $w \in \mathcal{E}$ tendant vers un $\tau$ quelconque $\in \partial\overline{\mathcal{E}}$, *en suivant exactement* le raisonnement de tout à l'heure pour le cas d'un domaine $\mathcal{E}$ borné.[7]

Le problème de Dirichlet pour $\mathcal{E}$ sera ainsi résolu, et on obtiendra encore une mesure harmonique $\omega_{\mathcal{E}}(\cdot,\cdot)$, — cette fois-ci en employant la version

---

[6] On se rappelle que $\Phi^{-1}(E) \subseteq \partial\mathcal{D}$ est borélien si $E \subseteq \partial\mathcal{E}$ l'est, la fonction $\Phi\colon \partial\mathcal{D} \to \partial\mathcal{E}$ étant *continue.*

[7] Ce n'est en fait pas la compacité de $\overline{\mathcal{E}} \subseteq \mathbb{S}$, mais celle de $\mathcal{D} \subseteq \mathbb{C}$ qui est utilisée ici. (*N.d.T.*)

pour $C_0(\partial\mathcal{E})$ du théorème de Riesz–Markov, — portée par $\partial\mathcal{E}$ (*sic* !) et pour laquelle la relation (5.1) subsiste. On voit en outre que $\int_{\partial\mathcal{E}} \psi(\tau)\, \mathrm{d}\omega_{\mathcal{E}}(\tau, w) \to 0$ pour $\psi \in C_0(\partial\mathcal{E})$ et $w \in \mathcal{E}$ tendant vers $\infty$.

C'est le moment de passer à une *autre mise en garde*. L'emploi de $\bar{\mathcal{E}}$, fermeture de $\mathcal{E}$ *dans* $\mathbb{S}$, quoique adéquat pour les besoins de ce cours, *n'est pas* ce qui est le mieux adapté à l'étude du comportement de $\Phi$ près de la frontière de $\mathcal{D}$. Pour cela, *une autre compactification de* $\mathcal{E}$ *est indiquée.*

Considérons la transformation conforme $z \mapsto \Phi(z) = \log\big((1+z)/(1-z)\big)$ du disque unité $\mathcal{D} = \{z \ ; \ |z| < 1\}$ sur la *bande* $\mathcal{E} = \{w \ ; \ |\Im w| < \pi/2\}$. Lorsqu'on tente de prolonger $\Phi$ pour obtenir une application continue sur $\overline{\mathcal{D}}$, le point $-1$ de celui-ci vient correspondre à un point *infiniment éloigné* vers *la gauche*, qu'on peut noter $-\infty$, et le point 1 vient correspondre *à un autre*, $+\infty$, *infiniment éloigné* vers *la droite*. Une compactification appropriée de $\mathcal{E}$ devrait donc contenir *ces deux points-ci* en plus des deux lignes $\Im w = \pm\pi/2$ formant la frontière de $\mathcal{E}$ dans $\mathbb{C}$.

Ceci n'est qu'un exemple très simple de ce qui peut arriver lorsqu'on essaie de prolonger une application conforme d'un domaine jusqu'à sa frontière. L'étude générale de cela — ce qui se nomme la théorie *des bouts premiers* (prime ends) — est ardue, et y entrer nous mènerait trop loin de notre sujet. Signalons en outre que, pour un traitement *vraiment* général du problème de Dirichlet, des moyens différents de ceux employés dans ce cours seraient mieux appropriés.

Reste à examiner les cas où $\mathcal{E} \subseteq \mathbb{C}$ n'est pas borné, mais $\partial\mathcal{E}$ l'*est*. Dans ces situations on ajoute habituellement le point $\infty$ à $\mathcal{E}$ pour obtenir un domaine $\mathcal{E}^* \subseteq \mathbb{S}$ avec $\partial\mathcal{E}^* = \partial\mathcal{E}$. Résoudre le problème de Dirichlet pour $\mathcal{E}$ revient alors à trouver, étant donné $\varphi \in C(\partial\mathcal{E})$, une fonction $U_\varphi(w)$, *harmonique dans* $\mathcal{E}^*$ (*sic* !)[8] et *continue* jusqu'à $\partial\mathcal{E}$, telle que $U_\varphi(w) \to \varphi(\tau)$ pour $w \in \mathcal{E}$ tendant vers $\tau$ (quelconque) $\in \partial\mathcal{E}$.

Supposons alors qu'on ait un domaine borné $\mathcal{D} \subseteq \mathbb{C}$ pour lequel *le problème de Dirichlet est résolu*, et une application conforme $\Phi$ de $\mathcal{D}$ sur $\mathcal{E}^*$ (*sic* !) qui, au sens déjà entendu du terme, *se prolonge continûment*. (Notons qu'ici $\Phi(z)$ doit avoir un *pôle d'ordre* 1 au point $z_0 \in \mathcal{D}$ où $\Phi(z_0) = \infty$.)[9] Dans ces circonstances, *le problème de Dirichlet est résolu pour* $\mathcal{E}$.

Ce résultat se ramène aux cas déjà traités. Pour que son énoncé *ait un sens*, il faut évidemment que $\partial\mathcal{E} \neq \varnothing$, mais l'existence de $\Phi$ rend le contraire impossible. Si en effet $\mathcal{E}^* = \mathbb{S}$, la restriction, *analytique*, de $\Phi^{-1}(w)$ à $\mathbb{C}$ y serait *bornée*, donc *constante*, ce qui est absurde (théorème de Liouville).

Considérons d'abord la situation où $\bar{\mathcal{E}} \neq \mathbb{C}$. Là, on peut prendre un $w_0 \in \mathbb{C}$ quelconque mais $\notin \bar{\mathcal{E}}$, et on trouve que la fonction

$$\Psi(z) = \frac{1}{\Phi(z) - w_0}$$

---

[8]Par *l'harmonicité de* $U_\varphi(w)$ *au point* $\infty$, on entend ici que $U_\varphi(1/z)$, harmonique en $z$ *a priori* pour $0 < |z| < \eta$, *le devienne en fait dans tout le disque* $|z| < \eta$ ; cela exclut une fonction de $w$ qui se comporterait comme $\log|w|$ pour $w \to \infty$.

[9]Ainsi la notion de conformité est, elle aussi, étendue au moyen d'un passage à la carte : $\Phi(z)$ est conforme en $z_0$ si et seulement si $1/\Phi(z)$ l'est. (*N.d.T.*)

est une transformation conforme de $\mathcal{D}$ sur un *nouveau* domaine

$$\mathcal{G} = \{1/(w - w_0) \; ; \, w \in \mathcal{E}^*\}$$

qui, *lui, est borné.* La transformation $\Psi$ *se prolonge*, comme $\Phi$, *continûment à la frontière.* Le problème de Dirichlet étant résolu pour $\mathcal{D}$, *il l'est aussi pour $\mathcal{G}$, et donc pour $\mathcal{E}$*, comme on le voit en effectuant la transformation conforme $w \mapsto 1/(w - w_0)$ de $\mathcal{E}^*$ vers $\mathcal{G}$.

Voyons finalement ce qui arrive si $\mathbb{C} \sim \mathcal{E}$ se réduit à $\partial\mathcal{E}$. Là, on peut procéder comme avant, mais il faut prendre $w_0 \in \partial\mathcal{E}$. Dans cette circonstance la fonction $\Psi(z)$ formée ci-dessus fournit une application conforme de $\mathcal{D}$ sur un domaine $\mathcal{G} \subseteq \mathbb{C}$ *non borné*, auquel un résultat déjà obtenu s'applique. Ici, en appliquant l'homographie $w \mapsto 1/(w - w_0)$, le point $w_0 \in \partial\mathcal{E}$ correspondra au point $\infty$ appartenant à $\partial\overline{\mathcal{G}}$, $\overline{\mathcal{G}}$ désignant la fermeture de $\mathcal{G}$ *dans* $\mathbb{S}$, et $\Psi$ se prolongera continûment à la frontière, puisque $\Phi$ le fait. Le résultat déjà trouvé (dans le cas de $\mathcal{E} \subseteq \mathbb{C}$ non borné) entraîne donc que le problème de Dirichlet est résolu pour $\mathcal{G}$, puisqu'il l'est pour $\mathcal{D}$.

Mais ici il y a un hic. Comme $\mathcal{G}$ n'est pas borné, le résultat cité *ne fournit que pour les fonctions $\psi \in C_0(\partial\mathcal{G})$* des prolongements, $V_\psi$, de $\psi$ continus et harmoniques dans $\mathcal{G}$. Cela, traduit pour le domaine $\mathcal{E}^*$, signifie que le problème de Dirichlet est *seulement* résolu pour celui-ci lorsqu'il s'agit des fonctions $\varphi \in C(\partial\mathcal{E})$ *s'annulant au point* $w_0$.

Afin de pouvoir affirmer la résolution du problème pour *toutes* les $\varphi \in C(\partial\mathcal{E})$, il faudrait, en termes de $\mathcal{G}$, savoir que, pour toute $\psi \in C_0(\partial\mathcal{G})$ et *aussi* pour tout $c \in \mathbb{R}$, on ait

$$\int_{\partial\mathcal{G}} (\psi(\tau) + c)\, \mathrm{d}\omega_{\mathcal{G}}(\tau, z) \to \psi(\tau_0) + c$$

lorsque $z \in \mathcal{G}$ tend vers un point quelconque $\tau_0 \in \partial\mathcal{G}$. Et cela n'est encore sûr que pour $c = 0$.

Nous avons besoin du résultat supplémentaire :[10]

$$\int_{\partial\mathcal{G}} \mathrm{d}\omega_{\mathcal{G}}(\tau, z) = 1, \quad z \in \mathcal{G}.$$

On verra tantôt *que ceci est vrai pour $\mathcal{G} \subseteq \mathbb{C}$ non borné.* Acceptons-le donc, et nous voyons que *le problème de Dirichlet est résolu pour $\mathcal{E}$ sous les assomptions faites ci-dessus.* Une mesure harmonique $\omega_{\mathcal{E}^*}(\cdot, \cdot)$ portée par $\partial\mathcal{E}$ est toujours disponible, et la relation (5.1) vaut encore.

Nous pouvons maintenant passer à l'agrandissement de la collection de domaines pour lesquels la solution du problème de Dirichlet est assurée.

---

[10]Il ne semble pas nécessaire d'anticiper ledit résultat. En effet, pour $\psi \in C(\partial\mathcal{E})$ donnée, $\psi - \psi(w_0) \in C(\partial\mathcal{E})$ s'annule en $w_0$. L'argument qui précède assure donc l'existence d'une fonction $V_{\psi-\psi(w_0)}$ harmonique dans $\mathcal{E}^*$, continue jusqu'à $\partial\mathcal{E}$, valant $\psi - \psi(w_0)$ à la frontière. Donc, $V_{\psi-\psi(w_0)} + \psi(w_0)$ est une fonction harmonique dans $\mathcal{E}^*$, continue jusqu'à $\partial\mathcal{E}$, valant $\psi$ à la frontière, — et le problème de Dirichlet est résolu pour $\mathcal{E}$. (*N.d.T.*)

**Augmentation de notre provision de domaines.** Comme nous l'avons déjà dit, nous allons démontrer au chapitre 6 que *le problème de Dirichlet est résolu pour tout domaine borné et limité par un nombre fini de courbes de Jordan analytiques, disjointes.* Ici, nous *admettons* ce résultat et montrons comment l'étendre à des domaines de plus en plus généraux, en procédant de proche en proche et à reculons.

Vérifions d'abord que *notre énoncé subsiste sans aucune supposition relative à la régularité des courbes de Jordan composant la frontière.*

Soit en effet $\mathcal{E}$ un domaine borné par les courbes de Jordan $\Gamma_0, \Gamma_1, \ldots, \Gamma_n$ et se trouvant à l'intérieur de $\Gamma_0$. Dénotons *tout* l'intérieur de $\Gamma_0$ (un domaine simplement connexe) par $\mathcal{G}_0$. Considérons alors (théorème de Riemann) une transformation conforme $F_0$ de $\mathcal{G}_0$ sur $\Delta = \{z \ ; \ |z| < 1\}$ ; le théorème de Carathéodory garantit que $F_0$ se prolonge pour devenir un *homéomorphisme* de $\overline{\mathcal{G}_0}$ vers $\overline{\Delta}$ qui envoie $\Gamma_0$ sur $\partial\Delta$. L'image $F_0(\mathcal{E})$ est un certain domaine $\mathcal{E}_0 \subseteq \Delta$, limité par $\partial\Delta$ (*déjà* une courbe analytique) et les *courbes de Jordan* $F_0(\Gamma_1), \ldots, F_0(\Gamma_n)$ ($F_0$ étant biunivoque) ; les points de $\mathcal{E}_0$ sont *extérieurs* à celles-ci.

Avec $a_1$ à l'*intérieur* de $F_0(\Gamma_1)$, appliquons l'homographie $w \mapsto \varphi_1(w) = 1/(w - a_1)$. L'image $\varphi_1(\mathcal{E}_0) = \mathcal{E}_1$ est un domaine borné, limité, à l'*extérieur*, par la courbe de Jordan $(\varphi_1 \circ F_0)(\Gamma_1)$, et, à l'*intérieur*, par $n$ courbes de Jordan : $\varphi_1(\partial\Delta) = (\varphi_1 \circ F_0)(\Gamma_0)$ (*analytique*), $(\varphi_1 \circ F_0)(\Gamma_2), \ldots, (\varphi_1 \circ F_0)(\Gamma_n)$. Soit $\mathcal{G}_1$ le domaine (simplement connexe) *intérieur* à la courbe $(\varphi_1 \circ F_0)(\Gamma_1)$ et appliquons encore le théorème de Riemann pour obtenir une application conforme $F_1$ de $\mathcal{G}_1$ sur $\Delta$, qui (Carathéodory) se prolonge en un homéomorphisme de $\overline{\mathcal{G}_1}$ sur $\overline{\Delta}$ portant $(\varphi_1 \circ F_0)(\Gamma_1)$ sur $\partial\Delta$. Comme $\mathcal{E}_1$ et $\varphi_1(\partial\Delta), (\varphi_1 \circ F_0)(\Gamma_2), \ldots, (\varphi_1 \circ F_0)(\Gamma_n)$ sont tous dans $\mathcal{G}_1$, $F_1$ envoie $\mathcal{E}_1$ sur un domaine $\mathcal{E}_2 \subseteq \Delta$ limité, à l'extérieur, par $\partial\Delta$ (analytique !) et, à l'*intérieur*, par les courbes de Jordan $(F_1 \circ \varphi_1)(\partial\Delta)$ (analytique aussi !), $(F_1 \circ \varphi_1 \circ F_0)(\Gamma_2), \ldots, (F_1 \circ \varphi_1 \circ F_0)(\Gamma_n)$. $\mathcal{E}_2$ est toujours *conformément équivalent* au domaine *initial* $\mathcal{E}$, et $\overline{\mathcal{E}_2}$ homéomorphe à $\overline{\mathcal{E}}$. Il est important de noter que, des $n+1$ courbes de Jordan $\partial\Delta, (F_1 \circ \varphi_1)(\partial\Delta), (F_1 \circ \varphi_1 \circ F_0)(\Gamma_2), \ldots, (F_1 \circ \varphi_1 \circ F_0)(\Gamma_n)$ faisant partie de la frontière de $\mathcal{E}_2$, *les deux premières sont analytiques.*

On n'a maintenant qu'à *continuer*, en prenant $a_2$ à l'intérieur de la courbe de Jordan $(F_1 \circ \varphi_1 \circ F_0)(\Gamma_2)$, puis en appliquant l'homographie $w \mapsto \varphi_2(w) = 1/(w - a_2)$ au domaine $\mathcal{E}_2$, et ainsi de suite.

En procédant de la sorte, on arrive à une composition

$$F = F_n \circ \varphi_n \circ F_{n-1} \circ \varphi_{n-1} \circ \cdots \circ F_1 \circ \varphi_1 \circ F_0$$

formée de simples homographies $\varphi_k$ et de transformations conformes $F_k$ fournies par le théorème de Riemann. Cette composition envoie $\mathcal{E}$ conformément sur un domaine $\mathcal{E}_{2n} = \mathcal{D}$ borné et limité par $n+1$ courbes de Jordan *analytiques* ; elle se prolonge en un homéomorphisme de $\overline{\mathcal{E}}$ vers $\overline{\mathcal{D}}$.

Soit enfin $\Phi = F^{-1}$. $\Phi$ est une transformation conforme de $\mathcal{D}$ sur $\mathcal{E}$ qui se prolonge en un *homéomorphisme* de $\overline{\mathcal{D}}$ vers $\overline{\mathcal{E}}$ (donc, continûment à la frontière). Ainsi, le problème de Dirichlet étant *résolu* pour $\mathcal{D}$, il l'est *aussi* pour $\mathcal{E}$.

Le résultat qu'on vient d'obtenir n'est qu'un début. Poursuivons, et considérons un domaine $\mathcal{E}$ *non borné* limité par $n+1$ courbes de Jordan se trouvant dans $\mathbb{C}$. Tel qu'indiqué auparavant, on ajoute le point $\infty$ à $\mathcal{E}$ pour obtenir un domaine $\mathcal{E}^* \subseteq \mathbb{S}$, et il s'agit d'établir, pour $\varphi$ quelconque $\in C(\partial\mathcal{E})$, l'existence d'une fonction $U_\varphi(w)$, harmonique dans $\mathcal{E}^*$ et continue sur $\bar{\mathcal{E}}$, telle que $U_\varphi(\tau) = \varphi(\tau)$ lorsque $\tau \in \partial\mathcal{E}$.

Ceci se ramène à ce qu'on vient de faire en prenant un $a_0$ *intérieur* à $\Gamma_0$, une des courbes de Jordan faisant partie de $\partial\mathcal{E}$, et en appliquant l'homographie $w \mapsto 1/(w-a_0)$, qui mène $\mathcal{E}^*$ sur un domaine *borné*, limité par $n+1$ (nouvelles) courbes de Jordan.

Continuons, en regardant les situations où les composantes de $\partial\mathcal{E}$, *toujours en nombre fini*, renferment certaines *fentes*, avec des courbes de Jordan *ou non*. De telles configurations, *qu'on rencontre très souvent en analyse*, peuvent se présenter de plusieurs façons. Ici, par *fente*, il faut entendre un *arc de Jordan*, c.-à-d. *une image continue et biunivoque*, dans $\mathbb{C}$ ou même sur $\mathbb{S}$, du *segment* $[-1, 1]$.

Prenons d'abord le cas où $\mathcal{E}$, *borné*, a, comme composante de sa frontière, une *courbe de Jordan* $\Gamma$ à laquelle *une fente* $\sigma$ est attachée par *un de ses bouts*, $a$, l'*autre* bout, $b$, de $\sigma$ étant *libre*. *Tous* les points autour de $b$ et suffisamment près de lui, *sauf ceux sur* $\sigma$, appartiennent à $\mathcal{E}$.

Examinons en détail une configuration où les points de $\mathcal{E}$ se trouvent *à l'intérieur* de $\Gamma$ ; dans ce cas, $\Gamma \cup \sigma$ s'appelle *la composante extérieure* de $\partial\mathcal{E}$, et toutes les autres composantes de $\partial\mathcal{E}$ sont à l'intérieur de $\Gamma$, ainsi que les points de $\sigma$, à l'exception de $a$.

Dans cette situation, on a, dans $\mathcal{E}$, une branche *analytique* de la fonction $\sqrt{w-b}$. Celle-ci envoie $\mathcal{E}$ conformément sur un domaine $\mathcal{E}'$ borné, et sa *réciproque* $w = z^2 + b = f(z)$ *se prolonge continûment à la frontière.* L'ensemble $\Gamma' = f^{-1}(\Gamma \cup \sigma)$ est une *courbe de Jordan* formant la *composante extérieure* de $\partial\mathcal{E}'$. La transformation $w \mapsto \sqrt{w-b}$ a eu pour effet *d'ouvrir la fente* $\sigma$ *sur tout son long, à partir du point* $a$ (comme avec une lame *exacto*). Elle envoie chaque point de $\sigma$, sauf $b$, sur *deux* points de $\Gamma'$, mais est univoque, même *biunivoque*, sur $\Gamma \sim \{a\}$ et les autres composantes de $\partial\mathcal{E}$, s'il y en a. Donc, au cas où les composantes de $\partial\mathcal{E}$, à part $\Gamma \cup \sigma$, seraient *déjà des courbes de Jordan*, la transformation $w \mapsto \sqrt{w-b}$ les porterait sur *d'autres*, et $\partial\mathcal{E}'$ serait entièrement composée de telles courbes. Le problème de Dirichlet serait alors *résolu* pour $\mathcal{E}'$, et *par conséquent pour* $\mathcal{E}$, $f(z)$ se prolongeant continûment à la frontière.

Voici une légère modification de notre configuration : la composante extérieure de $\partial\mathcal{E}$ comporte une courbe de Jordan $\Gamma$ reliée à une autre, $\gamma$, par une fente $\sigma$.[11] On suppose encore que les points de $\mathcal{E}$ sont intérieurs à $\Gamma$. Ici, on prend un point $b$ sur $\gamma$ et on utilise, comme tantôt, la transformation $w \mapsto \sqrt{w-b}$.[12] Celle-ci procure encore une application conforme de $\mathcal{E}$ sur un domaine borné, $\mathcal{E}'$, et mène maintenant $\Gamma \cup \sigma \cup \gamma$ sur une courbe de Jordan servant de composante extérieure de $\partial\mathcal{E}'$. Ici, les choses se passent à peu près comme avant.

Poursuivons. La composante extérieure de $\partial\mathcal{E}$ peut, avec la courbe de Jordan $\Gamma$ et la fente $\sigma$ qui s'y attache, contenir *d'autres* fentes, $\sigma', \sigma'', \ldots$, ayant chacune un bout sur $\Gamma$, certaines même au point $a$ où $\sigma$ se joint à cette courbe. Lors de l'ouverture de $\sigma$ par la transformation $w \mapsto \sqrt{w-b}$, les fentes $\sigma', \sigma'', \ldots$ seront menées sur d'autres qui, elles, iront aboutir sur $\Gamma'$, la courbe de Jordan correspondant à $\Gamma \cup \sigma$. Après avoir ouvert, une par une, ces nouvelles fentes en prenant successivement les racines carrées appropriées, on aura une nouvelle courbe de Jordan, $\widetilde{\Gamma}$, correspondant à la composante extérieure $\Gamma \cup \sigma \cup \sigma' \cup \sigma'' \cup \cdots$ de $\partial\mathcal{E}$ et faisant fonction elle-même de composante extérieure de la frontière d'un nouveau domaine $\mathcal{E}'$. Le procédé fournit une transformation conforme de $\mathcal{E}$ sur $\mathcal{E}'$, et la *réciproque* de celle-ci se prolonge continûment à la frontière.

On peut encore envisager des fentes ayant un pied sur la fente $\sigma$, et ainsi de suite. Si cela arrive, on *ouvrira d'abord* $\sigma$, qui ira correspondre à *un arc* sur la composante extérieure de la frontière d'un nouveau domaine, et on pourra ensuite ouvrir, une par une, les nouvelles fentes jointes à cet arc, images de celles attachées à $\sigma$. Certaines fentes renfermées dans la composante extérieure de $\partial\mathcal{E}$ pourraient en outre être reliées à des objets comme la courbe $\gamma$ rencontrée tantôt. Là, on n'aura qu'à utiliser les opérations qu'on a faites alors, et on aboutira toujours au même résultat.

De cette façon, on arrive à éliminer *toutes* les fentes (et autres objets reliés à elles) renfermées, avec $\Gamma$, dans la composante extérieure de $\partial\mathcal{E}$. On obtient, cela faisant, une courbe de Jordan $\widetilde{\Gamma}$ constituant, *à elle seule*, la composante extérieure de $\partial\tilde{\mathcal{E}}$, $\tilde{\mathcal{E}}$ étant un nouveau domaine, image conforme de $\mathcal{E}$.

Il faut maintenant considérer *les autres* composantes de $\partial\mathcal{E}$. Celles-ci, qui se trouvent *à l'intérieur* de la courbe $\Gamma$, vont, à la suite des transformations effectuées ci-dessus, correspondre *de façon biunivoque* à des composantes de $\partial\tilde{\mathcal{E}}$ se trouvant à l'intérieur de $\widetilde{\Gamma}$. Si une d'elles contient une courbe de Jordan, $\Gamma_1$, munie de la manière déjà décrite de fentes, etc., on prend un $c$ *intérieur* à $\Gamma_1$ et fait subir à $\tilde{\mathcal{E}}$ l'homographie $w \mapsto 1/(w-c)$. Cette transformation $T$, *biunivoque sur* $\mathbb{S}$, mène $\tilde{\mathcal{E}}$ conformément sur un *nouveau domaine borné* ayant, comme *composante extérieure* de sa frontière, l'image $\Gamma_1'$ (par $T$) de $\Gamma_1$, accompagnée de toutes les fentes, etc., associées avec celle-ci. $T$ enverra

[11]Le raisonnement qui suit vaut aussi lorsque $\gamma$ est attachée directement à $\Gamma$, c'est-à-dire lorsque la fente les reliant se réduit à un point. (*N.d.T.*)

[12]Bien sûr, $b$ ne doit pas être le point de contact entre $\gamma$ et la fente reliant $\gamma$ à $\Gamma$. (*N.d.T.*)

en même temps la composante extérieure $\widetilde{\Gamma}$ de $\partial\tilde{\mathcal{E}}$ sur une *nouvelle courbe de Jordan, composante* de la frontière du nouveau domaine et se trouvant à *l'intérieur de* $\Gamma_1'$.

On peut maintenant faire, *à partir de* $\Gamma_1'$, les opérations effectuées lorsqu'il s'agissait de $\Gamma$. Une *deuxième composante* de $\partial\mathcal{E}$ est ainsi réduite à une courbe de Jordan servant de composante extérieure de la frontière d'un nouveau domaine, assurant dès lors qu'il y ait *deux* courbes de Jordan parmi les composantes de la nouvelle frontière.

Si, alors, *chaque* composante de $\partial\mathcal{E}$, frontière du domaine original, renferme une courbe de Jordan accompagnée, peut-être, de fentes, etc., on peut réduire *toutes* ces composantes, l'une après l'autre, à *de simples courbes de Jordan* en répétant les opérations dont on vient de parler. On arrive ainsi à un domaine borné, limité par lesdites courbes de Jordan, et conformément équivalent à $\mathcal{E}$. L'application conforme fournie par ce processus, du nouveau domaine sur $\mathcal{E}$, se prolonge continûment à la frontière. On déduit que *le problème de Dirichlet est résolu pour* $\mathcal{E}$.

Lorsqu'il s'agit d'un domaine $\mathcal{E} \subseteq \mathbb{C}$ *non borné*, mais ayant une frontière composée de *courbes de Jordan bornées* munies de *fentes* (celles-ci *bornées ou non*), on peut prendre un $c$ à l'intérieur d'une de ces courbes, et puis appliquer l'homographie

$$w \mapsto \frac{1}{w-c}.$$

De cette façon on transformera $\mathcal{E}$ (ou bien $\mathcal{E}^*$, selon le cas) conformément sur un domaine comme ceux qu'on vient justement de considérer, et la transformation restera continue et biunivoque jusqu'à $\partial\mathcal{E}$.

Si, par contre, *l'une* des courbes de Jordan renfermées dans $\partial\mathcal{E}$ *se trouve sur* $\mathbb{S}$, passant par le point $\infty$, $\mathbb{C}$ contiendra nécessairement des points *n'appartenant pas* à la fermeture de $\mathcal{E}$. On pourra alors prendre un de *ces* points, $c$, et utiliser *la même* homographie que tantôt. Cela nous ramènera encore à la configuration traitée ci-dessus.

Dans toutes ces situations, le problème de Dirichlet est résolu pour $\mathcal{E}$.

Restent les configurations où certaines composantes de $\partial\mathcal{E}$ sont *des fentes libres* (elles-même munies, peut-être, d'autres fentes !). Par *fente libre*, on entend un *arc* de Jordan, $\sigma$, soit dans $\mathbb{C}$, soit sur $\mathbb{S}$, tel que *tous* les points suffisamment près de *l'un ou l'autre de ses deux bouts, sauf* ceux de $\sigma$, appartiennent à $\mathcal{E}$.

Supposons d'abord, pour simplifier l'écriture, qu'il s'agisse d'une fente $\sigma$ ayant ses deux bouts aux points $-1, 1$. La *transformation de Joukowski*[13]

$$w \mapsto w - \sqrt{w^2-1} = z$$

[13] Il ne faut pas confondre l'application suivante avec l'autre *transformation de Joukowski*, $w \mapsto w + \sqrt{w^2-1}$, présentée à l'annexe A, section A.2. Bien que leurs réciproques aient la même formule, celles-ci ne partent pas du même domaine !

(formée en prenant, dans $\mathbb{S} \sim \sigma$, la branche de $\sqrt{\cdot}$ qui est *positive* pour les arguments positifs $> 1$) envoie alors $\mathbb{S} \sim \sigma$ (*sic*!) sur un domaine *borné* $\Omega$, $0 \in \Omega$, limité par une *courbe de Jordan* $\Lambda$ passant par les points $-1, 1$.[14] La *réciproque* de la transformation,

$$z \mapsto w = \frac{1}{2}\left(z + \frac{1}{z}\right),$$

mène $\Omega$ conformément sur $\mathbb{S} \sim \sigma$ et se prolonge continûment jusqu'à $\Lambda$, qui est alors portée sur $\sigma$.[15]

Si, maintenant, $\sigma$ est une *composante* de la frontière d'un domaine $\mathcal{E}$, borné ou non, la transformation $w \mapsto z$ enverra $\mathcal{E}$ (ou bien $\mathcal{E}^*$, le cas échéant) sur un domaine $\mathcal{E}' \subseteq \Omega$ ayant justement *la courbe de Jordan* $\Lambda$ comme *l'une des composantes* de sa frontière. Par cette transformation, *les autres* composantes de $\partial\mathcal{E}$ iront, *de façon continue et biunivoque*, sur *les autres* composantes de $\partial\mathcal{E}'$, contenues, elles, dans $\Omega$.

Lorsque la fente $\sigma$ ferait seulement *partie* d'une composante de $\partial\mathcal{E}$ parce que d'*autres* fentes y seraient attachées, *la même* transformation $w \mapsto w - \sqrt{w^2 - 1}$ fera correspondre *cette* composante à *la courbe* $\Lambda$ *munie des images de ces fentes*, passant, elles, dans le domaine $\Omega$. *Cette configuration-ci* décrira l'une des composantes de la frontière de $\mathcal{E}'$, l'image conforme de $\mathcal{E}$, et on se retrouvera dans une situation déjà traitée.

Le cas où une fente $\sigma$ faisant partie de $\partial\mathcal{E}$ a ses deux bouts aux points $a, b \in \mathbb{C}$ est facilement ramené au précédent. On n'a qu'à faire la transformation préalable $w \mapsto pw + q$, $p, q \in \mathbb{C}$ étant choisis de façon appropriée.

Plusieurs fentes libres (munies ou non, elles-mêmes, d'autres fentes) pourraient évidemment faire partie des composantes de $\partial\mathcal{E}$. Dans ce cas, on les ouvrira, l'une après l'autre, par l'emploi répété de transformations de Joukowski, les changeant ainsi en *courbes de Jordan* (auxquelles certaines fentes pourraient encore être attachées). De cette façon, on arrivera enfin à un domaine $\tilde{\mathcal{E}}$ qu'une transformation conforme, se prolongeant continûment à la frontière, envoie sur $\mathcal{E}$, et pour lequel la solution du problème de Dirichlet est déjà assurée. Il en sera donc de même pour $\mathcal{E}$.

Il faut finalement considérer les configurations, importantes, où une composante de $\partial\mathcal{E}$ renferme une fente $\sigma$ allant, sur $\mathbb{S}$, d'un point $a \in \mathbb{C}$ au point $\infty$, ou bien ayant ses *deux* bouts dans $\mathbb{C}$, mais passant par le point $\infty$. On admet, bien entendu, la possibilité que d'*autres* fentes soient attachées à $\sigma$.

Dans le premier cas, la fente $\sigma$ sera portée par la transformation $w \mapsto \sqrt{w - a}$ sur une *courbe de Jordan* $\Sigma \subseteq \mathbb{S}$ passant par $0$ et $\infty$, et cette

[14]Lorsque $\sigma$ est le *segment* $[-1, 1]$, $\Lambda$ est le *cercle* $|z| = 1$.

[15]L'effet de la transformation de Joukowski peut être compris grâce à la décomposition suivante : $w \mapsto (z-1)/(z+1)$, où $z = \sqrt{(w+1)/(w-1)}$. Ainsi, cette transformation porte le point $\infty$ sur $0$. (*N.d.T.*)

transformation mènera $\mathcal{E}$ conformément sur un domaine *non borné* $\subseteq \mathbb{C}$ dont, *dans* $\mathbb{S}$, *la courbe* $\Sigma$ (accompagnée, le cas échéant, de fentes y adhérant) sera *une des composantes* de la frontière. On se retrouvera ainsi devant une configuration déjà examinée.

Le deuxième cas peut être traité en employant une homographie. Si, par exemple, les points $-1$ et $1$ sont les deux bouts de $\sigma$ (situation à laquelle on peut toujours se ramener — voir ci-dessus), on prendra un $a \notin \sigma$ et fera ensuite la transformation

$$w \mapsto \frac{1 - aw}{w - a},$$

qui mène $\mathbb{S}$ de manière conforme (et, en particulier, biunivoque) *sur elle-même*. Cette transformation envoie $\sigma$ sur une fente libre $\tilde{\sigma}$, *maintenant dans* $\mathbb{C}$, joignant $-1$ à $1$, et $\mathcal{E} \subseteq \mathbb{S} \sim \sigma$ sur un domaine dans $\mathbb{S} \sim \tilde{\sigma}$. On obtiendra encore une configuration déjà considérée.

Dans ces deux derniers cas aussi, on voit que le problème de Dirichlet est résolu.

En arrêtant l'élaboration de ce catalogue de domaines, mentionnons que, en se servant de ce qui s'y trouve déjà, on peut déduire que le problème de Dirichlet est résolu pour certains domaines qui *n'y figurent pas.*

Prenons, en guise d'exemple très simple, le cas d'un domaine $\mathcal{E}$ formé des points $w$ se trouvant à l'*extérieur* de la lemniscate $|w+1|\,|w-1| = 1$. On peut voir immédiatement que *le problème de Dirichlet est résolu* pour $\mathcal{E}$ si on reconnaît que la transformation

$$z \mapsto w = \sqrt{\frac{1}{z^2} + 1}$$

mène $\{|z| < 1\}$ conformément sur $\mathcal{E}^* = \mathcal{E} \cup \{\infty\}$ tout en étant continue jusqu'au cercle $\{|z| = 1\}$. Mais celui qui ne connaîtrait pas la formule pourrait aussi s'assurer de la conclusion en se souvenant de l'existence d'une application conforme $F$ de $\mathbb{S} \sim [-1, 1]$ sur $\{|z| < 1\}$, dont la *réciproque* se prolonge continûment à la frontière ; $F$ porte *la lemniscate* sur une courbe de Jordan $\Gamma \subseteq \{|z| \leqslant 1\}$ qui rencontre le cercle $\{|z| = 1\}$ aux seuls points $\pm \mathrm{i}$, et cette transformation envoie $\mathcal{E}^*$ sur l'*intérieur* de $\Gamma$. Comme $F^{-1}$ a un prolongement continu jusqu'à $\{|z| = 1\}$ (le catalogue !), elle en a certainement un jusqu'à $\Gamma$, et on arrive à la même conclusion que tantôt.[16]

Achevons. Lorsqu'on parcourt les étapes successives de la discussion ci-dessus, on acquiert la conviction que le problème de Dirichlet est résolu pour n'importe quel domaine qu'on pourrait dessiner sur le papier, ne serait-ce qu'en pensée. Cette affirmation, quoique manquant de précision scientifique, est néanmoins valable pour tous les domaines qui vont (ou qui *pourraient*) se présenter dans ce cours.

La question se pose, d'ailleurs, sur la possibilité de poursuivre l'étude *générale* du problème de Dirichlet *en se fondant* sur notre développement. Comme nous l'avons déjà dit, ce ne serait pas la *meilleure* façon de faire.

---

[16]En guise d'alternative, nous pouvons invoquer la notice 11, p. 93 et notre discussion sur les domaines non bornés. (*N.d.T.*)

Mais la démarche est tout de même *faisable* ; comme procédé elle est même *classique*.

Soit (par exemple) $\mathcal{E} \subseteq \mathbb{C}$ un domaine *borné* et prenons une quelconque fonction *positive* $\varphi$ appartenant à $C(\partial\mathcal{E})$ ; on commence en prolongeant celle-ci en une fonction continue, positive et bornée, qu'on continuera à désigner par $\varphi$, mais définie sur $\bar{\mathcal{E}}$ (Tietze). On tente alors d'obtenir une fonction $h(z)$ harmonique dans $\mathcal{E}$ et continue jusqu'à $\partial\mathcal{E}$, où elle coïncidera avec $\varphi(z)$, en procédant *par exhaustion*. On construit à cette fin une suite de domaines $\mathcal{E}_n$ rentrant dans le catalogue établi ci-dessus, et tels que $\mathcal{E}_1 \subseteq \mathcal{E}_2 \subseteq \cdots \subseteq \cup_{n=1}^{\infty}\mathcal{E}_n = \mathcal{E}$. Cette construction est toujours faisable.

On peut résoudre le problème de Dirichlet pour chaque $\mathcal{E}_n$. En prenant, sur $\partial\mathcal{E}_n$, les valeurs de $\varphi(z)$, le prolongement continu de $\varphi$ déjà formé, cela fournit une suite de fonctions $h_n(z) \geqslant 0$, chacune harmonique dans son domaine respectif $\mathcal{E}_n$ et continue jusqu'à $\partial\mathcal{E}_n$, où elle coïncide avec $\varphi(z)$. Comme cette dernière est bornée sur $\mathcal{E}$, on a, par le principe du maximum, un $M < \infty$ tel que, pour *chaque* $n$, $0 \leqslant h_n(z) \leqslant M$ dans $\mathcal{E}_n$. Maintenant, le théorème d'Ascoli, joint à l'inégalité de Harnack (annexe A, section A.4), entraînent l'existence d'une *sous-suite* des $h_n(z)$ convergeant uniformément sur tout ensemble compact $K \subseteq \mathcal{E}$.[17] La *limite* d'une telle sous-suite est une fonction $h(z)$, harmonique dans $\mathcal{E}$, positive et bornée.

Le problème de Dirichlet *est résolu* pour $\mathcal{E}$ *si, et seulement si* la fonction harmonique $h(z)$ qu'on vient d'obtenir tend, *quelle que soit la fonction* $\varphi$, vers la valeur $\varphi(\zeta)$ lorsque $z \in \mathcal{E}$ tend vers un $\zeta$ *quelconque* $\in \partial\mathcal{E}$. Et c'est là que les choses se corsent.

Il se peut que les fonctions harmoniques $h(z)$ fournies par le processus d'exhaustion qu'on vient de décrire *soient toutes constantes*. Si cela arrive, *on ne peut pas* définir une mesure harmonique portée par $\partial\mathcal{E}$. Il se peut aussi que, pour certaines $\varphi \in C(\partial\mathcal{E})$, une fonction harmonique $h(z)$ y correspondant et obtenue de la manière décrite tende vers $\varphi(\zeta)$ pour $z \in \mathcal{E}$ tendant vers *certains* points $\zeta \in \partial\mathcal{E}$, mais *ne le fasse pas* pour $z$ tendant vers *d'autres* $\zeta \in \partial\mathcal{E}$. Dans ce cas, on aura encore une mesure harmonique $\omega_{\mathcal{E}}(\cdot,\cdot)$ portée par $\partial\mathcal{E}$, mais l'intégrale $\int_{\partial\mathcal{E}} \varphi(\zeta)\, d\omega_{\mathcal{E}}(\zeta, z)$ *ne se comportera plus de la manière voulue* lorsque $z \in \mathcal{E}$ tend vers un point arbitraire de $\partial\mathcal{E}$.

Pour démêler ces complications, de nouvelles notions deviennent nécessaires, — celles de *barrière* et de *capacité* en particulier. Ces objets relèvent de la *théorie du potentiel*, et on ne peut pas les aborder dans ce cours.

## 5.2. Premiers résultats

*Étant donné un domaine,* $\mathcal{D}$*, de la sorte décrite précédemment, nos premiers résultats sont les suivants :*

• La fonction $\omega_{\mathcal{D}}(E,\cdot)$, où $E$ est une partie borélienne fixée de $\partial\mathcal{D}$, est harmonique. *La démonstration de ce fait repose, en partie, sur l'inégalité de Harnack* (cf. *annexe* A, *section* A.4).

• $\omega_{\mathcal{D}}(\cdot, z)$, où $z$ est un point fixé de $\mathcal{D}$, est une mesure de probabilité. *Un argument à part est présenté dans le cas où* $\partial\mathcal{D}$ *n'est pas borné.*

[17] Dépendant de $K$, les $h_n(z)$ pour $n$ assez grand y sont toutes définies.

• Étant donné un arc ouvert borné, $E \subseteq \partial\mathcal{D}$, la fonction $\lim_{z\to\zeta} \omega_{\mathcal{D}}(E,z)$ est définie pour tout $\zeta \in \partial\mathcal{D}$ (sauf aux extrémités de $E$) et vaut la fonction caractéristique de $E$. *Cette étude est reprise dans le cas où $E$ est une partie compacte de $\partial\mathcal{D}$ ; alors, le résultat ne subsiste que partiellement.*

• Pour $z \in \mathcal{D}$, la mesure $\omega_{\mathcal{D}}(\cdot, z)$, restreinte à une composante de $\partial\mathcal{D}$ constituant une courbe de Jordan rectifiable, est absolument continue par rapport à l'élément linéaire de cette dernière. *Ce résultat, dû aux frères Riesz, utilise certaines propriétés des espaces de Hardy* (cf. *annexe* A, *section* A.5) — *et repose, de manière évitable, sur le théorème qui porte leur nom.*

**Harmonicité.** Étant donné un ensemble borélien $E \subseteq \partial\mathcal{D}$, comment évaluer $\omega_{\mathcal{D}}(E,z)$ pour $z \in \mathcal{D}$?

Supposons d'abord $E = K$ pour $K$ compact. Considérons une suite décroissante $\{\varphi_n(\zeta)\}$ de fonctions dans $C_0(\partial\mathcal{D})$, telles que $0 \leqslant \varphi_n \leqslant 1$, $\varphi_n(\zeta) = 1$ quand $\zeta \in K$ et $\lim_{n\to\infty} \varphi_n(\zeta) = 0$ quand $\zeta \notin K$.[18] Ainsi, quel que soit $z_0 \in \mathcal{D}$, $\int_{\partial\mathcal{D}} \varphi_n(\zeta)\, d\omega_{\mathcal{D}}(\zeta, z_0)$ décroît vers $\omega_{\mathcal{D}}(K, z_0)$ quand $n$ croît vers l'infini. En d'autres mots, $\{\int_{\partial\mathcal{D}} \varphi_n(\zeta)\, d\omega_{\mathcal{D}}(\zeta, z)\}$ constitue une suite décroissante de fonctions harmoniques de la variable $z \in \mathcal{D}$. Ainsi, le théorème A.3 de l'annexe A entraîne que sa limite, $\omega_{\mathcal{D}}(K,z)$, est elle-même harmonique.

Supposons ensuite $E = \mathcal{O}$ pour $\mathcal{O}$ ouvert dans la topologie de $\partial\mathcal{D}$. Considérons une suite croissante d'ensembles compacts, $K_1 \subseteq K_2 \subseteq \cdots$, telle que $\bigcup_{n=1}^{\infty} K_n = \mathcal{O}$. Alors, pour tout $z \in \mathcal{D}$, $\omega_{\mathcal{D}}(\mathcal{O}, z) = \lim_{n\to\infty} \omega_{\mathcal{D}}(K_n, z)$. Cette dernière limite est finie, puisque $\omega_{\mathcal{D}}(\cdot, z)$ est une mesure finie. Le théorème A.3 nous permet, à nouveau, de conclure que $\omega_{\mathcal{D}}(\mathcal{O}, z)$ est une fonction harmonique dans $\mathcal{D}$.

Supposons finalement $E$ borélien, sans plus. Pour tout $z \in \mathcal{D}$, $\omega_{\mathcal{D}}(\cdot, z)$ est régulière, c'est-à-dire

$$\omega_{\mathcal{D}}(E,z) = \sup_{\substack{K\subseteq E \\ K \text{ compact}}} \omega_{\mathcal{D}}(K,z) = \inf_{\substack{\mathcal{O}\supseteq E \\ \mathcal{O} \text{ ouvert}}} \omega_{\mathcal{D}}(\mathcal{O},z).$$

Ainsi, $\omega_{\mathcal{D}}(E,z)$ est harmonique dans $\mathcal{D}$, — puisque $\omega_{\mathcal{D}}(K,z)$ l'est.[19]

En résumé, étant donné un ensemble borélien, $E \subseteq \partial\mathcal{D}$, $\omega_{\mathcal{D}}(E, \cdot)$ est une fonction harmonique dans $\mathcal{D}$, — tandis qu'étant donné un point, $z \in \mathcal{D}$, $\omega_{\mathcal{D}}(\cdot, z)$ est une mesure borélienne finie sur $\partial\mathcal{D}$.

* * *

Nous pouvons maintenant tirer, une fois pour toutes, que la variation totale de $\omega_{\mathcal{D}}(\cdot, z)$ vaut 1 quel que soit $z \in \mathcal{D}$, — même si $\partial\mathcal{D}$ n'est pas bornée.

---

[18]Par exemple, nous pouvons poser $\varphi_n(\zeta) = \max(0, 1 - n\,\mathrm{dist}(\zeta, K))$, — en notant que $\mathrm{dist}(\zeta, K) = 0$ si et seulement si $\zeta \in K$ (puisque $K$ est compact). (*N.d.T.*)

[19]En effet, il existe une suite croissante de compacts, $K_1 \subseteq K_2 \subseteq \cdots \subseteq \bigcup_{n=1}^{\infty} K_n \subseteq E$, telle que $\omega_{\mathcal{D}}(K_n, z) \to \omega_{\mathcal{D}}(E,z)$. Puisque $\omega_{\mathcal{D}}(E,z)$ est la limite d'une suite croissante de fonctions harmoniques, elle est elle-même harmonique.

En effet, soit $\varphi$ une fonction de $C_0(\partial\mathcal{D})$ vérifiant $0 \leqslant \varphi \leqslant 1$ et $\varphi(\zeta_0) = 1$ pour un $\zeta_0 \in \partial\mathcal{D}$ donné. D'une part,

$$0 \leqslant \int_{\partial\mathcal{D}} \varphi(\zeta)\, \mathrm{d}\omega_{\mathcal{D}}(\zeta, z) \leqslant \omega_{\mathcal{D}}(\partial\mathcal{D}, z) \leqslant 1$$

pour tout $z \in \mathcal{D}$. D'autre part, $\int_{\partial\mathcal{D}} \varphi(\zeta)\, \mathrm{d}\omega_{\mathcal{D}}(\zeta, z) \to \varphi(\zeta_0) = 1$ pour $z \in \mathcal{D}$ tendant vers $\zeta_0$. Au total, $1 - \omega_{\mathcal{D}}(\partial\mathcal{D}, z)$ est une fonction harmonique, non négative, qui tend vers 0 lorsque $z \in \mathcal{D}$ tend vers un quelconque $\zeta_0 \in \partial\mathcal{D}$. Le principe généralisé du maximum entraîne donc que $1 - \omega_{\mathcal{D}}(\partial\mathcal{D}, z) = 0$ pour $z \in \mathcal{D}$.

Nous pouvons montrer, presque par le même raisonnement, qu'une mesure harmonique n'a pas d'atome. Soit en effet $\zeta_0 \in \partial\mathcal{D}$ ; il s'agit d'établir que $\omega_{\mathcal{D}}(\{\zeta_0\}, z) = 0$ pour $z \in \mathcal{D}$. À cette fin, envisageons une suite de fonctions $\varphi_n \in C_0(\partial\mathcal{D})$ telles que $0 \leqslant \varphi_n \leqslant 1$, $\varphi_n(\zeta_0) = 1$ et $\varphi_n(\zeta) = 0$ pour les $\zeta \in \partial\mathcal{D}$ vérifiant $|\zeta - \zeta_0| \geqslant 1/n$ ; nous supposons en outre $\{\varphi_n\}$ décroissante. Les fonctions $h_n(z) = \int_{\partial\mathcal{D}} \varphi_n(\zeta)\, \mathrm{d}\omega_{\mathcal{D}}(\zeta, z)$, harmoniques dans $\mathcal{D}$, forment alors une suite décroissante tendant vers $\omega_{\mathcal{D}}(\{\zeta_0\}, z)$. Ainsi, $\omega_{\mathcal{D}}(\{\zeta_0\}, z) \leqslant h_n(z)$ pour tous les $n$. De plus, si $\zeta \in \partial\mathcal{D}$ et $\zeta \neq \zeta_0$, alors $\varphi_n(\zeta) = 0$ pour les $n$ assez grands, cependant que $h_n(z) \to \varphi_n(\zeta)$ lorsque $z \to \zeta$. Par conséquent, $\omega_{\mathcal{D}}(\{\zeta_0\}, z) \to 0$ lorsque $z \to \zeta$, d'où il découle, par le principe généralisé du maximum,[20] que $\omega_{\mathcal{D}}(\{\zeta_0\}, z) = 0$ pour tout $z \in \mathcal{D}$.

**Valeurs limitrophes d'une mesure harmonique évaluée en un arc.** Supposant toujours le problème de Dirichlet résolu pour $\mathcal{D}$, envisageons un arc de Jordan, $\Lambda$, faisant partie de $\partial\mathcal{D}$. Soit $\sigma$ un arc de $\Lambda$, ouvert pour la topologie de $\partial\mathcal{D}$, dont l'adhérence est compacte et elle-même incluse dans $\Lambda$. Nous cherchons à connaître le comportement de $\omega_{\mathcal{D}}(\sigma, z)$ quand $z$ tend vers la frontière de $\mathcal{D}$.

Calculons d'abord $\lim_{z\to\zeta_0} \omega_{\mathcal{D}}(\sigma, z)$ pour $\zeta_0 \in \sigma$. Considérons une fonction, $\varphi \in C_0(\partial\mathcal{D})$, comprise entre 0 et 1, valant 1 au voisinage de $\zeta_0$ et 0 en dehors de $\sigma$. Alors,

$$1 \geqslant \omega_{\mathcal{D}}(\sigma, z) \geqslant \int_{\partial\mathcal{D}} \varphi(\zeta)\, \mathrm{d}\omega_{\mathcal{D}}(\zeta, z).$$

Or, par définition de $\omega_{\mathcal{D}}$, $\lim_{z\to\zeta_0} \int_{\partial\mathcal{D}} \varphi(\zeta)\, \mathrm{d}\omega_{\mathcal{D}}(\zeta, z) = 1$, — ce qui équivaut à $\lim_{z\to\zeta_0} U_\varphi(z) = \varphi(\zeta_0)$. Donc, pour $\zeta_0 \in \sigma$,

$$\lim_{z\to\zeta_0} \omega_{\mathcal{D}}(\sigma, z) = 1.$$

Supposons plutôt $\zeta_0 \in \partial\mathcal{D} \sim \overline{\sigma}$. Considérons, cette fois, une fonction $\psi \in C_0(\partial\mathcal{D})$ comprise entre 0 et 1, valant 0 au voisinage de $\zeta_0$ et 1 sur tout $\sigma$. Alors,

$$0 \leqslant \omega_{\mathcal{D}}(\sigma, z) \leqslant \int_{\partial\mathcal{D}} \psi(\zeta)\, \mathrm{d}\omega_{\mathcal{D}}(\zeta, z),$$

---

[20] Au chapitre 1, ceci n'est formulé que pour le cas où $\zeta_0 = \infty$ (théorème 1.2), mais s'étend au cas où $\zeta_0 \neq \infty$ en faisant l'homographie $z \mapsto 1/(z - \zeta_0)$.

cependant que, par définition de $\omega_{\mathcal{D}}$, $\lim_{z\to\zeta_0}\int_{\partial\mathcal{D}}\psi(\zeta)\,\mathrm{d}\omega_{\mathcal{D}}(\zeta,z)=0$. Donc, quand $\zeta_0\notin\overline{\sigma}$,

$$\lim_{z\to\zeta_0}\omega_{\mathcal{D}}(\sigma,z)=0.$$

Finalement, quand $\zeta_0$ est une extrémité de $\sigma$, $\lim_{z\to\zeta_0}\omega_{\mathcal{D}}(\sigma,z)$ n'existe pas, — puisque, par ce qui précède, différentes valeurs peuvent être obtenues en variant l'approche de $z$ vers $\zeta_0$.

**Continuité absolue.** Dans ce passage, nous limitons nos considérations à un domaine, $\mathcal{D}$, simplement connexe, délimité par une courbe de Jordan rectifiable. Le théorème de Riemann entraîne l'existence d'un biholomorphisme menant $\mathcal{D}$ sur le disque unité, $\Delta$ ; de surcroît, $\partial\mathcal{D}$ étant une courbe de Jordan, le théorème de Carathéodory entraîne que ce biholomorphisme se prolonge, pour donner un homéomorphisme de $\overline{\mathcal{D}}$ vers $\overline{\Delta}$.[21] En appliquant à $\overline{\Delta}$ une transformation homographique additionnelle, nous veillons à ce qu'un point $z_0\in\mathcal{D}$ préalablement choisi soit mené à l'origine. Désignons par $\Phi(z)$ l'homéomorphisme ainsi obtenu et sa réciproque, par $F(w)$, — en retenant que ces fonctions dépendent de $z_0$.

En vertu de la formule (5.1),

$$\omega_{\mathcal{D}}(E,z)=\omega_{\Delta}\big(\Phi(E),\Phi(z)\big) \tag{5.2}$$

pour toute partie borélienne $E$ de $\partial\mathcal{D}$ et tout $z\in\mathcal{D}$. En particulier, pour $z_0$, la notice 3, p. 86 entraîne

$$\boxed{\omega_{\mathcal{D}}(E,z_0)=\frac{1}{2\pi}|\Phi(E)|.} \tag{5.3}$$

Nous nous apprêtons à démontrer que la mesure $\omega_{\mathcal{D}}(\cdot,z_0)$ est absolument continue par rapport à l'élément linéaire de $\partial\mathcal{D}$ ; dans les circonstances présentes, elle lui est même équivalente.[22] Pour ce faire, nous recourons à l'argument de Beckenbach qui suit, puis à un résultat valable pour tous les éléments de $H^1(\Delta)$, — mais dont la preuve, dans ce cas particulier, peut être simplifiée (*cf.* annexe A, section A.5).

**Lemme.** *Dans les circonstances actuelles,* $F'(w)\in H^1(\Delta)$.

Preuve. Fixons arbitrairement un entier $N\geqslant 1$ et posons $h=2\pi/N$. Envisageons la somme

$$S_N(w)=\sum_{k=1}^{N}|F(\mathrm{e}^{\mathrm{i}kh}w)-F(\mathrm{e}^{\mathrm{i}(k-1)h}w)|,$$

où $w$ varie dans $\overline{\Delta}$. Ainsi, $S_N(w)$ tend inférieurement vers la longueur (si elle existe) de $F(\Gamma)$, où $\Gamma$ désigne le cercle de rayon $|w|$ centré à l'origine, — la courbe $F(\Gamma)$ étant approchée par des cordes. En particulier, puisque $\partial\mathcal{D}$ est

[21]Lorsque le biholomorphisme en question est décrit par une formule concrète, l'existence d'un tel prolongement est souvent évidente.

[22]Rappelons que deux mesures sont *équivalentes* si leurs ensembles de mesure nulle sont les mêmes.

rectifiable, $S_N(\mathrm{e}^{\mathrm{i}\theta}) \leqslant |\partial\mathcal{D}|$ pour tout $\mathrm{e}^{\mathrm{i}\theta} \in \partial\Delta$. Or, $S_N(w)$ est continue sur $\overline{\Delta}$ et, clairement, sous-harmonique dans $\Delta$. Par le principe du maximum, elle est donc inférieure ou égale à $|\partial\mathcal{D}|$ pour tout $w \in \overline{\Delta}$. De plus, pour $r < 1$, le théorème fondamental du calcul entraîne

$$S_N(r) = \sum_{k=1}^{N} |F(r\mathrm{e}^{\mathrm{i}kh}) - F(r\mathrm{e}^{\mathrm{i}(k-1)h})| = r\sum_{k=1}^{N}\left|\int_{(k-1)h}^{kh} F'(r\mathrm{e}^{\mathrm{i}\theta})\mathrm{e}^{\mathrm{i}\theta}\,\mathrm{d}\theta\right|.$$

Puisque, pour $r < 1$ fixe, $F'(r\mathrm{e}^{\mathrm{i}\theta})$ est continue en $\theta$, le membre de droite de cette dernière équation tend vers $r\int_0^{2\pi}|F'(r\mathrm{e}^{\mathrm{i}\theta})|\,\mathrm{d}\theta$ quand $N$ tend vers l'infini.[23] Par conséquent, $r\int_0^{2\pi}|F'(r\mathrm{e}^{\mathrm{i}\theta})|\,\mathrm{d}\theta \leqslant |\partial\mathcal{D}|$ pour tout $r < 1$, de sorte que, pour $\frac{1}{2} < r < 1$,

$$\int_0^{2\pi} |F'(r\mathrm{e}^{\mathrm{i}\theta})|\,\mathrm{d}\theta \leqslant C,$$

où $C$ est une constante appropriée. Puisque le membre de gauche de cette dernière relation est continu en $r \in \left[0, \frac{1}{2}\right]$, quitte à remanier $C$, le résultat subsiste pour tout $0 \leqslant r < 1$, tel qu'escompté. □

Ainsi, les résultats présentés dans la section A.5 de l'annexe A s'appliquent à $F'(w)$. En particulier, il existe une fonction dans $L^1[0, 2\pi[$, que nous désignons abusivement par $F'(\mathrm{e}^{\mathrm{i}\theta})$, telle que $F'(w) \to F'(\mathrm{e}^{\mathrm{i}\theta})$ presque partout quand $w \xrightarrow{\angle} \mathrm{e}^{\mathrm{i}\theta}$.

**Lemme.** *Dans les circonstances actuelles, pour tout sous-ensemble borélien, $\sigma$, de $\partial\Delta$, la longueur de $F(\sigma) \subseteq \partial\mathcal{D}$ vaut*

$$|F(\sigma)| = \int_\sigma |F'(\mathrm{e}^{\mathrm{i}\theta})|\,\mathrm{d}\theta.$$

PREUVE. Posons, sans restreindre la généralité, $\sigma$ égal à un arc ouvert, $(\mathrm{e}^{\mathrm{i}\alpha}, \mathrm{e}^{\mathrm{i}\beta})$, où $\alpha < \beta < \alpha + 2\pi$, — la tribu borélienne de $\partial\Delta$ étant engendrée par de tels ensembles. Subdivisons $[\alpha, \beta]$ à l'aide de $N+1$ points équidistants,

$$\alpha = \theta_0 < \theta_1 < \cdots < \theta_N = \beta.$$

---

[23] Il s'agit là d'un résultat général, qu'il vaut mieux rappeler. Envisageons une fonction, $f(x)$, *à valeurs complexes*, continue sur un intervalle fini $I$. Pour tout $N = 1, 2, \ldots$, considérons une subdivision $\{J_k\}_{k=1}^N$ de $I$, dont le pas est aussi petit que voulu si $N$ est suffisamment grand. Choisissons un point $t_k \in J_k$ pour chaque $k = 1, \ldots, N$, — où $N$ est arbitraire. Pour $\varepsilon > 0$ arbitrairement fixé, si $N$ est suffisamment grand, $\left|\sum_{k=1}^N |f(t_k)|\,|J_k| - \int_I |f(t)|\,\mathrm{d}t\right| < \varepsilon/2$, cependant que $|f(t) - f(t_k)| < \varepsilon/(2|I|)$ pour tout $t \in J_k$, $k = 1, \ldots, N$. Par conséquent, pour de tels $N$,

$$\begin{aligned}\left|\sum_{k=1}^N \left|\int_{J_k} f(t)\,\mathrm{d}t\right| - \int_I |f(t)|\,\mathrm{d}t\right| &\leqslant \left|\sum_{k=1}^N \left(\left|\int_{J_k} f(t)\,\mathrm{d}t\right| - \left|\int_{J_k} f(t_k)\,\mathrm{d}t\right|\right)\right| + \varepsilon/2 \\ &\leqslant \sum_{k=1}^N \left|\int_{J_k} (f(t) - f(t_k))\,\mathrm{d}t\right| + \varepsilon/2 \leqslant \varepsilon,\end{aligned}$$

c'est-à-dire $\lim_{N\to\infty} \sum_{k=1}^N \left|\int_{J_k} f(t)\,\mathrm{d}t\right| = \int_I |f(t)|\,\mathrm{d}t$. (*N.d.T.*)

Puisque $F(w)$ est continue, la longueur de $F(\,(\mathrm{e}^{\mathrm{i}\alpha},\mathrm{e}^{\mathrm{i}\beta})\,)$ vaut la limite, quand $N \to \infty$, de $\sum_{k=1}^{N}|F(\mathrm{e}^{\mathrm{i}\theta_k}) - F(\mathrm{e}^{\mathrm{i}\theta_{k-1}})|$. Or, $F(w)$ étant une application conforme, le théorème A.5 de l'annexe A s'applique à $F'(w)$, — ce qui entraîne

$$|F(\mathrm{e}^{\mathrm{i}\theta_k}) - F(\mathrm{e}^{\mathrm{i}\theta_{k-1}})| = \lim_{r\uparrow 1} r\left|\int_{\theta_{k-1}}^{\theta_k} F'(r\mathrm{e}^{\mathrm{i}\theta})\mathrm{e}^{\mathrm{i}\theta}\,\mathrm{d}\theta\right| = \left|\int_{\theta_{k-1}}^{\theta_k} F'(\mathrm{e}^{\mathrm{i}\theta})\mathrm{e}^{\mathrm{i}\theta}\,\mathrm{d}\theta\right|.$$

Donc,

$$|F(\,(\mathrm{e}^{\mathrm{i}\alpha},\mathrm{e}^{\mathrm{i}\beta})\,)| = \lim_{N\to\infty}\sum_{k=1}^{N}\left|\int_{\theta_{k-1}}^{\theta_k} F'(\mathrm{e}^{\mathrm{i}\theta})\mathrm{e}^{\mathrm{i}\theta}\,\mathrm{d}\theta\right|.$$

Cependant, en vertu du même théorème,

$$\|rF'(r\mathrm{e}^{\mathrm{i}\theta}) - F'(\mathrm{e}^{\mathrm{i}\theta})\|_1 \leqslant r\|F'(r\mathrm{e}^{\mathrm{i}\theta}) - F'(\mathrm{e}^{\mathrm{i}\theta})\|_1 + (1-r)\|F'(\mathrm{e}^{\mathrm{i}\theta})\|_1 \to 0$$

quand $r \uparrow 1$. En particulier, pour $\varepsilon > 0$ arbitrairement fixé,

$$\|rF'(r\mathrm{e}^{\mathrm{i}\theta}) - F'(\mathrm{e}^{\mathrm{i}\theta})\|_1 < \varepsilon \tag{5.4}$$

quand $r < 1$ est suffisamment proche de 1. Ainsi, pour un tel $r$, l'inégalité du triangle entraîne que $\sum_{k=1}^{N}(|\int_{\theta_{k-1}}^{\theta_k} F'(\mathrm{e}^{\mathrm{i}\theta})\mathrm{e}^{\mathrm{i}\theta}\,\mathrm{d}\theta| - |\int_{\theta_{k-1}}^{\theta_k} rF'(r\mathrm{e}^{\mathrm{i}\theta})\mathrm{e}^{\mathrm{i}\theta}\,\mathrm{d}\theta|)$ est, en module, inférieur ou égal à

$$\sum_{k=1}^{N}\left|\int_{\theta_{k-1}}^{\theta_k}(F'(\mathrm{e}^{\mathrm{i}\theta})\mathrm{e}^{\mathrm{i}\theta} - rF'(r\mathrm{e}^{\mathrm{i}\theta})\mathrm{e}^{\mathrm{i}\theta})\,\mathrm{d}\theta\right| \leqslant \int_{\alpha}^{\beta}|F'(\mathrm{e}^{\mathrm{i}\theta}) - rF'(r\mathrm{e}^{\mathrm{i}\theta})|\,\mathrm{d}\theta < \varepsilon.$$

De plus, pour ce même $r$ et $N$ suffisamment grand (*cf.* notice 23, p. 101),

$$\left|\sum_{k=1}^{N}\left|\int_{\theta_{k-1}}^{\theta_k} rF'(r\mathrm{e}^{\mathrm{i}\theta})\mathrm{e}^{\mathrm{i}\theta}\,\mathrm{d}\theta\right| - \int_{\alpha}^{\beta} r|F'(r\mathrm{e}^{\mathrm{i}\theta})|\,\mathrm{d}\theta\right| < \varepsilon.$$

Pour ce même $r$, l'inéquation (5.4) entraîne finalement

$$\left|\int_{\alpha}^{\beta} r|F'(r\mathrm{e}^{\mathrm{i}\theta})|\,\mathrm{d}\theta - \int_{\alpha}^{\beta}|F'(\mathrm{e}^{\mathrm{i}\theta})|\,\mathrm{d}\theta\right| < \varepsilon.$$

Au total, pour $N$ suffisamment grand,

$$\left|\sum_{k=1}^{N}\left|\int_{\theta_{k-1}}^{\theta_k} F'(\mathrm{e}^{\mathrm{i}\theta})\mathrm{e}^{\mathrm{i}\theta}\,\mathrm{d}\theta\right| - \int_{\alpha}^{\beta}|F'(\mathrm{e}^{\mathrm{i}\theta})|\,\mathrm{d}\theta\right| < 3\varepsilon.$$

En faisant tendre $N$ vers l'infini, il résulte de toutes ces considérations

$$\left||F(\,(\mathrm{e}^{\mathrm{i}\alpha},\mathrm{e}^{\mathrm{i}\beta})\,)| - \int_{\alpha}^{\beta}|F'(\mathrm{e}^{\mathrm{i}\theta})|\,\mathrm{d}\theta\right| \leqslant 3\varepsilon.$$

Puisque $\varepsilon > 0$ est arbitraire, le résultat s'ensuit. □

**Théorème 5.1.** *Envisageons un domaine, $\mathcal{D}$, simplement connexe, délimité par une courbe de Jordan rectifiable. Pour $z_0 \in \mathcal{D}$ arbitrairement fixé, la mesure harmonique sur $\partial\mathcal{D}$ du point de vue de $z_0$, $\mathrm{d}\omega_{\mathcal{D}}(\zeta, z_0)$, et l'élément linéaire de $\partial\mathcal{D}$, $|\mathrm{d}\zeta|$, sont des mesures équivalentes.*

PREUVE. Le dernier lemme entraîne, pour toute partie borélienne $E \subseteq \partial\mathcal{D}$,

$$|E| = |F(\Phi(E))| = \int_{\Phi(E)} |F'(\mathrm{e}^{\mathrm{i}\theta})|\,\mathrm{d}\theta.$$

Par conséquent, si $\omega_{\mathcal{D}}(E, z_0) = 0$, — c'est-à-dire, vu l'équation (5.3), si $|\Phi(E)| = 0$ —, alors $|E| = 0$. De plus, le premier lemme et le théorème A.6 (*cf.* annexe A) impliquent $|F'(\mathrm{e}^{\mathrm{i}\theta})| > 0$ presque partout. Par conséquent, si $|E| = 0$, alors $|\Phi(E)| = 0$, — ce qui complète la démonstration. □

* * *

Soulignons de quelle manière la partie difficile de la preuve précédente, à savoir $\mathrm{d}\omega_{\mathcal{D}}(\zeta, z_0) \ll |\mathrm{d}\zeta|$, repose (de manière évitable) sur le théorème A.4, — ultimement, sur le théorème de F. & M. Riesz.[24] En fait, le théorème précédent est lui-même dû aux frères Riesz. Il peut être reformulé ainsi :

*Étant donnés deux domaines simplement connexes, $\mathcal{D}$ et $\mathcal{E}$, chacun délimité par une courbe de Jordan rectifiable, considérons un homéomorphisme de $\overline{\mathcal{D}}$ vers $\overline{\mathcal{E}}$ dont la restriction $\mathcal{D} \to \mathcal{E}$ est biholomorphe. (L'existence d'un tel homéomorphisme est assurée par les théorèmes de Riemann et de Carathéodory.) Alors, cet homéomorphisme fait correspondre les sous-ensembles de mesure nulle de $\partial\mathcal{D}$ à ceux de $\partial\mathcal{E}$.*

En pratique, lorsque l'homéomorphisme en question est concrètement donné, les éléments linéaires de $\mathcal{D}$ et $\mathcal{E}$ sont le plus souvent connus, ce qui permet de vérifier directement la conclusion de ce dernier théorème. Parfois, cette conclusion peut valoir sans que $\partial\mathcal{D}$ soit rectifiable.

Mentionnons l'exemple suivant, utilisé ultérieurement (dans la démonstration du théorème d'adhésivité de Beurling). Envisageons le domaine

$$\mathcal{D} = \{z \in \mathbb{C} \,;\, 0 < \Im z < 1\},$$

dont la frontière n'est pas rectifiable. L'application $z \mapsto \mathrm{e}^{\pi z}$ fournit un biholomorphisme de $\mathcal{D}$ vers $\mathcal{E} = \{z \in \mathbb{C} \,;\, \Im z > 0\}$, pendant qu'elle mène $\partial\mathcal{D}$ sur $\mathbb{R} \sim \{0\}$. Puisqu'elle est entière et que sa réciproque est régulière sur $\mathcal{E} \cup (\mathbb{R} \sim \{0\})$, elle associe les sous-ensembles de mesure nulle de $\partial\mathcal{D}$ à ceux de $\mathbb{R} \sim \{0\}$. En utilisant plutôt $(\mathrm{e}^{\pi z} - \mathrm{i})/(\mathrm{e}^{\pi z} + \mathrm{i})$, la même conclusion vaut, — entre $\partial\mathcal{D}$ et $\partial\Delta$.

**Principe de prolongement des domaines.** Le principe en question (en allemand, *Gebieterweiterungsprinzip*) permet de généraliser le théorème précédent pour qu'il s'applique à des domaines multiplement connexes :

**Théorème 5.2.** *Envisageons deux domaines de $\mathbb{S}$, $\mathcal{D}$ et $\mathcal{E}$, pour lesquels le problème de Dirichlet est résolu. Si $\mathcal{D} \subseteq \mathcal{E}$, cependant que $\partial\mathcal{D} \supseteq \partial\mathcal{E}$, alors*

$$\omega_{\mathcal{D}}(E, z) \leqslant \omega_{\mathcal{E}}(E, z)$$

*pour tout sous-ensemble borélien $E$ de $\partial\mathcal{E}$ et pour tout $z \in \mathcal{D}$.*

---

[24]Ce célèbre théorème fait d'ailleurs l'objet du devoir supplémentaire (*cf.* annexe B, section B.11).

PREUVE. Les mesures $\omega_{\mathcal{D}}(\cdot, z)$ et $\omega_{\mathcal{E}}(\cdot, z)$ étant régulières inférieurement, il suffit d'établir le résultat pour un sous-ensemble compact, $E$, de $\partial\mathcal{E}$. Soit $\{\varphi_n\}$ une suite *décroissante* de fonctions dans $C_0(\partial\mathcal{E})$ telles que $0 \leqslant \varphi_n \leqslant 1$, $\varphi_n(\zeta) = 1$ quand $\zeta \in E$ et $\varphi_n(\zeta) \xrightarrow{n} 0$ quand $\zeta \in \partial\mathcal{E} \sim E$. Alors,

$$\int_{\partial\mathcal{E}} \varphi_n(\zeta)\, \mathrm{d}\omega_{\mathcal{E}}(\zeta, z) \xrightarrow{n} \omega_{\mathcal{E}}(E, z),$$

$$\int_{\partial\mathcal{E}} \varphi_n(\zeta)\, \mathrm{d}\omega_{\mathcal{D}}(\zeta, z) \xrightarrow{n} \omega_{\mathcal{D}}(E, z).$$

Soient $V_n(z) = \int_{\partial\mathcal{E}} \varphi_n(\zeta)\, \mathrm{d}\omega_{\mathcal{E}}(\zeta, z)$. Il s'agit de fonctions positives et harmoniques dans $\mathcal{E}$, continues jusqu'à $\partial\mathcal{E}$, y vérifiant $V_n(\zeta) = \varphi_n(\zeta)$. En outre, si $\mathcal{E}$ n'est pas borné, $V_n(z) \to 0$ pour $z \to \infty$ dans $\mathcal{E}$.[25] En particulier, ces fonctions sont harmoniques dans $\mathcal{D}$, continues jusqu'à $\partial\mathcal{D} = \partial\mathcal{E} \cup (\partial\mathcal{D} \cap \mathcal{E})$, et leurs restrictions à $\partial\mathcal{D}$ sont dans $C_0(\partial\mathcal{D})$. Par conséquent, pour $z \in \mathcal{D}$,

$$V_n(z) = \int_{\partial\mathcal{D}} V_n(\zeta)\, \mathrm{d}\omega_{\mathcal{D}}(\zeta, z) = \int_{\partial\mathcal{E}} \varphi_n(\zeta)\, \mathrm{d}\omega_{\mathcal{D}}(\zeta, z) + \int_{\partial\mathcal{D}\sim\partial\mathcal{E}} V_n(\zeta)\, \mathrm{d}\omega_{\mathcal{D}}(\zeta, z),$$

de sorte que

$$\int_{\partial\mathcal{E}} \varphi_n(\zeta)\, \mathrm{d}\omega_{\mathcal{E}}(\zeta, z) = V_n(z) \geqslant \int_{\partial\mathcal{E}} \varphi_n(\zeta)\, \mathrm{d}\omega_{\mathcal{D}}(\zeta, z).$$

Faisant tendre $n$ vers l'infini, il résulte $\omega_{\mathcal{D}}(E, z) \leqslant \omega_{\mathcal{E}}(E, z)$. □

Le résultat précédent et le théorème 5.1 entraînent :

**Corollaire.** *Soit $\mathcal{D} \subseteq \mathbb{S}$ un domaine pour lequel le problème de Dirichlet est résolu. Supposons que $\partial\mathcal{D}$ ait, parmi ses composantes, une courbe de Jordan rectifiable, $\Gamma$. Alors, la restriction de $\omega_{\mathcal{D}}(\cdot, z)$ à $\Gamma$ est absolument continue par rapport à l'élement linéaire de cette dernière courbe.*

Ainsi, pour $z_0 \in \mathcal{D}$ fixé, le théorème de Radon–Nikodym entraîne l'existence d'une fonction, $H(\zeta, z_0) \in L^1(\Gamma)$, presque jamais négative et vérifiant

$$\omega_{\mathcal{D}}(E, z_0) = \int_E H(\zeta, z_0)\, |\mathrm{d}\zeta|$$

pour tout borélien $E \subseteq \Gamma$. Dans beaucoup de situations, l'enjeu est d'établir des bornes positives et finies pour $H(\zeta, z_0)$ : si $A_{z_0} \leqslant H(\zeta, z_0) \leqslant B_{z_0}$ p.p., alors

$$A_{z_0}|E| \leqslant \omega_{\mathcal{D}}(E, z_0) \leqslant B_{z_0}|E|.$$

De telles bornes ne peuvent exister que si la frontière de $\mathcal{D}$ est assez lisse.

Par exemple, appliquons au cercle $|z - 1| = 1$ la transformation conforme $z \mapsto z^{\alpha/\pi}$, où $\alpha < \pi$. La courbe de Jordan, $\Gamma$, ainsi obtenue dessine la partie inférieure d'un cœur, ♡, tournée de $-\pi/2$ radians, puis se referme de manière lisse.[26] En effet, lorsque les droites tangentes à $\Gamma$ se rapprochent de part et d'autre de son unique singularité (placée à l'origine), elles tendent vers deux droites formant un angle de mesure $\alpha$. Désignons par $\mathcal{D}$ le domaine borné délimité par $\Gamma$. Pour $z_0 = 1$

[25] Voir la définition au début de ce chapitre.

[26] Cet exemple et le prochain furent présentés le 14 février. (*N.d.T.*)

(le point de $\mathcal{D}$ qui correspond au centre du disque $|z-1|<1$) et un petit arc, $\sigma \subset \partial\mathcal{D}$, contenant l'origine, $\omega_{\mathcal{D}}(\sigma, z_0)/|\sigma|$ tend vers 0 quand $|\sigma| \to 0$, — en vertu de la formule (5.3).[27] La dérivée de Radon–Nikodym de $\omega_{\mathcal{D}}(\cdot, z_0)$ n'est alors pas éloignée de 0, *i.e.* $A_{z_0}$ n'existe pas.

Appliquons au même cercle la même transformation, où, cette fois, $\alpha > \pi$. La courbe de Jordan, $\Gamma$, ainsi obtenue dessine la partie supérieure d'un cœur, ♡, tournée de $\pi/2$ radians, puis se referme de manière lisse ; lorsque les droites tangentes à $\Gamma$ se rapprochent de part et d'autre de l'origine, elles tendent vers deux droites formant un angle de mesure $2\pi - \alpha$. Désignons par $\mathcal{D}$ le domaine borné délimité par $\Gamma$. Toujours pour $z_0 = 1$ et un petit arc, $\sigma \subset \partial\mathcal{D}$, contenant l'origine, $\omega_{\mathcal{D}}(\sigma, z_0)/|\sigma|$ tend cette fois vers l'infini quand $|\sigma| \to 0$. La dérivée de Radon–Nikodym de $\omega_{\mathcal{D}}(\cdot, z_0)$ n'est donc pas majorée, *i.e.* $B_{z_0}$ n'existe pas.

Nous pouvons perfectionner le principe de prolongement des domaines comme suit :

**Théorème 5.3.** *Dans les circonstances du corollaire précédent, pour tout $z \in \mathcal{D}$ et tout sous-ensemble borélien, $E$, de $\Gamma$,*

$$\omega_{\mathcal{D}}(E, z) = \omega_{\mathcal{E}}(E, z) - \int_{\partial\mathcal{D}\sim\Gamma} \omega_{\mathcal{E}}(E, \zeta)\, \mathrm{d}\omega_{\mathcal{D}}(\zeta, z). \tag{5.5}$$

PREUVE. Reprenons la preuve du théorème 5.2 avec les fonctions $\varphi_n$, $V_n$ qui y figurent et étudions, pour $z \in \mathcal{D}$ fixé, la relation

$$\int_{\partial\mathcal{E}} \varphi_n(\zeta)\, \mathrm{d}\omega_{\mathcal{E}}(\zeta, z) = V_n(z) = \int_{\partial\mathcal{E}} \varphi_n(\zeta)\, \mathrm{d}\omega_{\mathcal{D}}(\zeta, z) + \int_{\partial\mathcal{D}\sim\partial\mathcal{E}} V_n(\zeta)\, \mathrm{d}\omega_{\mathcal{D}}(\zeta, z)$$

qui en découle. Rappelons que, lorsque $n \to \infty$, son membre de gauche tend vers $\omega_{\mathcal{E}}(E, z)$, tandis que la première intégrale du membre de droite tend vers $\omega_{\mathcal{D}}(E, z)$. De plus, lorsque $\zeta$ parcourt $\partial\mathcal{D} \sim \partial\mathcal{E} \subseteq \mathcal{E}$, $V_n(\zeta) \xrightarrow{n} \omega_{\mathcal{E}}(E, \zeta)$, cependant que $0 \leqslant V_n(\zeta) \leqslant 1$. Par le théorème de la convergence dominée, la seconde intégrale du membre de droite tend donc vers $\int_{\partial\mathcal{D}\sim\partial\mathcal{E}} \omega_{\mathcal{E}}(E, \zeta)\, \mathrm{d}\omega_{\mathcal{D}}(\zeta, z)$ quand $n \to \infty$. Il s'ensuit que

$$\omega_{\mathcal{E}}(E, z) = \omega_{\mathcal{D}}(E, z) + \int_{\partial\mathcal{D}\sim\partial\mathcal{E}} \omega_{\mathcal{E}}(E, \zeta)\, \mathrm{d}\omega_{\mathcal{D}}(\zeta, z),$$

tel qu'affirmé. □

**Valeurs limitrophes d'une mesure harmonique évaluée en un fermé.** Soit donné un domaine, $\mathcal{D} \subset \mathbb{C}$, pour lequel le problème de Dirichlet est résolu et ayant, parmi les composantes de sa frontière, une courbe de Jordan *rectifiable*, $\Gamma$. Étudions les valeurs de $\omega_{\mathcal{D}}(E, z)$ quand $z$ se rapproche de $\Gamma$, où $E$ est un sous-ensemble fermé de $\Gamma$.

En vertu du théorème 5.3,

$$\omega_{\mathcal{D}}(E, z) = \omega_{\mathcal{E}}(E, z) - \int_{\partial\mathcal{D}\sim\Gamma} \omega_{\mathcal{E}}(E, \zeta)\, \mathrm{d}\omega_{\mathcal{D}}(\zeta, z),$$

---

[27] En effet, soit $\sigma(t)$ la paramétrisation par longueur d'arc de $\sigma$ pour laquelle $\sigma(0) = 0$, où $-\varepsilon < t < \varepsilon$. Alors, $\omega_{\mathcal{D}}(\sigma, z_0)/|\sigma| = (4\alpha\varepsilon)^{-1} \int_{-\varepsilon}^{\varepsilon} |\sigma(t)|^{(\pi/\alpha)-1}\, dt \to 0$ quand $2\varepsilon \to 0$. (*N.d.T.*)

où $\mathcal{E}$ désigne celle des deux régions de $\mathbb{S}$ bordées par $\Gamma$ qui contient $\mathcal{D}$. Notons qu'ici, $\partial\mathcal{D} \sim \Gamma$ est fermé et *séparé* de $\Gamma$. Par conséquent, l'intégrale, dans l'expression précédente, tend vers 0 quand $z \in \mathcal{D}$ tend vers $\zeta_0 \in \Gamma$, — de sorte que $\omega_{\mathcal{D}}(E, z)$ et $\omega_{\mathcal{E}}(E, z)$ se rapprochent autant que voulu. Aussi, quitte à remplacer $\mathcal{D}$ par $\mathcal{E}$, supposons-nous $\mathcal{D}$ simplement connexe, sans affecter la généralité de nos résultats.

Étudions d'abord le cas où $\mathcal{D}$ est le disque unité, $\Delta$. Rappelons (*cf.* notice 3, p. 86) que, pour tout $z \in \Delta$,

$$\omega_{\Delta}(E, z) = \frac{1}{2\pi} \int_0^{2\pi} \frac{1 - |z|^2}{|z - \mathrm{e}^{\mathrm{i}t}|^2} \chi_E(\mathrm{e}^{\mathrm{i}t})\, dt.$$

Le théorème de la convergence dominée entraîne donc $\omega_{\Delta}(E, z) \to 0$ quand $z \in \Delta$ tend vers $\mathrm{e}^{\mathrm{i}\theta_0} \notin E$, — puisque $E$ est fermé dans $\partial\Delta$. De plus, tel qu'enseigné dans tout bon traité d'analyse réelle ou de Fourier,[28] $\omega_{\Delta}(E, z)$ tend vers 1 quand $z \not\angle\!\!\to \mathrm{e}^{\mathrm{i}\theta_0}$, et ce, pour presque tous les $\mathrm{e}^{\mathrm{i}\theta_0} \in E$.[29]

Passons maintenant au cas général. Puisque $\mathcal{D}$ est simplement connexe, les théorèmes de Riemann et de Carathéodory assurent l'existence d'une application conforme de $\mathcal{D}$ vers $\Delta$ prolongée de manière continue et bi-univoque jusqu'à la frontière. Désignons-la par $\Phi(z)$ et sa réciproque, par $F(w)$. L'équation (5.2) donne alors $\omega_{\mathcal{D}}(E, z) = \omega_{\Delta}(\Phi(E), \Phi(z))$. Or, par ce qui précède, $\omega_{\Delta}(\Phi(E), \Phi(z))$ tend vers 0 quand $\Phi(z) \to \Phi(\zeta_0)$ pour $\Phi(\zeta_0) \in \partial\Delta \sim \Phi(E)$, mais tend vers 1 quand $\Phi(z) \not\angle\!\!\to \Phi(\zeta_0)$ pour $\Phi(\zeta_0)$ appartenant à $\Phi(E)$ diminué d'un ensemble de mesure nulle. Donc,

$$\lim_{z \to \zeta_0} \omega_{\mathcal{D}}(E, z) = 0 \quad \text{pour tous les } \zeta_0 \in \partial\mathcal{D} \sim E,$$
$$\lim_{z \not\angle\!\to \zeta_0} \omega_{\mathcal{D}}(E, z) = 1 \quad \text{pour presque tous les } \zeta_0 \in E,$$

pour autant que $\Phi$ maintienne le fait que la mesure d'un ensemble soit nulle (reformulation du théorème 5.1 — de F. & M. Riesz) et que $F$ maintienne presque partout le fait qu'une limite soit non tangentielle (théorème de Lindelöf, esquissé ci-après). Tel qu'expliqué plus tôt, ces résultats subsistent lorsque $\mathcal{D}$ est multiplement connexe.

Le théorème de Lindelöf, invoqué ci-dessus, s'énonce ainsi : dans le contexte précédent, *si $\partial\mathcal{D}$ admet une tangente en $F(\mathrm{e}^{\mathrm{i}\theta_0})$, alors*

$$\arg(F(w) - F(\mathrm{e}^{\mathrm{i}\theta_0})) - \arg(w - \mathrm{e}^{\mathrm{i}\theta_0})$$

*tend vers une limite finie lorsque $w$ tend vers $\mathrm{e}^{\mathrm{i}\theta_0}$ à l'intérieur de $\Delta$.* En d'autres mots, $F(w)$ conserve les angles en $\mathrm{e}^{\mathrm{i}\theta_0}$, — si l'on préfère, $\Phi(z)$ conserve les angles

[28] Comme, par exemple, *Introduction to $H_p$ spaces*, de Paul Koosis, publié en 1980 et 1998 aux éditions *Cambridge University Press.* (*N.d.T.*)

[29] Mettre à part un ensemble d'exceptions et ne considérer que des limites non tangentielles est ici indispensable.

en $F(e^{i\theta_0})$ —, pour autant que la tangente à $\partial\mathcal{D}$ au point $F(e^{i\theta_0})$ existe.[30] Or, une courbe de Jordan rectifiable admet une tangente en presque tous ses points.[31] Donc, presque partout, $F(w) \not\xrightarrow{\angle} F(e^{i\theta_0})$ équivaut à $w \not\xrightarrow{\angle} e^{i\theta_0}$.

Esquissons la démonstration du théorème de Lindelöf. Notons que les fonctions $\arg(w - e^{i\theta_0})$ et $\arg\bigl(F(w) - F(e^{i\theta_0})\bigr)$ sont harmoniques dans $\Delta$.[32] De plus, $\arg\bigl(F(w) - F(e^{i\theta_0})\bigr)$ est bornée lorsque $w \in \Delta$ reste éloigné de $e^{i\theta_0}$. Dans la mesure où $\partial\mathcal{D}$ admet une tangente en $F(e^{i\theta_0})$, ce fait demeure lorsque $w \in \Delta$ se rapproche de $e^{i\theta_0}$, — sans que la démonstration en soit aisée. Puisque $\arg(w - e^{i\theta_0})$ est aussi bornée, la formule de Poisson (théorèmes 1.10 et 1.11 relevés au disque) entraîne

$$\begin{aligned}&\arg\bigl(F(w) - F(e^{i\theta_0})\bigr) - \arg(w - e^{i\theta_0})\\ &\qquad = \frac{1}{2\pi}\int_0^{2\pi} \frac{1-|w|^2}{|w-e^{it}|^2}\Bigl(\arg\bigl(F(e^{it}) - F(e^{i\theta_0})\bigr) - \arg(e^{it} - e^{i\theta_0})\Bigr)\,dt.\end{aligned}$$

En effet, $\arg\bigl(F(e^{it}) - F(e^{i\theta_0})\bigr)$ et $\arg(e^{it} - e^{i\theta_0})$ sont continues, sauf en $e^{i\theta_0}$, où elles font un saut d'une hauteur $\pi$. Aussi, leur différence est-elle continue en tout $t \in \mathbb{R}$. En posant $c = \lim_{t\to\theta_0}\bigl(\arg\bigl(F(e^{it}) - F(e^{i\theta_0})\bigr) - \arg(e^{it} - e^{i\theta_0})\bigr)$, le théorème 1.10 relevé au disque entraîne donc

$$\lim_{\substack{w\in\Delta\\ w\to e^{i\theta_0}}} \Bigl(\arg\bigl(F(w) - F(e^{i\theta_0})\bigr) - \arg(w - e^{i\theta_0})\Bigr) = c,$$

tel que désiré.

## 5.3. Estimation harmonique

*La principale utilité des mesures harmoniques réside dans le* théorème d'estimation harmonique, *dont le* théorème des deux constantes *est une conséquence immédiate.*

Voici le *théorème d'estimation harmonique*, aussi nommé *inégalité de Jensen* :

**Théorème 5.4.** *Étant donné un domaine, $\mathcal{D} \subset \mathbb{C}$, de la sorte décrite au début du présent chapitre, considérons une fonction, $f(z)$, holomorphe dans $\mathcal{D}$, continue et bornée sur $\overline{\mathcal{D}}$. Pour tout $z \in \mathcal{D}$,*

$$\log|f(z)| \leqslant \int_{\partial\mathcal{D}} \log|f(\zeta)|\, d\omega_{\mathcal{D}}(\zeta, z).$$

Preuve. Sans restreindre la généralité, supposons $|f(z)| \leqslant 1$ pour tout $z \in \mathcal{D}$. À chaque entier $M$, associons une fonction, $\varphi_M(\zeta) \in C_0(\partial\mathcal{D})$, comprise entre 0 et 1, vérifiant $\varphi_M(\zeta) = 1$ si $|\zeta| < M$ et $\varphi_M(\zeta) = 0$ si $|\zeta| > M+1$. En posant $\varphi_M(z) = \int_{\partial\mathcal{D}} \varphi_M(\zeta)\, d\omega_{\mathcal{D}}(\zeta, z)$ pour $z \in \mathcal{D}$, $\varphi_M$, ainsi prolongée, est continue sur $\overline{\mathcal{D}}$ et harmonique dans $\mathcal{D}$. De plus, le principe du maximum

[30] En effet, la différence entre $\arg(F(w) - F(e^{i\theta_0})) - \arg(F(w') - F(e^{i\theta_0}))$ et $\arg(w - e^{i\theta_0}) - \arg(w' - e^{i\theta_0})$, c'est-à-dire entre les mesures des angles $\angle F(w)F(e^{i\theta_0})F(w')$ et $\angle w e^{i\theta_0} w'$, tend alors vers 0 quand $w$ et $w'$ tendent vers $e^{i\theta_0}$ à l'intérieur de $\Delta$. (*N.d.T.*)

[31] Car toute fonction à variation bornée possède une dérivée presque partout.

[32] En effet, $\arg w = \Im \log w$ pour une détermination choisie du logarithme, où $w \neq 0$.

généralisé entraîne $0 \leqslant \varphi_M(z) \leqslant 1$ pour tout $z \in \overline{\mathcal{D}}$; en réalité, ces dernières inégalités sont strictes pour $z \in \mathcal{D}$, puisque $\varphi_M$ n'est pas constante. Finalement, $\lim_{M\to\infty} \varphi_M(\zeta) = 1$ pour tout $\zeta \in \partial\mathcal{D}$.

Pour $z$ variant dans $\overline{\mathcal{D}}$, posons

$$V_M(z) = \max(\log|f(z)|, -M\varphi_M(z)).$$

Il s'agit d'une fonction non positive, sous-harmonique dans $\mathcal{D}$, continue et bornée sur $\overline{\mathcal{D}}$. En vertu de ce qui précède, $\lim_{M\to\infty} V_M(z) = \log|f(z)|$ pour tout $z \in \overline{\mathcal{D}}$. Notons aussi que $V_M(\zeta) \in C_0(\partial\mathcal{D})$, puisque $\log|f(z)| \leqslant 0$ pour tout $z \in \overline{\mathcal{D}}$ et $\varphi_M(\zeta) = 0$ quand $|\zeta| > M + 1$. Ainsi, en posant

$$\begin{aligned} U_M(z) &= \int_{\partial\mathcal{D}} V_M(\zeta)\, \mathrm{d}\omega_{\mathcal{D}}(\zeta, z) \qquad &&\text{pour } z \in \mathcal{D},\\ U_M(\zeta) &= V_M(\zeta) &&\text{pour } \zeta \in \partial\mathcal{D}, \end{aligned}$$

nous obtenons une fonction harmonique dans $\mathcal{D}$, continue et bornée sur $\overline{\mathcal{D}}$.

Au total, $V_M - U_M$ est une fonction sous-harmonique dans $\mathcal{D}$, continue et bornée sur $\overline{\mathcal{D}}$, dont les valeurs au bord valent toutes 0. Le principe (généralisé) du maximum entraîne donc

$$V_M(z) \leqslant U_M(z) \tag{5.6}$$

pour tout $z \in \overline{\mathcal{D}}$.

Par conséquent, puisque $V_M$ est non positive, le lemme de Fatou et la relation (5.6) entraînent, pour $z \in \mathcal{D}$,

$$\begin{aligned} -\int_{\partial\mathcal{D}} \log|f(\zeta)|\, \mathrm{d}\omega_{\mathcal{D}}(\zeta, z) &= \int_{\partial\mathcal{D}} \lim_{M\to\infty} (-V_M(\zeta))\, \mathrm{d}\omega_{\mathcal{D}}(\zeta, z)\\ &\leqslant \liminf_{M\to\infty} \int_{\partial\mathcal{D}} (-V_M(\zeta))\, \mathrm{d}\omega_{\mathcal{D}}(\zeta, z)\\ &= \liminf_{M\to\infty} (-U_M(z))\\ &\leqslant \liminf_{M\to\infty} (-V_M(z)) = -\log|f(z)|. \end{aligned}$$

Le résultat s'ensuit. □

Le prochain corollaire est nommé *théorème des deux constantes* (en allemand, *Zweikonstantensatz*).

**Corollaire.** *Dans les circonstances précédentes, si* $|f(\zeta)| \leqslant m$ *sur* $E$, *où* $E$ *est une partie borélienne de* $\partial\mathcal{D}$, *tandis que* $|f(\zeta)| \leqslant M$ *sur* $\partial\mathcal{D} \sim E$, *alors*

$$|f(z)| \leqslant m^{\omega_{\mathcal{D}}(E,z)} M^{1-\omega_{\mathcal{D}}(E,z)}$$

*pour tout* $z \in \mathcal{D}$.

Preuve. Le théorème entraîne

$$\begin{aligned} \log|f(z)| &\leqslant \int_E \log|f(\zeta)|\, \mathrm{d}\omega_{\mathcal{D}}(\zeta, z) + \int_{\partial\mathcal{D}\sim E} \log|f(\zeta)|\, \mathrm{d}\omega_{\mathcal{D}}(\zeta, z)\\ &\leqslant (\log m)\omega_{\mathcal{D}}(E, z) + (\log M)\omega_{\mathcal{D}}(\partial\mathcal{D} \sim E, z), \end{aligned}$$

d'où le résultat. □

## 5.4. Théorème de Beurling

*Grâce au théorème des deux constantes, Beurling a su généraliser le théorème de Levinson sur la lacunarité (théorème 4.6) et tirer de son étude : une notion de quasi-analyticité, de même qu'un théorème d'adhésivité* (Beurling's Sticking Theorem).

### Généralisation de Beurling du théorème sur la lacunarité.

**Théorème 5.5.** *Envisageons une mesure complexe, $\mu$, rapidement décroissante à l'infini, vérifiant plus précisément*

$$\int_{-\infty}^{0} \frac{1}{\lambda^2+1} \log\left(\frac{1}{\int_{-\infty}^{\lambda-0} |\mathrm{d}\mu(t)|}\right) \mathrm{d}\lambda = \infty.$$

*Si $\widehat{\mu}(\lambda) = 0$ sur une partie de $\mathbb{R}$ dont la mesure est positive, alors $\mu = 0$.*

Preuve. Sans restreindre la généralité, nous supposons que :

(1) La variation totale de $\mu$ est inférieure à l'unité ;
(2) La fonction $\widehat{\mu}(\lambda)$ s'annule sur une partie fermée, $E$, de $\mathbb{R}$ dont la mesure est positive ;
(3) Pour $\mathcal{S} = \{x + \mathrm{i}y \in \mathbb{C} \,;\, 0 < y < 1\}$, $\lim_{\tau\downarrow 0} \omega_{\mathcal{S}}(E, \mathrm{i}\tau) = 1$.

Le premier point est justifié par le remplacement de $\mathrm{d}\mu(t)$ par $\mathrm{d}\mu(t)/(2\|\mu\|)$, en supposant $\mu \neq 0$ ; le second, par la continuité de $\widehat{\mu}(\lambda)$ ; tandis que le troisième est justifié comme suit. Supposons que le théorème soit démontré pour tout $F \subseteq \mathbb{R}$ fermé, de mesure positive, vérifiant le point (3). Pour $E$ fermé, de mesure positive, mais ne vérifiant pas ce dernier point, notre seconde discussion sur les valeurs limitrophes des mesures harmoniques[33] entraînerait

$$\lim_{\tau\downarrow 0} \omega_{\mathcal{S}}(E, \lambda + \mathrm{i}\tau) = 1$$

pour presque tous les $\lambda \in E$. En particulier, puisque $|E| > 0$, il existerait un $\lambda_0 \in E$ vérifiant la relation précédente, c'est-à-dire $\lim_{\tau\downarrow 0} \omega_{\mathcal{S}}(E-\lambda_0, \mathrm{i}\tau) = 1$, — puisque les mesures harmoniques sont invariantes pour les applications conformes prolongées de manière continue et biunivoque à la frontière (en l'occurrence une translation). Posons $F = E - \lambda_0$ et $\mathrm{d}\nu(t) = \mathrm{e}^{\mathrm{i}\lambda_0 t}\,\mathrm{d}\mu(t)$. Notons que $\nu$, à l'instar de $\mu$, serait rapidement décroissante à l'infini. De plus, $\widehat{\nu}(\lambda) = \widehat{\mu}(\lambda + \lambda_0)$ s'annulerait sur $F$. Puisque $F$ vérifierait la supposition (3), $\nu$ serait donc nulle, entraînant, à son tour, que $\mu$ le soit. En somme, le théorème général s'ensuivrait, — ce qui légitime l'hypothèse (3).

Notre stratégie consiste à démontrer, pour tout $x \in \mathbb{R}$,

$$\text{(5.7)} \qquad \int_0^{\infty} \mathrm{e}^{-\lambda}\mathrm{e}^{\mathrm{i}\lambda x}\widehat{\mu}(\lambda)\,\mathrm{d}\lambda \stackrel{?}{=} 0 \quad \text{et} \quad \int_{-\infty}^{0} \mathrm{e}^{\lambda}\mathrm{e}^{\mathrm{i}\lambda x}\widehat{\mu}(\lambda)\,\mathrm{d}\lambda \stackrel{?}{=} 0.$$

[33]Cette discussion s'applique au cas présent même si $\partial\mathcal{D}$ n'est pas rectifiable, car nous pouvons décrire explicitement une application conforme $\Delta \to \mathcal{S}$ prolongée continûment à la frontière, — tel qu'expliqué à la section 5.2, à la fin du passage intitulé *Continuité absolue*.

En effet, ces deux dernières relations entraîneraient $\int_{-\infty}^{\infty} e^{-|\lambda|} e^{i\lambda x} \widehat{\mu}(\lambda)\, d\lambda = 0$, c'est-à-dire $e^{-|\lambda|}\widehat{\mu}(\lambda) = 0$, — puisque $e^{-|\lambda|}\widehat{\mu}(\lambda)$ est continue et dans $L^1(\mathbb{R})$. En pareilles circonstances, $\mu = 0$, — tel que voulu.

Posons

$$F(z) = \int_0^\infty e^{i\lambda z} \widehat{\mu}(\lambda)\, d\lambda.$$

Nous nous proposons de démontrer la première des relations (5.7), c'est-à-dire $F(x + i) \stackrel{?}{=} 0$ pour tout $x \in \mathbb{R}$. Observons que l'intégrale définissant $F(z)$ est absolument convergente sur $\Im z \geqslant 1$. En fait, $F(z)$ est analytique dans $\Im z > 0$, et à la fois continue et bornée sur $\Im z \geqslant 1$. En particulier, $\int_{-\infty}^{\infty} (1 + x^2)^{-1} \log^+ |F(x + i)|\, dx < \infty$. Par le théorème 1.12, il suffit donc de démontrer

$$\int_0^\infty \frac{\log|F(x + i)|}{1 + x^2}\, dx \stackrel{?}{=} -\infty \tag{5.8}$$

pour arriver au résultat.

Posons, pour $A > 0$,

$$M(A) = -\log \int_{-\infty}^{-A-0} |d\mu(t)|.$$

Il s'agit d'une fonction croissante et, par l'hypothèse (1), positive sur $]0, \infty[$. Par contre, il se peut que $M(A) = \infty$ à partir d'un certain $A_0 > 0$. En pareilles circonstances, le théorème peut être déduit sans difficulté.

En effet, la différentielle $d\mu(t)$ serait alors nulle pour $t < -A_0$, entraînant $\widehat{\mu}(\lambda) = \int_{-A_0-0}^{\infty} e^{i\lambda t}\, d\mu(t)$, donc $|\widehat{\mu}(\lambda)| < e^{A_0 \Im\lambda}$. Ainsi, la fonction $e^{iA_0\lambda}\widehat{\mu}(\lambda)$, holomorphe dans $\Im\lambda > 0$ et continue sur $\Im\lambda \geqslant 0$, serait également bornée sur cette dernière région. Par le premier corollaire du théorème 1.12, l'annulation de $\widehat{\mu}(\lambda)$ sur un ensemble de mesure positive entraînerait donc $\widehat{\mu}(\lambda) = 0$ pour tout $\lambda \in \mathbb{R}$ — et le résultat s'ensuivrait.

Aussi, supposons-nous $M(A) < \infty$ pour tout $A > 0$, sans affecter la généralité du résultat. La décroissance rapide de $\mu$ à l'infini équivaut donc à

$$\int_1^\infty \frac{M(A)}{A^2}\, dA = \infty, \tag{5.9}$$

— car $\int_0^1 (A^2 + 1)^{-1} M(A)\, dA < \infty$.

Pour $A > 0$ arbitrairement fixé, décomposons $\widehat{\mu}(\lambda)$ en $\rho_A(\lambda) + \widehat{\mu}_A(\lambda)$, où

$$\rho_A(\lambda) = \int_{-\infty}^{-A-0} e^{i\lambda t}\, d\mu(t) \quad \text{et} \quad \widehat{\mu}_A(\lambda) = \int_{-A-0}^{\infty} e^{i\lambda t}\, d\mu(t).$$

Il est aisé d'estimer $\rho_A(\lambda)$ : vu la définition de $M(A)$,

$$|\rho_A(\lambda)| \leqslant \int_{-\infty}^{-A-0} |d\mu(t)| = e^{-M(A)}. \tag{5.10}$$

Quant à $\widehat{\mu}_A(\lambda)$, il s'agit d'une fonction holomorphe dans $\Im\lambda > 0$ et continue sur $\Im\lambda \geqslant 0$. En vertu de l'hypothèse (1), elle vérifie $|\widehat{\mu}_A(\lambda)| \leqslant e^{A\Im\lambda}$ sur $\Im\lambda \geqslant 0$. De plus, $\widehat{\mu}(\lambda) = 0$ sur $E$, de sorte que l'estimation (5.10) et la définition de $\widehat{\mu}_A(\lambda)$ entraînent $|\widehat{\mu}_A(\lambda)| \leqslant \mathrm{e}^{-M(A)}$ sur $E$. Au total, en considérant $\widehat{\mu}_A(\lambda)$ comme une application de la bande fermée $\overline{\mathcal{S}}$,

$$|\mathrm{e}^{\mathrm{i}\lambda A}\widehat{\mu}_A(\lambda)| \leqslant \begin{cases} 1 & \text{sur } \overline{\mathcal{S}}, \\ \mathrm{e}^{-M(A)} & \text{sur } E. \end{cases}$$

Le théorème des deux constantes[34] (corollaire du théorème 5.4) entraîne donc $|\widehat{\mu}_A(\lambda)| \leqslant \mathrm{e}^{A\Im\lambda}\mathrm{e}^{-\omega_{\mathcal{S}}(E,\lambda)M(A)}$ pour tout $\lambda \in \mathcal{S}$. En particulier, pour $0 < \tau < 1$,

$$|\widehat{\mu}_A(\mathrm{i}\tau)| \leqslant \mathrm{e}^{A\tau}\mathrm{e}^{-\omega_{\mathcal{S}}(E,\mathrm{i}\tau)M(A)}, \tag{5.11}$$

— où, en vertu de l'hypothèse (3), $\lim_{\tau\downarrow 0}\omega_{\mathcal{S}}(E,\mathrm{i}\tau) = 1$.

Nous nous apprêtons à estimer $F(x+\mathrm{i}) = \int_0^\infty \mathrm{e}^{\mathrm{i}(x+\mathrm{i})\lambda}\widehat{\mu}(\lambda)\,\mathrm{d}\lambda$ pour $x > 0$. Étudions d'abord $\int_0^\infty \mathrm{e}^{\mathrm{i}(x+\mathrm{i})\lambda}\widehat{\mu}_A(\lambda)\,\mathrm{d}\lambda$ pour $A = x/2$. Désignons par $\Gamma$ le chemin obtenu en parcourant le segment $[0,\mathrm{i}]$, puis la demi-droite issue de i passant par $\mathrm{i}+1$. Puisque $\lim_{\sigma\to+\infty}|\int_{[\sigma,\sigma+\mathrm{i}]}\mathrm{e}^{\mathrm{i}(x+\mathrm{i})\lambda}\mathrm{e}^{\mathrm{i}\lambda t}\,\mathrm{d}\lambda| = 0$, le théorème de Cauchy (et celui de Fubini) entraînent

$$\begin{aligned}\int_0^\infty \mathrm{e}^{\mathrm{i}(x+\mathrm{i})\lambda}\widehat{\mu}_{x/2}(\lambda)\,\mathrm{d}\lambda &= \int_{-x/2-0}^\infty\int_0^\infty \mathrm{e}^{\mathrm{i}(x+\mathrm{i})\lambda}\mathrm{e}^{\mathrm{i}\lambda t}\,\mathrm{d}\lambda\,\mathrm{d}\mu(t)\\ &= \int_{-x/2-0}^\infty\int_\Gamma \mathrm{e}^{\mathrm{i}(x+\mathrm{i})\lambda}\mathrm{e}^{\mathrm{i}\lambda t}\,\mathrm{d}\lambda\,\mathrm{d}\mu(t)\\ &= \int_\Gamma \mathrm{e}^{\mathrm{i}(x+\mathrm{i})\lambda}\widehat{\mu}_{x/2}(\lambda)\,\mathrm{d}\lambda.\end{aligned}$$

Le membre de droite de cette dernière équation se décompose en I + II, où $\mathrm{I} = \mathrm{i}\int_0^1 \mathrm{e}^{-\tau(x+\mathrm{i})}\widehat{\mu}_{x/2}(\mathrm{i}\tau)\,\mathrm{d}\tau$ et $\mathrm{II} = \int_0^\infty \mathrm{e}^{\mathrm{i}(x+\mathrm{i})(\sigma+\mathrm{i})}\widehat{\mu}_{x/2}(\sigma+\mathrm{i})\,\mathrm{d}\sigma$. Rappelons que $|\widehat{\mu}_A(\sigma+\mathrm{i})| \leqslant \mathrm{e}^A$, ce qui vaut, en particulier, pour $A = x/2$, d'où il résulte

$$|\mathrm{II}| \leqslant \int_0^\infty \mathrm{e}^{-x}\mathrm{e}^{-\sigma}\mathrm{e}^{x/2}\,\mathrm{d}\sigma = \mathrm{e}^{-x/2}.$$

De plus, l'inéquation (5.11) entraîne

$$|\mathrm{I}| \leqslant \int_0^1 \mathrm{e}^{-\tau x/2}\mathrm{e}^{-\omega_{\mathcal{S}}(E,\mathrm{i}\tau)M(x/2)}\,\mathrm{d}\tau.$$

Reprenons cette dernière estimation. Notre première discussion sur les valeurs limitrophes des mesures harmoniques implique $\lim_{\tau\uparrow 1}\omega_{\mathcal{S}}(\mathbb{R},\mathrm{i}\tau) = 0$. Par conséquent, la fonction $\tau + \omega_{\mathcal{S}}(E,\mathrm{i}\tau)$ tend vers 1 quand $\tau\uparrow 1$ ; elle fait de même quand $\tau\downarrow 0$, — cette fois, par l'hypothèse (3). Comme, en outre, elle est continue et positive sur $]0,1[$, elle est minorée par un $\theta$ positif, — que nous prenons inférieur à 1. En posant $M_*(x) = \min(x, M(x))$, il découle $\tau x/2 + \omega_{\mathcal{S}}(E,\mathrm{i}\tau)M(x/2) \geqslant \theta M_*(x/2)$ pour $0 \leqslant \tau \leqslant 1$, de sorte que

$$|\mathrm{I}| \leqslant \mathrm{e}^{-\theta M_*(x/2)}.$$

[34] C'est par ce recours au théorème des deux constantes que le présent argument se distingue de la preuve originelle du théorème de Levinson.

Au total,

$$\left|\int_0^\infty \mathrm{e}^{\mathrm{i}(x+\mathrm{i})\lambda}\widehat{\mu}_{x/2}(\lambda)\,\mathrm{d}\lambda\right| \leqslant |\mathrm{I}| + |\mathrm{II}| \leqslant \mathrm{e}^{-x/2} + \mathrm{e}^{-\theta M_*(x/2)} \leqslant 2\mathrm{e}^{-\theta M_*(x/2)}.$$

En ce qui a trait à $\rho_A(\lambda)$, toujours pour $A = x/2$, la relation (5.10) entraîne

$$\left|\int_0^\infty \mathrm{e}^{\mathrm{i}(x+\mathrm{i})\lambda}\rho_{x/2}(\lambda)\,\mathrm{d}\lambda\right| \leqslant \int_0^\infty \mathrm{e}^{-\lambda}\mathrm{e}^{-M(x/2)}\,\mathrm{d}\lambda = \mathrm{e}^{-M(x/2)} \leqslant \mathrm{e}^{-\theta M_*(x/2)}.$$

En conclusion, la décomposition $\widehat{\mu}(\lambda) = \rho_{x/2}(\lambda) + \widehat{\mu}_{x/2}(\lambda)$ et nos deux dernières estimations impliquent $|F(x+\mathrm{i})| \leqslant 3\mathrm{e}^{-\theta M_*(x/2)}$.

De ce fait,

$$\int_0^\infty \frac{\log|F(x+\mathrm{i})|}{1+x^2}\,\mathrm{d}x \leqslant \frac{\pi}{2}\log 3 - \theta\int_0^\infty \frac{M_*(x/2)}{1+x^2}\,\mathrm{d}x.$$

Or, par l'exercice 2 du devoir 8 (*cf.* annexe B), [35] l'hypothèse du présent théorème, telle que reformulée en (5.9), équivaut à $\int_1^\infty x^{-2}M_*(x)\,\mathrm{d}x = \infty$, c'est-à-dire $\int_0^\infty (x^2+1)^{-1}M_*(x/2)\,\mathrm{d}x = \infty$. Par conséquent, l'équation (5.8) vaut, ce qui complète la démonstration de la première des relations (5.7).

Quant à la seconde, elle peut être inférée de manière semblable, — à ces quelques détails près. Posons $G(z) = \int_{-\infty}^0 \mathrm{e}^{\mathrm{i}\lambda z}\widehat{\mu}(\lambda)\,\mathrm{d}\lambda$. Puisque $G(z)$ est holomorphe dans $\Im z < -1$, et continue et bornée sur $\Im z \leqslant -1$, [36] nous sommes ramenés à démontrer $\int_0^\infty (x^2+1)^{-1}\log|G(x-\mathrm{i})|\,\mathrm{d}x \overset{?}{=} -\infty$. Observons que, pour $\lambda = \sigma + \mathrm{i}\tau$,

$$\Re(\mathrm{i}(x-\mathrm{i})(\sigma+\mathrm{i}\tau)) = \sigma - \tau x, \tag{5.12}$$

où $\sigma \leqslant 0$ et $0 < \tau < 1$. Nous devons estimer $\int_{-\infty}^0 \rho_A(\lambda)\mathrm{e}^{\mathrm{i}\lambda(x-\mathrm{i})}\,\mathrm{d}\lambda$ et $\int_{-\infty}^0 \mathrm{e}^{\mathrm{i}\lambda(x-\mathrm{i})}\widehat{\mu}_A(\lambda)\,\mathrm{d}\lambda$ ; compte tenu de l'équation (5.12), le chemin d'intégration de cette seconde intégrale doit, cette fois, être remplacé par $\Gamma'$, où $\Gamma'$ est obtenu en parcourant (de gauche à droite) la demi-droite issue de i passant par $-1+\mathrm{i}$, puis le segment $[\mathrm{i}, 0]$. Les estimations désirées sont alors faites comme auparavant ; les détails sont laissés au lecteur. □

**Quasi-analyticité.** La démonstration précédente est à l'origine d'une notion de quasi-analyticité, due à Beurling.

Soit donné un arc fermé, $\sigma$, inclus dans une courbe de Jordan rectifiable. Un ensemble de fonctions dans $C(\sigma)$ constituent une *classe quasi-analytique* si aucune d'entre elles, sauf 0, ne s'annule sur un sous-ensemble de $\sigma$ dont la mesure est positive, — la mesure utilisée étant bien sûr la longueur d'arc. Par exemple, en désignant par $\mathcal{D}$ l'intérieur de la courbe de Jordan rectifiable

---

[35] En désignant par $\mathfrak{W}(A)$ le minorant de $w(A) = \left(\int_{-\infty}^{-A-0}|\mathrm{d}\mu(t)|\right)^{-1}$ décrit juste avant le lemme du théorème 4.5, nous pouvons aussi invoquer ce dernier lemme, — puisque $\log\mathfrak{W}(A) - M(0^+) \leqslant M_*(A) \leqslant M(A) = \log w(A)$. (*N.d.T.*)

[36] Attention à ne pas confondre $z$, qui varie maintenant dans le demi-plan *inférieur*, avec $\lambda$, qui continuera de varier dans $\overline{\mathcal{S}}$.

contenant $\sigma$, les fonctions holomorphes dans $\mathcal{D}$ et continues sur $\overline{\mathcal{D}}$, restreintes à $\sigma$, constituent une classe quasi-analytique (par les théorèmes de Riemann, Carathéodory et le premier corollaire du théorème 1.12 relevé au disque). En fait, les fonctions ne s'écartant pas trop de ces dernières, — dans la mesure où leur distance uniforme avec les meilleures d'entre elles *bornées par un nombre choisi* diminue rapidement lorsque ce nombre croît —, constituent aussi une classe quasi-analytique, comme en témoigne le théorème suivant.

**Théorème 5.6.** *Soit donné un poids, $M(A)$, défini sur $]0,\infty[$, non négatif, croissant et vérifiant $\int_1^\infty A^{-2}M(A)\,\mathrm{d}A = \infty$. Pour $\sigma$ et $\mathcal{D}$ précisés ci-dessus, considérons les fonctions, $\varphi(\zeta) \in C(\sigma)$, dont le module reste inférieur à l'unité et qui jouissent de la propriété suivante : pour tout $A > 0$, il existe un $\varphi_A(z)$ holomorphe dans $\mathcal{D}$, continu sur $\overline{\mathcal{D}}$, borné par $\mathrm{e}^A$ et tel que $|\varphi(\zeta) - \varphi_A(\zeta)| \leqslant \mathrm{e}^{-M(A)}$ pour tout $\zeta \in \sigma$. Ces fonctions constituent une classe quasi-analytique.*

Preuve. Pour $\varphi(\zeta)$ dans la classe envisagée, supposons $\varphi(\zeta) = 0$ sur un ensemble de mesure positive, $E \subseteq \sigma$. Puisque $\varphi$ est continue sur $\sigma$, nous supposons en outre, sans restreindre la généralité, $E$ fermé, compris à l'intérieur de $\sigma$ (pour la topologie induite).

L'énoncé du théorème est fait d'invariants pour les applications conformes prolongées de manière continue et biunivoque à la frontière.[37] Ainsi, en vertu des théorèmes de Riemann, Carathéodory, F. & M. Riesz et de la discussion suivant ce dernier, nous pouvons transformer le domaine $\mathcal{D}$ en $\mathcal{S} = \{\lambda \in \mathbb{C}\,;\, 0 < \Im\lambda < 1\}$ de manière que :

- $\sigma$, moins ses deux extrémités, corresponde à $\mathbb{R}$ ;
- $E$ corresponde à un ensemble fermé, $G \subseteq \mathbb{R}$, qui contient l'origine, dont la mesure est positive et qui vérifie $\lim_{\tau\downarrow 0} \omega_{\mathcal{S}}(G, \mathrm{i}\tau) = 1$.[38]

Nous sommes donc ramenés à démontrer $\varphi = 0$ pour toute fonction, $\varphi(\lambda)$, continue sur $\mathbb{R}$, nulle sur $G$, majorée par 1 et jouissant de la propriété suivante : pour tout $A > 0$, il existe une fonction, $\varphi_A(\lambda)$, holomorphe dans $\mathcal{S}$, continue sur $\overline{\mathcal{S}}$, bornée par $\mathrm{e}^A$, telle que

$$(5.13)\qquad |\varphi(\lambda) - \varphi_A(\lambda)| \leqslant \mathrm{e}^{-M(A)} \quad \text{pour tout } \lambda \in \mathbb{R}.$$

Notons qu'ainsi, $|\mathrm{e}^{\mathrm{i}\lambda A}\varphi_A(\lambda)| \leqslant |\varphi(\lambda)| + \mathrm{e}^{-M(A)} \leqslant 2$ sur l'axe réel, tandis que $|\mathrm{e}^{\mathrm{i}\lambda A}\varphi_A(\lambda)| \leqslant 1$ sur la droite $\Im\lambda = 1$. Puisque $\mathrm{e}^{\mathrm{i}\lambda A}\varphi_A(\lambda)$ est bornée sur $\mathcal{S}$, le principe du maximum généralisé entraîne

$$(5.14)\qquad |\varphi_A(\lambda)| \leqslant 2\mathrm{e}^{A\Im\lambda} \quad \text{pour tout } \lambda \in \overline{\mathcal{S}}.$$

De plus, puisque $\varphi(\lambda)$ s'annule sur $G$, la relation (5.13) entraîne

$$(5.15)\qquad |\varphi_A(\lambda)| \leqslant \mathrm{e}^{-M(A)} \quad \text{pour tout } \lambda \in G.$$

---

[37]Y compris la quasi-analyticité, — compte tenu du théorème 5.1 (de F. & M. Riesz).

[38]Par un argument présenté lors de la démonstration du théorème 5.5, cette égalité est toujours réalisable, quitte à translater les points de $\overline{\mathcal{S}}$ parallèlement à l'axe réel.

Par conséquent, les relations (5.13), (5.14) et (5.15) nous permettent de reproduire, à ce stade-ci, la preuve du théorème de Beurling (théorème 5.5, à partir de la relation (5.10)), en substituant $\varphi(\lambda)$ à $\widehat{\mu}(\lambda)$, $\varphi_A(\lambda)$ à $\widehat{\mu}_A(\lambda)$, $\varphi(\lambda) - \varphi_A(\lambda)$ à $\rho_A(\lambda)$ et $G$ à $E$. Nous obtenons, en vertu des mêmes estimations, — à cette vétille près qu'un facteur 2 apparaît dans la relation (5.14) —, $\varphi(\lambda) = 0$ pour tout $\lambda \in \mathbb{R}$, ce qui complète la démonstration. □

Nous déduisons le *théorème d'adhésivité de Beurling* (en anglais, *Beurling's Sticking Theorem*) :

**Corollaire.** *Envisageons d'une part une mesure complexe, $\mu$, sur $\mathbb{R}$, rapidement décroissante à l'infini, — à savoir que*

$$\int_{-\infty}^{0} \frac{1}{x^2+1} \log\left(\frac{1}{\int_{-\infty}^{x-0} |\mathrm{d}\mu(t)|}\right) \mathrm{d}x = \infty,$$

*— et sa transformée de Fourier, $\widehat{\mu}(\lambda)$. Envisageons d'autre part une fonction, $\psi(\lambda)$, holomorphe dans un rectangle $\mathcal{D} = \{\lambda \in \mathbb{C} \; ; \; a < \Re\lambda < b, \, 0 < \Im\lambda < h\}$ et continue sur $\overline{\mathcal{D}}$. Si $\psi(\lambda) = \widehat{\mu}(\lambda)$ sur un sous-ensemble de $[a, b]$ dont la mesure est positive, alors l'égalité subsiste pour tout $\lambda \in [a, b]$.*

Preuve. Sans restreindre la généralité, nous supposons $\|\mu\| \leqslant \frac{1}{2}$, $h \leqslant 1$ et $|\psi(\lambda)| \leqslant \frac{1}{2}$ sur $\overline{\mathcal{D}}$. Envisageons le poids $M(A) = -\log \int_{-\infty}^{-A-0} |\mathrm{d}\mu(t)|$. Ce dernier est positif et croissant sur $]0, \infty[$. Il vérifie $\int_1^\infty A^{-2} M(A) \, \mathrm{d}A = \infty$,[39] par hypothèse. Posons $\varphi(\lambda) = \widehat{\mu}(\lambda) - \psi(\lambda)$, où $\lambda \in [a, b]$. Il s'agit d'une fonction continue, bornée par l'unité. De même, pour tout $A > 0$, posons $\varphi_A(\lambda) = \int_{-A-0}^{\infty} \mathrm{e}^{\mathrm{i}\lambda t} \, \mathrm{d}\mu(t) - \psi(\lambda)$, où cette fois $\lambda \in \overline{\mathcal{D}}$. Il s'agit d'une fonction holomorphe dans $\mathcal{D}$ et continue sur $\overline{\mathcal{D}}$. De plus, pour tout $\lambda \in \overline{\mathcal{D}}$,

$$|\varphi_A(\lambda)| \leqslant \tfrac{1}{2}\mathrm{e}^{hA} + \tfrac{1}{2} \leqslant \tfrac{1}{2}\mathrm{e}^{A} + \tfrac{1}{2} \leqslant \mathrm{e}^{A},$$

cependant que, pour tout $\lambda \in [a, b]$,

$$|\varphi(\lambda) - \varphi_A(\lambda)| = \left| \int_{-\infty}^{-A-0} \mathrm{e}^{\mathrm{i}\lambda t} \, \mathrm{d}\mu(t) \right| \leqslant \int_{-\infty}^{-A-0} |\mathrm{d}\mu(t)| = \mathrm{e}^{-M(A)}.$$

Puisque $\varphi(\lambda) = 0$ sur un sous-ensemble de $[a, b]$ dont la mesure est positive, le théorème entraîne que cette égalité subsiste, c'est-à-dire $\psi(\lambda) = \widehat{\mu}(\lambda)$ pour tout $\lambda \in [a, b]$, — tel qu'affirmé. □

[39] Nous n'écartons pas la situation où $M(A) = \infty$ à partir d'un certain $A$, — dans lequel cas le théorème 5.6 est trivial. (*N.d.T.*)

CHAPITRE 6

# Problème de Dirichlet

*Nous démontrons, en suivant l'approche de Garabedian, que le problème de Dirichlet est résolu pour les domaines décrits au début du chapitre 5. Puisque ceux-ci se ramènent, au moyen d'équivalences conformes prolongées continûment à la frontière, à des domaines bornés délimités par un nombre fini de courbes de Jordan analytiques, seuls ces derniers sont envisagés.*

## 6.1. Aire d'une courbe de Jordan rectifiable

Soit $\varphi\colon [0,1] \to \mathbb{C}$ une paramétrisation continue et injective — mis à part $\varphi(0) = \varphi(1)$ — d'une courbe de Jordan donnée, $\Gamma$, que nous supposons *rectifiable.* Ainsi, les sommes suivantes, définies pour toutes subdivisions $0 = t_0 < t_1 < \cdots < t_N = 1$ (où $N = 1, 2, \ldots$), restent bornées :

$$\sum_{k=1}^{N} |\varphi(t_k) - \varphi(t_{k-1})|.$$

Leur borne supérieure définit la *longueur* de $\Gamma$, — que nous désignons par $\ell(\Gamma)$.

**Lemme.** *Étant donné un $\varepsilon > 0$, il existe un $\delta > 0$ tel que, pour toute subdivision $0 = t_0 < t_1 < \cdots < t_N = 1$ dont le pas*[1] *est inférieur à $\delta$,*

$$\sum_{k=1}^{N} |\varphi(t_k) - \varphi(t_{k-1})| > \ell(\Gamma) - \varepsilon.$$

Preuve. Fixons d'abord une subdivision $0 = \tau_0 < \tau_1 < \cdots < \tau_M = 1$ telle que

$$\sum_{l=1}^{M} |\varphi(\tau_l) - \varphi(\tau_{l-1})| > \ell(\Gamma) - \frac{\varepsilon}{3}. \tag{6.1}$$

Puisque $\varphi$ est uniformément continue, il existe un $\delta > 0$, que nous choisissons inférieur au pas de la subdivision précédente, tel que, pour $\tau, \tau' \in [0,1]$,

$$|\tau' - \tau| < \delta \text{ entraîne } |\varphi(\tau') - \varphi(\tau)| < \frac{\varepsilon}{3(M-1)}.$$

[1] Rappelons que le *pas* d'une telle subdivision (que nous ne supposons pas régulière) vaut $\max_{k=1}^{N} |t_k - t_{k-1}|$.

Envisageons une subdivision $0 = t_0 < t_1 < \cdots < t_N = 1$ dont le pas est inférieur à $\delta$. Vu la première propriété de $\delta$, aucun des segments $[t_{k-1}, t_k]$ ne peut contenir plus d'un $\tau_l$. De plus, pour tout $l = 1, \ldots, M-1$, il existe un unique $k_l$ vérifiant $t_{k_l-1} < \tau_l \leqslant t_{k_l}$. Vu la seconde propriété de $\delta$,

$$\sum_{l=1}^{M-1} \left(|\varphi(t_{k_l}) - \varphi(\tau_l)| + |\varphi(\tau_l) - \varphi(t_{k_l-1})|\right) < \frac{2\varepsilon}{3}. \tag{6.2}$$

Or, la subdivision obtenue en ajoutant les $t_k$ aux $\tau_l$ correspond à la somme suivante, supérieure ou égale à $\sum_{l=1}^{M} |\varphi(\tau_l) - \varphi(\tau_{l-1})|$ :

$$\sum_{\substack{1 \leqslant k \leqslant N \\ k \neq k_1, \ldots, k_{M-1}}} |\varphi(t_k) - \varphi(t_{k-1})| + \sum_{l=1}^{M-1} \left(|\varphi(t_{k_l}) - \varphi(\tau_l)| + |\varphi(\tau_l) - \varphi(t_{k_l-1})|\right).$$

Les inéquations (6.1) et (6.2) entraînent donc

$$\sum_{k=1}^{N} |\varphi(t_k) - \varphi(t_{k-1})| \geqslant \sum_{\substack{1 \leqslant k \leqslant N \\ k \neq k_1, \ldots, k_{M-1}}} |\varphi(t_k) - \varphi(t_{k-1})| > \ell(\Gamma) - \varepsilon,$$

tel qu'affirmé. □

Pour $t \in [0, 1]$, désignons par $\ell(t)$ la longueur de l'arc $\{\varphi(\tau) ; 0 \leqslant \tau \leqslant t\}$. De plus, étant donnée une subdivision $0 = t_0 < t_1 < \cdots < t_N = 1$, désignons par $\Gamma_k$ l'arc $\{\varphi(\tau) ; t_{k-1} \leqslant \tau \leqslant t_k\}$. En affinant les subdivisions utilisées dans l'évaluation des longueurs afin d'obtenir une subdivision commune, il est aisé d'établir $\ell(\Gamma) = \ell(\Gamma_1) + \ell(\Gamma_2) + \cdots + \ell(\Gamma_N)$ et $\ell(\Gamma_k) = \ell(t_k) - \ell(t_{k-1})$. De ces considérations et du lemme précédent, nous déduisons :

**Lemme.** *La fonction $\ell(t)$ est continue.*

PREUVE. Pour $\varepsilon > 0$ donné, choisissons un $\delta > 0$ issu du dernier lemme, suffisamment petit pour qu'en outre $|\varphi(t') - \varphi(t)| < \varepsilon$ si $0 < t' - t < \delta$, — où $t, t' \in [0, 1]$. Pour de tels $t$ et $t'$ fixés, envisageons une subdivision, $0 = t_0 < t_1 < \cdots < t_N = 1$, dont le pas est inférieur à $\delta$ et qui vérifie $t_{l-1} = t$ et $t_l = t'$ pour un certain $l$. Le dernier lemme et les considérations précédentes impliquent

$$\begin{aligned} \ell(\Gamma) - \varepsilon &< \sum_{k \neq l} |\varphi(t_k) - \varphi(t_{k-1})| + |\varphi(t') - \varphi(t)| \\ &< \sum_{k \neq l} \left(\ell(t_k) - \ell(t_{k-1})\right) + \varepsilon = \ell(\Gamma) - \left(\ell(t') - \ell(t)\right) + \varepsilon. \end{aligned}$$

Donc, $\ell(t') - \ell(t) < 2\varepsilon$, d'où le résultat. □

**Théorème 6.1.** *L'aire de toute courbe de Jordan rectifiable est nulle.*

PREUVE. Soit $\varepsilon > 0$. En vertu du lemme précédent, toute subdivision

$$0 = t_0 < t_1 < \cdots < t_N = 1$$

suffisamment fine vérifie $\ell(\Gamma_k) < \varepsilon$ pour tout $k = 1, \ldots, N$, — où $\Gamma_k$ est défini ci-dessus. Étant donnée une telle subdivision et un tel $k$, envisageons le disque, $\Delta_k$, centré en $\varphi(t_{k-1})$ et de rayon $2\ell(\Gamma_k)$. Observons que, pour tout $t \in [t_{k-1}, t_k]$, $|\varphi(t) - \varphi(t_{k-1})| \leqslant \ell(t) - \ell(t_{k-1}) \leqslant \ell(\Gamma_k)$. En particulier, l'arc $\Gamma_k$ est toujours inclus dans le disque $\Delta_k$, — de sorte que $\Gamma \subseteq \bigcup_{k=1}^N \Delta_k$. Or, l'aire de $\Delta_k$ vaut $4\pi\big(\ell(\Gamma_k)\big)^2$, qui est inférieur à $4\pi\varepsilon\ell(\Gamma_k)$. Au total, l'aire de $\Gamma$ est donc inférieure à $4\pi\varepsilon\ell(\Gamma)$. Puisque $\varepsilon > 0$ est arbitrairement fixé, le résultat s'ensuit. □

**Remarque.** Il existe des courbes de Jordan (non rectifiables) dont l'aire est positive.

## 6.2. Recours aux potentiels logarithmiques

Définissons, sur la frontière d'un domaine $\mathcal{D}$ borné par un nombre fini de courbes de Jordan rectifiables,

$$\varphi_a(\zeta) = \log|\zeta - a|.$$

Par des calculs relevant de la théorie du potentiel, nous démontrons que $\{\varphi_a(\zeta) \ ; a \notin \partial\mathcal{D}\}$ est total dans $C(\partial\mathcal{D})$, — en d'autres mots, que les combinaisons linéaires finies des $\varphi_a(\zeta)$ sont uniformément denses dans $C(\partial\mathcal{D})$.

**Lemme.** *Pour $R > 0$ fixé, $\int_0^{2\pi}\int_0^R \big|\log|r\mathrm{e}^{\mathrm{i}\theta} - w|\big|\,\mathrm{d}r\,\mathrm{d}\theta$ est borné quand $w$ varie dans une partie compacte du plan.*

Preuve. Pour $r \in [0, R]$ et $w$ variant dans un compact, $r + |w|$ est majoré par un certain $A$, — de sorte que $\int_0^{2\pi}\int_0^R \log^+|r\mathrm{e}^{\mathrm{i}\theta} - w|\,\mathrm{d}r\,\mathrm{d}\theta \leqslant 2\pi R\log^+ A$. De plus, puisque $|r\mathrm{e}^{\mathrm{i}\theta} - w| \geqslant \big|r - |w|\big|$,

$$\begin{aligned}\int_0^{2\pi}\int_0^R \log^-|r\mathrm{e}^{\mathrm{i}\theta} - w|\,\mathrm{d}r\,\mathrm{d}\theta &\leqslant 2\pi\int_0^R \log^-\big|r - |w|\big|\,\mathrm{d}r\\ &\leqslant 2\pi\int_{-\infty}^{\infty} \log^-|x|\,\mathrm{d}x = 4\pi.\end{aligned}$$

Au total, $\int_0^{2\pi}\int_0^R \big|\log|r\mathrm{e}^{\mathrm{i}\theta} - w|\big|\,\mathrm{d}r\,\mathrm{d}\theta \leqslant 2\pi R\log^+ A + 4\pi$, ce qui fournit la borne désirée. □

En particulier, pour $R > 0$ et $z$ fixé, l'intégrale

$$\phi_R(z) = \frac{1}{2\pi R}\int_0^{2\pi}\int_0^R \log|z - r\mathrm{e}^{\mathrm{i}\theta}|\,\mathrm{d}r\,\mathrm{d}\theta \tag{6.3}$$

est absolument convergente, donc bien définie et soumise au théorème de Fubini. Celui-ci et le théorème de la moyenne entraînent, pour $|z| > R$, $\phi_R(z) = \log|z|$. Par contre, pour $|z| \leqslant R$, l'égalité de Jensen (théorème 3.1) implique $(2\pi)^{-1}\int_0^{2\pi}\log|z - r\mathrm{e}^{\mathrm{i}\theta}|\,\mathrm{d}\theta = \max(\log r, \log|z|)$, [2] — de sorte que,

[2]En détail, appliquons l'identité $(2\pi)^{-1}\int_{-\pi}^{\pi}\log|f(r\mathrm{e}^{\mathrm{i}\theta})|\,\mathrm{d}\theta = \int_0^r [n_f(\rho)/\rho]\,\mathrm{d}\rho + \log|f(0)|$ à $f(r\mathrm{e}^{\mathrm{i}\theta}) = z - r\mathrm{e}^{\mathrm{i}\theta}$. Puisque $n_f(\rho)$ représente le nombre de zéros de $f$ dont le module n'excède pas $\rho$, $n_f(\rho)$ vaut 1 si $\rho \geqslant |z|$ et 0 sinon, de sorte que $\int_0^r [n_f(\rho)/\rho]\,\mathrm{d}\rho$

par le théorème de Fubini,

$$R\phi_R(z) = \int_0^R \frac{1}{2\pi}\int_0^{2\pi} \log|z - re^{i\theta}|\,d\theta\,dr$$
$$= \int_0^{|z|} \log|z|\,dr + \int_{|z|}^R \log r\,dr = R\log R - R + |z|.$$

En résumé,

$$\phi_R(z) = \begin{cases} \log R - (1 - |z|/R) & \text{si } |z| \leqslant R, \\ \log|z| & \text{sinon.} \end{cases}$$

Par conséquent, pour $R > 0$,

$$\phi_{2R}(z) - \phi_R(z) = \begin{cases} \log 2 - |z|/(2R) & \text{si } |z| \leqslant R, \\ \log(2R/|z|) - (1 - |z|/(2R)) & \text{si } R < |z| \leqslant 2R, \\ 0 & \text{sinon.} \end{cases}$$

En particulier, en posant $\psi(z) = \phi_2(z) - \phi_1(z)$,

$$\phi_{2R}(z) - \phi_R(z) = \psi(z/R). \tag{6.4}$$

La fonction $\psi(z)$ ainsi définie est non négative : d'une part, pour $|z| \leqslant 1$, $\psi(z) = \log 2 - |z|/2 \geqslant \log 2 - 1/2 > 0$, tandis que, pour $|z| > 2$, $\psi(z) = 0$. Finalement, pour $1 < |z| \leqslant 2$,

$$\psi(z) = \log\left(\frac{1}{1 - (1 - |z|/2)}\right) - \left(1 - \frac{|z|}{2}\right)$$
$$= \frac{1}{2}\left(1 - \frac{|z|}{2}\right)^2 + \frac{1}{3}\left(1 - \frac{|z|}{2}\right)^3 + \cdots > 0.$$

Puisque $\psi(z)$ ne dépend que de $|z|$, il suffit, pour comprendre son graphique, d'envisager $\psi(x)$, où $x \in \mathbb{R}$. En fait, $\psi(x)$ vaut 0 pour $x < -2$, croît de manière courbe entre $-2$ et $-1$, puis linéaire entre $-1$ et 0, atteint son maximum en 0 et décroît, par la suite, de manière symétrique : linéaire entre 0 et 1, courbe entre 1 et 2, — pour redevenir nulle au-delà de 2. Ainsi, en identifiant $z = x + iy$ au couple $(x, y)$, la fonction $\psi(z)$ donne lieu à une approximation de l'identité[3] pour la convolution dans $L^1(\mathbb{R}^2)$, formée par

$$\epsilon_R(z) = \frac{1}{kR^2}\psi\left(\frac{z}{R}\right),$$

pour $R \downarrow 0$, où $k = \|\psi\|_1 = \int_{-\infty}^{\infty}\int_{-\infty}^{\infty} \psi(z)\,dx\,dy = 2\pi\int_0^2 \psi(r)r\,dr$.

**Théorème 6.2.** *$\{\varphi_a(\zeta)\ ;\ a \notin \partial\mathcal{D}\}$ est total dans $C(\partial\mathcal{D})$.*

---

vaut $\log r - \log|z|$ si $r \geqslant |z|$ et 0 sinon. Puisqu'en outre $\log|f(0)| = \log|z|$, le résultat est démontré. (*N.d.T.*)

[3]Rappelons qu'une famille de fonctions, $\{\epsilon_R(z)\}$, constitue une *approximation de l'identité* si ces dernières vérifient les propriétés suivantes : pour $R > 0$ et $z \in \mathbb{C}$, $\epsilon_R(z) \geqslant 0$ ; pour $R > 0$, $\|\epsilon_R\|_1 = 1$ ; finalement, pour tout $h > 0$, $\lim_{R\downarrow 0}\int_{|z|>h} \epsilon_R(z)\,d^2z = 0$, où $d^2z$ désigne la mesure de Lebesgue dans le plan.

PREUVE. Supposons par l'absurde que cette proposition soit fausse. Alors, les théorèmes de Hahn-Banach et de Riesz–Markov entraînent l'existence d'une mesure réelle, $\mu$, sur $\partial\mathcal{D}$, borélienne, régulière, finie et non nulle, vérifiant

$$\int_{\partial\mathcal{D}} \log|\zeta - a| \,\mathrm{d}\mu(\zeta) = 0 \tag{6.5}$$

pour tout $a \notin \partial\mathcal{D}$.

Pour $a$ complexe, posons $U(a) = \int_{\partial\mathcal{D}} \log|\zeta - a| \,\mathrm{d}\mu(\zeta)$, — où le membre de droite est arbitraire lorsque l'intégrale n'est pas bien définie. Puisque $\partial\mathcal{D}$ est rectifiable, sa mesure de Lebesgue (en dimension 2) est nulle. Ainsi, en identifiant le plan complexe à $\mathbb{R}^2$, l'équation (6.5) implique que, pour $z \in \mathbb{R}^2$ arbitrairement fixé, $U(w+z)$ est nulle pour presque tous les $w \in \mathbb{R}^2$. En particulier, $U(w+z)/|w| = 0$ dans $L^1(\mathbb{R}^2)$, de sorte que, pour $R > 0$,

$$\int_0^{2\pi}\int_0^R U(re^{\mathrm{i}\theta}+z)\,\mathrm{d}r\,\mathrm{d}\theta = \int_0^{2\pi}\int_0^R \frac{U(re^{\mathrm{i}\theta}+z)}{r} r\,\mathrm{d}r\,\mathrm{d}\theta = 0.$$

Le même résultat vaut, en remplaçant $R$ par $2R$. Par conséquent, le théorème de Fubini — en compagnie du lemme — et les équations (6.3) et (6.4) entraînent, pour $R > 0$ et $z$ fixé,

$$\begin{aligned} 0 &= \frac{1}{4\pi R}\int_0^{2\pi}\int_0^{2R} U(re^{\mathrm{i}\theta}+z)\,\mathrm{d}r\,\mathrm{d}\theta - \frac{1}{2\pi R}\int_0^{2\pi}\int_0^R U(re^{\mathrm{i}\theta}+z)\,\mathrm{d}r\,\mathrm{d}\theta \\ &= \int_{\partial\mathcal{D}} \phi_{2R}(\zeta - z)\,\mathrm{d}\mu(\zeta) - \int_{\partial\mathcal{D}} \phi_R(\zeta - z)\,\mathrm{d}\mu(\zeta) = \int_{\partial\mathcal{D}} \psi\Big(\frac{\zeta - z}{R}\Big)\,\mathrm{d}\mu(\zeta). \end{aligned}$$

Par conséquent, $\int_{\partial\mathcal{D}} \epsilon_R(\zeta - z)\,\mathrm{d}\mu(\zeta) = 0$.

Cette dernière équation permet d'inférer $\mu = 0$ de la manière suivante. Elle entraîne, pour toute fonction, $\Theta(z)$, continue et dont le support est compact, $\int_{\mathbb{R}^2}\int_{\partial\mathcal{D}} \epsilon_R(\zeta - z)\Theta(z)\,\mathrm{d}\mu(\zeta)\,\mathrm{d}^2 z = 0$, c'est-à-dire, par le théorème de Fubini,

$$\int_{\partial\mathcal{D}} (\epsilon_R * \Theta)(\zeta)\,\mathrm{d}\mu(\zeta) = 0,$$

— où $*$ désigne la convolution dans $L^1(\mathbb{R}^2)$. Puisque les fonctions $\epsilon_R$ constituent une approximation de l'identité pour cette convolution, l'intégrande, dans cette dernière expression, tend uniformément vers $\Theta(\zeta)$ quand $R \downarrow 0$. Bref, $\int_{\partial\mathcal{D}} \Theta(\zeta)\,\mathrm{d}\mu(\zeta) = 0$ pour tous les $\Theta(z)$ ci-dessus. Il résulte $\mu = 0$, — ce qui est absurde. Le théorème est démontré. □

## 6.3. Approche d'une courbe de Jordan de classe $C^2$

Rappelons qu'une courbe de Jordan est *différentiable* si elle admet une tangente en chacun de ses points. Envisageons une telle courbe, $\Gamma$, et désignons sa tangente en $\zeta$ par $T_\zeta$. Un certain voisinage de $\zeta$ (pour la topologie induite par $\Gamma$) peut être repéré au moyen de coordonnées locales faisant de lui le graphique d'une fonction, — en choisissant $\zeta$ pour origine et $T_\zeta$ pour axe de l'abscisse. En faisant varier $\zeta$ le long de $\Gamma$, les fonctions ainsi obtenues constituent un système de paramétrisations compatibles qui recouvrent $\Gamma$.

Si chacune d'elles est dans $C^2$, la courbe $\Gamma$ est *de classe* $C^2$, — ce que nous supposons désormais.

Considérons un point, $\zeta' \in \Gamma$, dans le voisinage de $\zeta$ décrit ci-dessus. Désignons par $q'$ le point $\zeta'$ projeté sur $T_\zeta$. Puisque $\Gamma$ est de classe $C^2$, les tangentes $T_\zeta$ et $T_{\zeta'}$ forment un angle[4] aigu, $\theta$, qui vérifie

$$0 \leqslant \tan\theta < C|q' - \zeta| \tag{6.6}$$

pour un certain $C > 0$ indépendant de $\zeta'$.[5] En invoquant la continuité, quitte à rétrécir le voisinage considéré (qui, au demeurant, continue d'embrasser un point arbitrairement choisi), nous demandons que $C$ soit indépendant de $\zeta$ aussi bien que de $\zeta'$, — tous deux pris dans ce voisinage.

**Lemme.** *Soit $\zeta_0 \in \Gamma$. Il existe un voisinage, $\mathcal{V}_{\zeta_0}$, de $\zeta_0$ (pour la topologie induite) et une constante, $K > 0$, ne dépendant que de $\mathcal{V}_{\zeta_0}$, tels que pour tout $\zeta, \zeta' \in \mathcal{V}_{\zeta_0}$, les normales à $\Gamma$ en $\zeta$ et $\zeta'$ se croisent en un point $P$ vérifiant*

$$|P - \zeta_0| > K,$$

*— à moins qu'elles soient parallèles.*

PREUVE. Désignons par $n_\zeta$ et $n_{\zeta'}$ les normales en question. Supposons qu'elles se croisent, formant un angle aigu de mesure $\theta$. Alors, $T_\zeta$ et $T_{\zeta'}$ se croisent aussi, formant un angle de même mesure. Par le lemme précédent, si $\zeta$ et $\zeta'$ appartiennent à un voisinage, $\mathcal{U}_{\zeta_0}$, suffisamment serré de $\zeta_0$, il existe une constante positive, $C$, ne dépendant que de $\mathcal{U}_{\zeta_0}$, telle que

$$0 < \tan\theta \leqslant C|q' - \zeta|,$$

— où $q'$ représente la projection de $\zeta'$ sur $T_\zeta$. De plus, il existe un voisinage, $\mathcal{V}_{\zeta_0} \subseteq \mathcal{U}_{\zeta_0}$, de $\zeta_0$ tel que

$$|\zeta - \zeta'| < \frac{1}{3C} \tag{6.7}$$

si $\zeta, \zeta' \in \mathcal{V}_{\zeta_0}$, — ce que nous supposons désormais. Le théorème de Pythagore entraîne alors

$$|\zeta' - q'| < |\zeta - \zeta'| < \frac{1}{3C}. \tag{6.8}$$

---

[4]Nous convenons que des droites parallèles ou confondues forment un angle de 0 radian. (*N.d.T.*)

[5]En effet, en coordonnées locales, le voisinage de $\zeta$ en question est identifié au graphique d'une fonction, $f(x)$, de classe $C^2$. Remarquons que $f(0) = 0$ et $f'(0) = 0$. Le théorème des accroissements finis appliqué à $f'(x)$ assure alors l'existence d'un $C > 0$ indépendant de $x$ tel que, pour $x$ suffisamment près de 0, $|f'(x)| < C|x|$. Intrinsèquement, ceci revient à l'inéquation (6.6). (*N.d.T.*)

Désignons par $Q$ la projection de $\zeta'$ sur $n_\zeta$.[6] Ainsi, les droites $\overleftrightarrow{\zeta' Q}$ et $T_\zeta$ sont parallèles. De plus,

$$|P - Q| = \frac{|\zeta' - Q|}{\tan\theta} = \frac{|q' - \zeta|}{\tan\theta} \geqslant \frac{1}{C}.$$

Par conséquent, quelle que soit la situation relative de $P$, $Q$ et $\zeta$ sur la droite $n_\zeta$, la relation (6.8) entraîne

$$|P - \zeta| \geqslant |P - Q| - |Q - \zeta| = |P - Q| - |\zeta' - q'| \geqslant 2/(3C).$$

Finalement, l'inégalité du triangle et la relation (6.7) impliquent

$$|P - \zeta_0| \geqslant |P - \zeta| - |\zeta - \zeta_0| \geqslant 1/(3C),$$

ce qui complète la démonstration. □

Nous construisons maintenant l'*inverse* d'un nombre complexe par rapport à $\Gamma$, — plus précisément, par rapport à l'un de ses arcs —, et ce, au voisinage d'un de ses points, $\zeta_0 \in \Gamma$. Le lemme précédent assure l'existence d'un voisinage de $\zeta_0$ (pour la topologie induite), $\mathcal{V}_{\zeta_0} \subseteq \Gamma$, le long duquel les droites normales à $\Gamma$ ne se croisent qu'à une certaine distance de $\zeta_0$, — si elles le font. De ce voisinage, ne retenons que la composante connexe, $\sigma$, contenant $\zeta_0$. D'un point quelconque, $z$, extérieur à $\sigma$, mais suffisamment proche de $\zeta_0$, abaissons une perpendiculaire à $\sigma$.[7] Le lemme précédent assure que cette perpendiculaire est unique ; nous désignons son pied par $\zeta(z) \in \Gamma$. Il existe alors un unique point, $z^* \in \mathbb{C}$, tel que $\zeta(z)$ soit le milieu du segment $[z, z^*]$. Ce point est dit l'*inverse de* $z$ par rapport à $\sigma$ (ou $\Gamma$) ; il est bien défini dans un voisinage suffisamment petit de $\zeta_0$, en convenant toutefois que $z^* = z$ si $z$ est incident à $\sigma$.

**Lemme.** *Soient $\zeta_0 \in \Gamma$ et $\delta > 0$. Pour $w$ variant en dehors du disque centré en $\zeta_0$ et de rayon $\delta$, $\lim_{z\to\zeta_0} |z - w|/|z^* - w| = 1$ uniformément.*

PREUVE. Si $z \to \zeta_0$, alors $z^* \to \zeta_0$. Ainsi, lorsque $z$ est rapproché de $\zeta_0$, $|z^* - w| \geqslant \delta/2$ pour les $w$ ci-dessus. En particulier, $|z - z^*|/|z^* - w| \leqslant (2/\delta)|z - z^*|$. Notons que le membre de droite de cette dernière relation tend vers 0 lorsque $z \to \zeta_0$, indépendamment de $w$. Puisque $(z - w)/(z^* - w) = 1 + (z - z^*)/(z^* - w)$, ceci complète la démonstration. □

[6] Nous supposons $\mathcal{V}_{\zeta_0}$ suffisamment petit pour que $0 < \theta < \pi/2$, dans lequel cas $Q$ est bien défini ; cette demande est toujours réalisable, puisque les tangentes évoluent continûment le long d'une courbe de classe $C^2$. (*N.d.T.*)

[7] Cette perpendiculaire existe. En effet, tout voisinage de $\zeta_0$ suffisamment petit exclut les extrémités de $\sigma$. Par conséquent, le point $z$ n'étant pas sur $\sigma$, il se situe à une distance positive de cet arc. En particulier, il existe un $\zeta(z) \in \overline{\sigma}$ réalisant cette distance. Si $z$ est suffisamment rapproché de $\zeta_0$, clairement, $\zeta(z) \in \sigma$. Pour ne pas contredire la minimalité de $|z - \zeta(z)|$, force est d'admettre que $\sigma$ intercepte sans le pénétrer le cercle centré en $z$ et de rayon $|z - \zeta(z)|$, — c'est-à-dire lui est tangent. Ainsi, le segment $[z, \zeta(z)]$ est perpendiculaire à $\sigma$. (*N.d.T.*)

**Théorème 6.3.** *Soit* $\zeta_0 \in \Gamma$. *Pour* $\zeta$ *variant le long de* $\Gamma$,

$$\lim_{z\to\zeta_0} \frac{|z-\zeta|}{|z^*-\zeta|} = 1 \quad \textit{uniformément.} \tag{6.9}$$

Preuve. Soit $\varepsilon > 0$. Observons que, pour $0 \leqslant \theta \leqslant \pi/2$, $\tan\theta$ est petit si et seulement si $\theta$ l'est, dans lequel cas $\tan(\pi/4 \pm \theta/2)$ avoisine 1. Autrement dit, il existe un $\varepsilon' > 0$ tel que

$$\left|\tan\left(\frac{\pi}{4} \pm \frac{\theta}{2}\right) - 1\right| < \varepsilon \tag{6.10}$$

si $0 \leqslant \tan\theta < \varepsilon'$. Par la discussion précédant le premier lemme, il existe un arc ouvert, $\mathcal{V}_{\zeta_0} \subseteq \Gamma$, contenant $\zeta_0$ et jouissant de la propriété suivante : les tangentes en deux de ses points forment un angle[8] aigu dont la mesure, $\theta$, vérifie toujours $0 \leqslant \tan\theta < \varepsilon'$.

Envisageons un petit disque centré en $\zeta_0$ dont l'intersection avec $\Gamma$, désignée par $\mathcal{U}_{\zeta_0}$, est incluse dans $\mathcal{V}_{\zeta_0}$.[9] Précisons que $\mathcal{U}_{\zeta_0}$ est aussi un arc (le disque en question étant petit) : en effet, si $\mathcal{U}_{\zeta_0}$ était composé de plusieurs morceaux, $T_{\zeta_0}$ serait perpendiculaire à $T_\zeta$ pour un certain $\zeta \in \mathcal{V}_{\zeta_0}$. Nous démontrons le résultat pour $\zeta \in \mathcal{U}_{\zeta_0}$, — un recours au dernier lemme complétant ensuite l'argument.

Désignons par $\zeta(z)$ la projection de $z$ sur $\mathcal{U}_{\zeta_0}$, où $z$ est suffisamment proche de $\zeta_0$ ; celle-ci est bien définie, en vertu du premier lemme et de la notice 7, p. 121. Désignons par $\theta$ l'angle aigu formé par la tangente à $\Gamma$ en $\zeta(z)$ et la sécante à la même courbe passant par $\zeta(z)$ et $\zeta$. Par le théorème des accroissements finis, cette dernière est parallèle à une tangente en un certain point de $\mathcal{U}_{\zeta_0}$. Ainsi, $0 \leqslant \tan\theta < \varepsilon'$ — et l'inéquation (6.10) vaut.

Envisageons les triangles de sommets $z$, $\zeta(z)$, $\zeta$ et $z^*$, $\zeta(z)$, $\zeta$.[10] Posons $h = |z - \zeta(z)|$ et $s = |\zeta - \zeta(z)|$. Quitte à inverser les rôles de $z$ et $z^*$, la loi des cosinus entraîne

$$|z-\zeta|^2 = h^2 + s^2 - 2hs\cos\left(\frac{\pi}{2} - \theta\right),$$

cependant que

$$|z^*-\zeta|^2 = h^2 + s^2 + 2hs\cos\left(\frac{\pi}{2} - \theta\right).$$

Par conséquent,

$$\frac{|\zeta - z|^2}{|\zeta - z^*|^2} = \frac{1 - 2hs(h^2+s^2)^{-1}\cos(\pi/2-\theta)}{1 + 2hs(h^2+s^2)^{-1}\cos(\pi/2-\theta)}. \tag{6.11}$$

Or, $0 \leqslant 2hs/(h^2+s^2) \leqslant 1$. En rétablissant les rôles respectifs de $z$ et $z^*$, nous déduisons que le membre de gauche de l'équation (6.11) est compris entre

[8] Voir la notice 4, p. 120.

[9] Un tel disque existe, puisque $\Gamma$ est une courbe de Jordan, c'est-à-dire est homéomorphe au cercle unité. (*N.d.T.*)

[10] Nous permettons que $z$ appartienne à $\mathcal{U}_{\zeta_0}$, dans lequel cas $z = \zeta(z) = z^*$.

$(1-\cos(\pi/2-\theta))/(1+\cos(\pi/2-\theta))$ et $(1+\cos(\pi/2-\theta))/(1-\cos(\pi/2-\theta))$, c'est-à-dire entre $\tan^2(\pi/4-\theta/2)$ et $\tan^2(\pi/4+\theta/2)$. Ainsi, la relation (6.10) entraîne

$$\left|\frac{|z-\zeta|}{|z^*-\zeta|}-1\right|<\varepsilon,$$

peu importe la valeur de $\zeta \in \mathcal{U}_{\zeta_0}$, — et ce, lorsque $z$ est suffisamment proche de $\zeta_0$. En vertu du dernier lemme et de la définition de $\mathcal{U}_{\zeta_0}$, cette relation subsiste pour $\zeta \in \Gamma \sim \mathcal{U}_{\zeta_0}$, — là aussi, lorsque $z$ est suffisamment proche de $\zeta_0$. Puisque $\varepsilon > 0$ est arbitraire, ceci complète la démonstration. □

## 6.4. Résolubilité du problème de Dirichlet : preuve de Garabedian

**Théorème 6.4.** *Pour tout domaine borné, $\mathcal{D}$, délimité par un nombre fini de courbes de Jordan analytiques, le problème de Dirichlet est résolu. En d'autres mots, toute fonction continue sur $\partial\mathcal{D}$ possède un prolongement continu sur $\overline{\mathcal{D}}$ et harmonique dans $\mathcal{D}$.*

Preuve. Soit $\mathcal{E}$ l'espace vectoriel des fonctions sur $\partial\mathcal{D}$ qui possèdent un prolongement à la fois continu sur $\overline{\mathcal{D}}$ et harmonique dans $\mathcal{D}$ ; nous désignons par $U_\psi(z)$ le prolongement en question d'un quelconque $\psi(\zeta) \in \mathcal{E}$. Envisageons une suite, $\{\varphi_n\}$, dans $\mathcal{E}$, convergeant uniformément vers un certain $\varphi \in C(\partial\mathcal{D})$. Par le principe du maximum,

$$\sup_{z\in\overline{\mathcal{D}}}|U_{\varphi_n}(z)-U_{\varphi_m}(z)| = \sup_{\zeta\in\partial\mathcal{D}}|\varphi_n(\zeta)-\varphi_m(\zeta)| \xrightarrow{n,m} 0.$$

En d'autres mots, $\{U_{\varphi_n}(z)\}$ converge uniformément vers une certaine fonction, nécessairement continue sur $\overline{\mathcal{D}}$, harmonique dans $\mathcal{D}$ et valant $\varphi(\zeta)$ sur $\partial\mathcal{D}$. Donc, $\varphi \in \mathcal{E}$, — d'où nous tirons que $\mathcal{E}$ est un sous-espace fermé de $C(\partial\mathcal{D})$. Ainsi, pour démontrer le résultat, à savoir $\mathcal{E} = C(\partial\mathcal{D})$, il suffit d'établir la densité de $\mathcal{E}$ dans $C(\partial\mathcal{D})$. Or, en vertu du théorème 6.2, $\{\varphi_a(\zeta)\ ;\ a \notin \partial\mathcal{D}\}$ est total dans $C(\partial\mathcal{D})$, où $\varphi_a(\zeta) = \log|\zeta - a|$. Il suffit donc, en réalité, de démontrer que $\varphi_a \in \mathcal{E}$ pour tout $a \notin \partial\mathcal{D}$, — ce que nous faisons à l'instant.

Pour $a \notin \overline{\mathcal{D}}$, le résultat est trivial, — puisque $\log|z-a|$ prolonge $\varphi_a(\zeta)$ adéquatement. Supposons donc $a \in \mathcal{D}$. Nous allons montrer que $\varphi_a \in \mathcal{E}$ en suivant ce plan : 1°, poser $\varphi_z(\zeta) = \log|z-\zeta|$ pour un paramètre $z \in \mathcal{D}$ arbitrairement fixé ; 2°, prolonger $\varphi_z(\zeta)$ de manière adéquate, pour bien définir « $\varphi_z(a)$ » ; 3°, montrer que « $\varphi_z(a)$ » est une fonction harmonique de $z \in \mathcal{D}$, qui prolonge continûment $\varphi_a(\zeta)$ ; 4°, conclure. Il y a un hic : $\varphi_z(\zeta)$ ne possède évidemment pas de prolongement continu sur $\overline{\mathcal{D}}$, puisque $z \in \mathcal{D}$. Par contre, un substitut convenable du « prolongement continu de $\varphi_z(\zeta)$ évalué en $a$ » peut être construit de la manière suivante, — à l'aide du théorème de Hahn–Banach.

En effet, $h(\varphi) = U_\varphi(a)$ définit une fonctionnelle linéaire sur $\mathcal{E}$ qui, par le principe du maximum, est bornée et de norme 1. Par conséquent, il existe une fonctionnelle linéaire, $H$, définie sur $C(\partial\mathcal{D})$, prolongeant $h$ et dont la norme vaut 1. Nous posons $V(z) = H(\varphi_z)$ pour $z \in \mathcal{D}$, — ce qui fournit le substitut de « $\varphi_z(a)$ » proposé.

Montrons que $V(z)$ est harmonique dans $\mathcal{D}$. En effet, pour $z = x + iy$ arbitrairement fixé dans $\mathcal{D}$, $(V(z + \Delta x) - V(z))/\Delta x = H((\varphi_{z+\Delta x} - \varphi_z)/\Delta x)$. Or, $(\varphi_{z+\Delta x}(\zeta) - \varphi_z(\zeta))/\Delta x$, qui vaut $(\log|\zeta - (z + \Delta x)| - \log|\zeta - z|)/\Delta x$, tend vers $(\partial/\partial x)(\varphi_z(\zeta))$ uniformément en $\zeta \in \partial\mathcal{D}$, — puisque cette dernière région est compacte. Donc, la fonctionnelle $H$ étant bornée, la dérivée partielle $(\partial/\partial x)(V(z))$ existe et vaut $H((\partial/\partial x)(\varphi_z))$ ; elle est, de plus, continue en $z \in \mathcal{D}$, puisque $\lim_{z' \to z}(\partial/\partial x)(\varphi_{z'}(\zeta)) = (\partial/\partial x)(\varphi_z(\zeta))$ uniformément en $\zeta \in \partial\mathcal{D}$. Pour les mêmes raisons, $(\partial/\partial y)(V(z))$ existe, est continue et vaut $H((\partial/\partial y)(\varphi_z))$. Puisque nous travaillons avec des formules explicites, il est aisé d'étendre ces résultats aux dérivées partielles d'ordre supérieur de $V(z)$, en réalisant que les fonctions obtenues sont, de fois en fois, continues en $z \in \mathcal{D}$. Bref, $V(z)$ est de classe $C^\infty$. En particulier, puisque, pour $\zeta \in \partial\mathcal{D}$ fixé, $\varphi_z(\zeta)$ est une fonction harmonique de la variable $z \in \mathcal{D}$,

$$\frac{\partial^2}{\partial x^2}V(z) + \frac{\partial^2}{\partial y^2}V(z) = H\left(\frac{\partial^2}{\partial x^2}\varphi_z + \frac{\partial^2}{\partial y^2}\varphi_z\right) = 0,$$

de sorte que $V(z)$ est bel et bien harmonique dans $\mathcal{D}$.

Il ne reste plus qu'à montrer, pour $\zeta_0 \in \partial\mathcal{D}$ arbitrairement fixé,

$$\lim_{\substack{z \in \mathcal{D} \\ z \to \zeta_0}} V(z) \stackrel{?}{=} \log|a - \zeta_0|.$$

En effet, lorsque $z \in \mathcal{D}$ est suffisamment proche de $\zeta_0$, l'inverse de $z$ par rapport à $\partial\mathcal{D}$, — désigné par $z^*$ —, existe et se situe hors de $\overline{\mathcal{D}}$. Ainsi, $\varphi_{z^*}(\zeta) \in \mathcal{E}$, ce qui entraîne $H(\varphi_{z^*}) = h(\varphi_{z^*}) = \log|a - z^*|$. Par conséquent,

$$V(z) - \log|a - z^*| = H(\varphi_z - \varphi_{z^*}) = H\left(\log\frac{|\zeta - z|}{|\zeta - z^*|}\right).$$

Or, en vertu du théorème 6.3, $\lim_{z \to \zeta_0} |\zeta - z|/|\zeta - z^*| = 1$ uniformément en $\zeta \in \partial\mathcal{D}$. Donc, $H$ étant bornée, $\lim_{z \in \mathcal{D}, z \to \zeta_0}(V(z) - \log|a - z^*|) = H(0) = 0$, c'est-à-dire

$$\lim_{\substack{z \in \mathcal{D} \\ z \to \zeta_0}} V(z) = \log|a - \zeta_0| = \varphi_a(\zeta_0),$$

— puisque $z^*$ tend aussi vers $\zeta_0$ lorsque $z \to \zeta_0$. En conclusion, $\varphi_a(\zeta) \in \mathcal{E}$, et ce, pour $a \in \mathcal{D}$. Tel qu'expliqué auparavant, ce fait subsiste trivialement pour $a \notin \overline{\mathcal{D}}$, ce qui entraîne le résultat. □

CHAPITRE 7

# Introduction aux longueurs extrémales

## 7.1. Définitions et exemples

*Nous définissons le* module *et la* longueur extrémale *associés à une famille de courbes dans un domaine donné. Ces outils nous serviront, au cours de ce chapitre, à estimer les mesures harmoniques associées à un tel domaine.*

Étant donné un domaine, $\mathcal{D}$, envisageons une famille, $\mathcal{T}$, de courbes localement rectifiables reposant sur $\mathcal{D}$.[1] Une fonction, $p(z)$, définie sur $\mathcal{D}$, borélienne et non négative est dite *admissible* pour la famille $\mathcal{T}$ si et seulement si $\int_\gamma p(z)|\mathrm{d}z| \geqslant 1$ pour tout $\gamma \in \mathcal{T}$. Le *module* associé à $\mathcal{T}$ et $\mathcal{D}$ est alors défini par

$$\Lambda(\mathcal{T},\mathcal{D}) = \inf_{p \text{ admissible}} \iint_{\mathcal{D}} (p(z))^2 \,\mathrm{d}x\,\mathrm{d}y,$$

où $z = x + \mathrm{i}y$, tandis que la *longueur extrémale* correspondante est définie par $1/\Lambda(\mathcal{T},\mathcal{D})$.

Remarquablement, *le module est invariant pour les applications conformes* : si $f$ est une telle application menant $\mathcal{D}$ sur $\mathcal{D}'$ et $\mathcal{T}$ sur $\mathcal{T}'$, alors $\Lambda(\mathcal{T}',\mathcal{D}') = \Lambda(\mathcal{T},\mathcal{D})$. En effet, en posant $w = f(z)$, $w = u+\mathrm{i}v$, les équations de Cauchy–Riemann entraînent, pour toute fonction borélienne $p(w)$,

$$\begin{aligned}\iint_{\mathcal{D}'} (p(w))^2 \,\mathrm{d}u\,\mathrm{d}v &= \iint_{\mathcal{D}} (p(f(z)))^2 \left|\frac{\partial(u,v)}{\partial(x,y)}\right| \mathrm{d}x\,\mathrm{d}y \\ &= \iint_{\mathcal{D}} \big(p(f(z))|f'(z)|\big)^2 \,\mathrm{d}x\,\mathrm{d}y.\end{aligned}$$

Puisque, par un changement de variables,

$$\int_{f(\gamma)} p(w)\,|\mathrm{d}w| = \int_\gamma p(f(z))|f'(z)|\,|\mathrm{d}z|,$$

la fonction $p(w)$, définie sur $\mathcal{D}'$, est admissible pour la famille $\mathcal{T}'$ si et seulement si $p\big(f(z)\big)|f'(z)|$, définie sur $\mathcal{D}$, est admissible pour $\mathcal{T}$. Le résultat s'ensuit.

La propriété suivante est utilisée à maintes reprises dans la suite de ce texte : *envisageons deux domaines, $\mathcal{D}$ et $\widetilde{\mathcal{D}}$, tels que $\mathcal{D} \subseteq \widetilde{\mathcal{D}}$ et deux*

[1]Les courbes envisagées dans ce chapitre incluent toujours leurs extrémités ; par souci de brièveté, nous disons qu'elles *reposent* sur un ensemble si tous leurs points, sauf peut-être leurs extrémités, appartiennent à cet ensemble.

*familles,* $\mathcal{T}$ *et* $\widetilde{\mathcal{T}}$*, de courbes localement rectifiables reposant sur* $\mathcal{D}$ *et* $\widetilde{\mathcal{D}}$ *respectivement. Supposons que toute courbe de* $\widetilde{\mathcal{T}}$ *restreinte à* $\mathcal{D}$ *contienne une composante connexe dans* $\mathcal{T}$*.*[2] *Alors,*

$$\Lambda(\widetilde{\mathcal{T}},\widetilde{\mathcal{D}}) \leqslant \Lambda(\mathcal{T},\mathcal{D}).$$

Pour s'en convaincre, il n'y a qu'à réaliser que si $p(z)$, définie sur $\mathcal{D}$, est admissible pour $\mathcal{T}$, alors la fonction valant $p(z)$ sur $\mathcal{D}$ et 0 sur $\widetilde{\mathcal{D}} \sim \mathcal{D}$ est admissible pour $\widetilde{\mathcal{T}}$.

**Exemple.** Montrons que si $\mathcal{D}$ est un rectangle en position horizontale dont la base et la hauteur mesurent $l$ et $h$ respectivement, et si $\mathcal{T}$ est la famille des courbes reliant les deux côtés verticaux de ce rectangle, alors $\Lambda(\mathcal{T},\mathcal{D}) \stackrel{?}{=} h/l$.

Plaçons les sommets du rectangle en 0, $l$, $l+\mathrm{i}h$ et $\mathrm{i}h$. Observons que, si $p(z)$ est admissible, alors

$$\int_0^l p(x+\mathrm{i}y)\,\mathrm{d}x \geqslant 1 \tag{7.1}$$

pour tout $y \in \,]0,h[$. Par conséquent,

$$h \leqslant \int_0^h \int_0^l p(x+\mathrm{i}y)\,\mathrm{d}x\,\mathrm{d}y \leqslant \sqrt{hl\int_0^h\int_0^l \big(p(x+\mathrm{i}y)\big)^2\,\mathrm{d}x\,\mathrm{d}y},$$

ce qui entraîne

$$\iint_{\mathcal{D}} (p(z))^2\,\mathrm{d}x\,\mathrm{d}y \geqslant h/l.$$

L'égalité, dans cette dernière inéquation, est atteinte pour $p(z) = 1/l$, qui est justement admissible : $\int_\gamma |\mathrm{d}z| = |\gamma| \geqslant l$ pour tout $\gamma \in \mathcal{T}$. Au total, $\Lambda(\mathcal{T},\mathcal{D}) = h/l$, tel qu'annoncé.

**Remarque.** La relation $\Lambda(\mathcal{T},\mathcal{D}) = h/l$ subsiste si l'on soustrait à $\mathcal{D}$ un nombre fini de segments horizontaux fermés, en demandant bien sûr que les courbes de $\mathcal{T}$ ne croisent pas ces derniers. En effet, la relation (7.1) vaut alors pour tous les $y$ sauf un nombre fini d'exceptions — et toute la suite du calcul tient.

**Exemple.** Calculons $\Lambda(\mathcal{T},\mathcal{D})$ pour la couronne $\mathcal{D} = \{1 < |z| < R\}$ et l'ensemble, $\mathcal{T}$, des courbes reliant ses circonférences intérieures et extérieures.

Si $p(z)$ est admissible, alors, pour $\theta \in [0,2\pi[$, $\int_1^R p(r\mathrm{e}^{\mathrm{i}\theta})\,\mathrm{d}r \geqslant 1$, de sorte que $4\pi^2 \leqslant (\iint_{\mathcal{D}} p(r\mathrm{e}^{\mathrm{i}\theta})\,\mathrm{d}r\,\mathrm{d}\theta)^2 \leqslant \iint_{\mathcal{D}} (p(r\mathrm{e}^{\mathrm{i}\theta}))^2 r\,\mathrm{d}r\,\mathrm{d}\theta \cdot \iint_{\mathcal{D}} (1/r)\,\mathrm{d}r\,\mathrm{d}\theta$. Par conséquent,

$$\iint_{\mathcal{D}} (p(z))^2\,\mathrm{d}x\,\mathrm{d}y \geqslant \frac{2\pi}{\log R}.$$

[2] Nous ne supposons pas qu'à l'inverse, toute courbe de $\mathcal{T}$ ait un prolongement appartenant à $\widetilde{\mathcal{T}}$.

L'égalité, dans cette inéquation, est atteinte pour $p(re^{i\theta}) = 1/(r \log R)$, qui est justement admissible : $\int_\gamma (1/r)\, dr \geqslant \int_1^R (1/r)\, dr = \log R$ pour tout $\gamma \in \mathcal{T}$. Ainsi,

$$\Lambda(\mathcal{T}, \mathcal{D}) = \frac{2\pi}{\log R}.$$

Remarquons qu'à nouveau, l'égalité subsiste en retranchant de $\mathcal{D}$ un nombre fini de segments fermés dont les supports passent par le centre de la couronne.

L'exemple suivant est utilisé dans la prochaine section.

**Exemple.** Pour $R > 1$ donné, désignons par $\mathcal{D}_R$ la région $\{|z| < R, \Im z > 0\}$ et par $\mathcal{T}_R$ l'ensemble des courbes reposant sur $\mathcal{D}_R$ qui relient le segment $[-1, 1]$ à l'hémicycle $\{|z| = R, \Im z > 0\}$. Montrons que

$$\frac{\pi}{\operatorname{arg\,sh} R} \overset{?}{\leqslant} \Lambda(\mathcal{T}_R, \mathcal{D}_R) \overset{?}{\leqslant} \frac{\pi}{\operatorname{arg\,ch} R}.$$

D'abord, appliquons à la bande $\mathcal{S} = \{-1 < \Re z < 1, \Im z > 0\}$ la transformation conforme $z \mapsto w = \sin(\pi z/2)$. Ainsi, en posant $z = x + iy$,

$$w = \operatorname{ch}(\pi y/2) \sin(\pi x/2) + i\ \operatorname{sh}(\pi y/2) \cos(\pi x/2).$$

Par conséquent, en fixant $y > 0$ et en faisant varier $x$ dans $]-1, 1[$, la courbe $w = \sin(\pi z/2)$, paramétrée par $x$, dessine dans le plan $w = u + iv$ la moitié supérieure de l'ellipse

$$\frac{u^2}{\operatorname{ch}^2(\pi y/2)} + \frac{v^2}{\operatorname{sh}^2(\pi y/2)} = 1.$$

Pour différentes valeurs de $y > 0$, les demi-ellipses ainsi obtenues ont pour foyers $-1$ et $1$ ; elles relient les points $-\operatorname{ch}(\pi y/2)$ et $\operatorname{ch}(\pi y/2)$ en passant par le sommet $i \operatorname{sh}(\pi y/2)$. Dans sa globalité, l'application conforme $z \mapsto w$ associe donc bijectivement $\mathcal{S}$ au demi-plan supérieur. Elle associe, pour $L > 0$, le rectangle $\mathcal{S}_L = \{-1 < \Re z < 1, 0 < \Im z < L\}$ à la région ouverte, $\mathcal{E}_L$, délimitée par le segment $[-\operatorname{ch}(\pi L/2), \operatorname{ch}(\pi L/2)]$ et la moitié supérieure de l'ellipse $u^2/\operatorname{ch}^2(\pi L/2) + v^2/\operatorname{sh}^2(\pi L/2) = 1$.

Remarquons que l'application $z \mapsto w$ restreinte à $\mathcal{S}_L$ possède un prolongement continu jusqu'à la frontière de ce rectangle. Ce prolongement mène le côté supérieur de $\mathcal{S}_L$ sur la demi-ellipse tout juste décrite ; son côté inférieur sur le segment $[-1, 1]$ ; son côté gauche sur le segment $[-\operatorname{ch}(\pi L/2), -1]$ et son côté droit sur $[1, \operatorname{ch}(\pi L/2)]$. En particulier, $z \mapsto w$ associe bijectivement l'ensemble des courbes reposant sur $\mathcal{S}_L$ qui relient ses faces horizontales à l'ensemble, $\widetilde{\mathcal{T}}_L$, des courbes reposant sur $\mathcal{E}_L$ qui relient le segment $[-1, 1]$ à la demi-ellipse bordant supérieurement cette région. Le premier exemple du présent chapitre et l'invariance pour les applications conformes entraînent donc $\Lambda(\widetilde{\mathcal{T}}_L, \mathcal{E}_L) = 2/L$.

Il ne reste plus qu'à encadrer $\mathcal{D}_R$ au moyen des régions $\mathcal{E}_L$. En fait, $\mathcal{D}_R \subset \mathcal{E}_L$ pour $R = \operatorname{sh}(\pi L/2)$, de sorte que, pour notre $R$ fixé et $L$ ainsi défini, $\Lambda(\mathcal{T}_R, \mathcal{D}_R) \geqslant \Lambda(\widetilde{\mathcal{T}}_L, \mathcal{E}_L) = 2/L = \pi/\operatorname{arg\,sh} R$. De même, $\mathcal{D}_R \supset \mathcal{E}_L$ pour

$R = \operatorname{ch}(\pi L/2)$, de sorte que, pour le même $R$ et ce nouveau $L$, $\Lambda(\mathcal{T}_R, \mathcal{D}_R) \leqslant \Lambda(\widetilde{\mathcal{T}}_L, \mathcal{E}_L) = \pi / \operatorname{arg\,ch} R$. Au total,

$$\frac{\pi}{\operatorname{arg\,sh} R} \leqslant \Lambda(\mathcal{T}_R, \mathcal{D}_R) \leqslant \frac{\pi}{\operatorname{arg\,ch} R},$$

tel que souhaité.

## 7.2. Estimation des mesures harmoniques

*Nous montrons comment majorer une mesure harmonique au moyen d'une certaine longueur extrémale puis, grâce au choix judicieux d'une fonction admissible, nous déduisons l'*estimation d'Ahlfors–Beurling.

La preuve du prochain théorème utilise le dernier exemple de la section précédente.

**Théorème 7.1.** *Envisageons un arc, $\sigma$, compris dans la frontière d'un domaine, $\mathcal{D}$, simplement connexe et de la sorte décrite à la section 5.1.* [3] *Étant donné un point, $z_0$, de $\mathcal{D}$, désignons par $\mathcal{T}$ l'ensemble des courbes qui reposent sur $\mathcal{D}$, dont les extrémités sont sur $\sigma$ et qui enroulent $z_0$ au moins une fois. Alors,*

$$\omega_{\mathcal{D}}(\sigma, z_0) = \big(8/\pi + o(1)\big)\mathrm{e}^{-\pi/(4\Lambda(\mathcal{T},\mathcal{D}))},$$

*où le terme $o(1)$ tend vers zéro lorsque $\Lambda(\mathcal{T}, \mathcal{D}) \to 0$.*

Preuve. Nous avons vu à la section 5.1 qu'il existe une application conforme qui mène $\mathcal{D}$ sur le disque unité $\Delta$ ; qui est prolongée par un homéomorphisme de $\overline{\mathcal{D}}$ vers $\overline{\Delta}$ (en prenant soin de détacher les deux côtés des fentes curvilinéaires au sein de $\mathcal{D}$) [4] ; qui mène $z_0$ sur $0$ et $\sigma$ sur un arc de $\partial\Delta$. Sans affecter la généralité, nous centrons cet arc en 1. Désignons-le par $(\mathrm{e}^{-\mathrm{i}\alpha}, \mathrm{e}^{\mathrm{i}\alpha})$. La formule (5.3) entraîne alors

$$\omega_{\mathcal{D}}(\sigma, z_0) = \frac{\alpha}{\pi}. \tag{7.2}$$

Désignons par $\mathcal{T}_0$ l'ensemble des courbes qui reposent sur $\Delta$, dont les extrémités sont sur $(\mathrm{e}^{-\mathrm{i}\alpha}, \mathrm{e}^{\mathrm{i}\alpha})$ et qui enroulent 0 au moins une fois. Puisque le module est invariant pour les transformations conformes,

$$\Lambda(\mathcal{T}, \mathcal{D}) = \Lambda(\mathcal{T}_0, \Delta). \tag{7.3}$$

Remarquons que lorsqu'une courbe, $\gamma \in \mathcal{T}_0$, se réfléchit dans l'axe réel, son image, que nous désignons par $\gamma^*$, appartient aussi à $\mathcal{T}_0$. En particulier, si $p(z)$ est admissible pour $\mathcal{T}_0$, alors $\int_{\gamma^*} p(z)|\mathrm{d}z| = \int_\gamma p(\bar{z})|\mathrm{d}z| \geqslant 1$ pour tout

[3] Voir la notice qui suit, sur l'interprétation à donner à $\omega_{\mathcal{D}}(\sigma, z)$ si $\sigma$ se trouve sur une fente.

[4] Si $\sigma$ se trouve sur une fente, nous entendons donc qu'il se trouve sur *un de ses côtés* seulement. Là, $\omega_{\mathcal{D}}(\sigma, z)$ est défini comme $\omega_{\mathcal{E}}(f(\sigma), f(z))$, où $\mathcal{E}$ est l'image de $\mathcal{D}$ obtenue en *ouvrant* la fente au moyen d'une application conforme $f\colon \mathcal{D} \to \mathcal{E}$ prolongée sur ladite fente *en considérant ses deux bords comme distincts.*

$\gamma \in \mathcal{T}_0$, de sorte que $q(z) = (p(z) + p(\bar{z}))/2$ est également admissible pour $\mathcal{T}_0$. Or,

$$\iint_\Delta (q(z))^2 \,\mathrm{d}x\,\mathrm{d}y \leqslant \frac{1}{2}\iint_\Delta ((p(z))^2 + (p(\bar{z}))^2)\,\mathrm{d}x\,\mathrm{d}y = \iint_\Delta (p(z))^2\,\mathrm{d}x\,\mathrm{d}y.$$

Donc, $\Lambda(\mathcal{T}_0, \Delta)$ est égal, en réalité, à l'infimum des $\iint_\Delta (q(z))^2\,\mathrm{d}x\,\mathrm{d}y$ pour $q(z)$ variant parmi les fonctions admissibles qui vérifient $q(z) = q(\bar{z})$.

Désignons par $\widetilde{\mathcal{T}}$ l'ensemble des courbes reposant sur $\Delta \sim ]-1, 0]$ qui relient l'arc $(\mathrm{e}^{-\mathrm{i}\alpha}, \mathrm{e}^{\mathrm{i}\alpha})$ au segment $]-1, 0[$. Envisageons une courbe, $\lambda$, de $\widetilde{\mathcal{T}}$. Observons que son image, $\lambda^*$, par la réflexion dans l'axe réel appartient aussi à $\widetilde{\mathcal{T}}$. Nous pouvons donc, à nouveau, nous limiter aux fonctions vérifiant $q(z) = q(\bar{z})$ pour définir $\Lambda(\widetilde{\mathcal{T}}, \Delta)$. Or, la courbe résultant de la concaténation de $\lambda$ et $\lambda^*$, que nous désignons par $\gamma$, appartient à $\mathcal{T}_0$. Puisque

$$\int_\gamma q(z)|\mathrm{d}z| = \int_{\lambda^*} q(z)|\mathrm{d}z| + \int_\lambda q(z)|\mathrm{d}z| = 2\int_\lambda q(z)|\mathrm{d}z|,$$

nous déduisons donc que *$q(z)$ est admissible pour $\mathcal{T}_0$ si et seulement si $2q(z)$ est admissible pour $\widetilde{\mathcal{T}}$*. Puisque $(2q(z))^2 = 4(q(z))^2$, il résulte

$$\Lambda(\widetilde{\mathcal{T}}, \Delta) = 4\Lambda(\mathcal{T}_0, \Delta). \tag{7.4}$$

Retranchons du disque unité le segment $]-1, 0]$ et appliquons à la région ainsi obtenue la transformation[5] conforme $z \mapsto \sqrt{z}$, obtenant ainsi le demi-disque $\Omega = \{|z| < 1, \Re z > 0\}$. Notons que cette transformation se prolonge continûment, de manière à mener le côté supérieur de la fente $[-1, 0]$ sur le segment $[\mathrm{i}, 0]$, son côté inférieur sur $[-\mathrm{i}, 0]$ et l'arc $(\mathrm{e}^{-\mathrm{i}\alpha}, \mathrm{e}^{\mathrm{i}\alpha})$ sur $(\mathrm{e}^{-\mathrm{i}\alpha/2}, \mathrm{e}^{\mathrm{i}\alpha/2})$. Ainsi, $\widetilde{\mathcal{T}}$ est mené sur l'ensemble, $\mathcal{T}_1$, des courbes reposant sur $\Omega$ qui relient l'arc $(\mathrm{e}^{-\mathrm{i}\alpha/2}, \mathrm{e}^{\mathrm{i}\alpha/2})$ au segment $[-\mathrm{i}, \mathrm{i}]$. Toujours par invariance du module pour les applications conformes,

$$\Lambda(\mathcal{T}_1, \Omega) = \Lambda(\widetilde{\mathcal{T}}, \Delta). \tag{7.5}$$

Appliquons finalement l'homographie $z \mapsto -(z-1)/(z+1)$ à $\Omega$.[6] Celle-ci mène le demi-disque $\Omega$ sur lui-même, tout en échangeant ses deux côtés, $[-\mathrm{i}, \mathrm{i}]$ et $(\mathrm{e}^{-\mathrm{i}\pi/2}, \mathrm{e}^{\mathrm{i}\pi/2})$. De plus, elle mène l'arc $(\mathrm{e}^{-\mathrm{i}\alpha/2}, \mathrm{e}^{\mathrm{i}\alpha/2})$ sur le segment $]-\mathrm{i}\tan(\alpha/4), \mathrm{i}\tan(\alpha/4)[$. Ainsi, $\mathcal{T}_1$ est mené sur la famille, $\mathcal{T}_2$, des courbes reposant sur $\Omega$ qui relient le segment $]-\mathrm{i}\tan(\alpha/4), \mathrm{i}\tan(\alpha/4)[$ au demi-cercle $(\mathrm{e}^{-\mathrm{i}\pi/2}, \mathrm{e}^{\mathrm{i}\pi/2})$. À nouveau,

$$\Lambda(\mathcal{T}_2, \Omega) = \Lambda(\mathcal{T}_1, \Omega). \tag{7.6}$$

---

[5]Bien sûr, nous employons ici la détermination de la racine carrée correspondant à une coupe singulière le long de l'axe $]-\infty, 0]$. (*N.d.T.*)

[6]Cette célèbre homographie est le prolongement holomorphe de la projection stéréographique, centrée en $-1$, du cercle unité sur l'axe imaginaire, suivie d'une rotation d'un demi tour. (*N.d.T.*)

Finalement, toujours par invariance du module pour les transformations conformes (*a fortiori*, pour les homothéties et les rotations),

$$\Lambda(\mathcal{T}_R, \mathcal{D}_R) = \Lambda(\mathcal{T}_2, \Omega), \tag{7.7}$$

où $\mathcal{T}_R$ et $\mathcal{D}_R$ sont pris dans le dernier exemple de la section 7.1, — le tout, en posant $R = 1/\tan(\alpha/4)$. Au total, les équations (7.3), (7.4), (7.5), (7.6) et (7.7) entraînent

$$\Lambda(\mathcal{T}_R, \mathcal{D}_R) = 4\Lambda(\mathcal{T}, \mathcal{D})$$

pour $R = 1/\tan(\alpha/4)$, — donc, en vertu de l'exemple mentionné,

$$\arg\operatorname{ch} R \leqslant \pi/(4\Lambda(\mathcal{T}, \mathcal{D})) \leqslant \arg\operatorname{sh} R,$$

c'est-à-dire

$$\operatorname{sech} \frac{\pi}{4\Lambda(\mathcal{T}, \mathcal{D})} \leqslant \tan \frac{\alpha}{4} \leqslant \operatorname{cosech} \frac{\pi}{4\Lambda(\mathcal{T}, \mathcal{D})}. \tag{7.8}$$

Ainsi, $\Lambda(\mathcal{T}, \mathcal{D})$ se rapproche de zéro en même temps que $\alpha$, dans lequel cas $\tan(\alpha/4)$ se rapproche de $2\mathrm{e}^{-\pi/(4\Lambda(\mathcal{T},\mathcal{D}))}$. Plus précisément,

$$\tan(\alpha/4) = (2 + o(1))\mathrm{e}^{-\pi/(4\Lambda(\mathcal{T},\mathcal{D}))}$$

quand $\Lambda(\mathcal{T}, \mathcal{D}) \to 0$, où le membre de gauche peut bien être remplacé par $\alpha/4$. L'équation (7.2) complète ainsi la démonstration. □

**Remarque.** En fait, tel qu'observé par Garnett,

$$\omega_{\mathcal{D}}(\sigma, z_0) \leqslant \frac{8}{\pi}\mathrm{e}^{-\pi/(4\Lambda(\mathcal{T},\mathcal{D}))}. \tag{7.9}$$

Pour le démontrer, posons $s = \mathrm{e}^{-\pi/(4\Lambda(\mathcal{T},\mathcal{D}))}$, — de sorte que $0 < s < 1$. La relation (7.8) implique $\tan(\alpha/4) \leqslant 2s/(1-s^2)$, d'où il s'ensuit

$$\frac{\alpha}{4} \leqslant \arctan\left(\frac{2s}{1-s^2}\right) = 2\arctan s \leqslant 2s,$$

c'est-à-dire $\alpha \leqslant 8\mathrm{e}^{-\pi/(4\Lambda(\mathcal{T},\mathcal{D}))}$.

En pratique, une majoration de $\Lambda(\mathcal{T}, \mathcal{D})$, — donc, de $\omega_{\mathcal{D}}(\sigma, z_0)$ — est tirée du choix d'une fonction admissible. Le *théorème d'Ahlfors*, aussi nommé *théorème d'Ahlfors–Beurling*, que nous démontrons à l'instant, provient du choix judicieux d'une telle fonction.

Envisageons un domaine, $\mathcal{D}$, simplement connexe et de la sorte décrite à la section 5.1, ainsi qu'un point $z_0 \in \mathcal{D}$. Posons $\varepsilon = \operatorname{dist}(z_0, \partial\mathcal{D})$ et $L = \sup_{\zeta\in\partial\mathcal{D}} |z_0 - \zeta|$ ; ainsi, $0 < \varepsilon < \infty$ et $\varepsilon \leqslant L \leqslant \infty$.[7] Désignons par $\mathcal{C}_r$ le cercle centré en $z_0$ et de rayon $r$ (quel que soit $r > 0$). Pour $R \in \,]\varepsilon, L[$ fixé, $\mathcal{C}_R \cap \mathcal{D}$ se divise en composantes connexes propres ; désignons l'une d'entre elles par $\Sigma(R)$. L'arc de cercle $\Sigma(R)$, réuni à la bonne partie de la frontière

[7]Dans la suite, nous écartons le cas où $\varepsilon = L$, c'est-à-dire où $\mathcal{D}$ est un cercle ou encore $\mathcal{D} = \mathbb{C}$. Le théorème 7.2 est alors trivialement vérifié. (*N.d.T.*)

de $\mathcal{D}$, délimite un domaine simplement connexe contenant $z_0$, — que nous désignons par $\mathcal{D}_R$.[8]

Notre but est de majorer $\omega_{\mathcal{D}_R}(\Sigma(R), z_0)$ à l'aide du théorème précédent. À cette fin, nous considérons la famille, $\mathcal{T}$, des courbes qui reposent sur $\mathcal{D}_R$, dont les extrémités sont sur $\Sigma(R)$ et qui enroulent $z_0$ au moins une fois. Nous nous apprêtons à construire une fonction admissible pour $\mathcal{T}$ et $\mathcal{D}_R$, obtenant ainsi une majoration de $\Lambda(\mathcal{T}, \mathcal{D}_R)$.

Pour tout $r > 0$, désignons par $\{\Sigma_k(r)\ ;\ k = 1, \ldots, N(r)\}$ l'ensemble des composantes connexes de $\mathcal{C}_r \cap \mathcal{D}_R$ qui rencontrent *toutes* les courbes de $\mathcal{T}$. Notons que $N(r) = 0$ si $r < \varepsilon$, puisqu'alors certaines courbes de $\mathcal{T}$ enroulent $z_0$ sans croiser $\mathcal{C}_r$. De plus, $1 \leqslant N(r) < \infty$ si $\varepsilon \leqslant r \leqslant R$,[9] tandis que $0 \leqslant N(r) < \infty$ si $R < r < L$ et, trivialement, $N(r) = 0$ si $r \geqslant L$.

Désignons par $\theta_k(r)$ la mesure angulaire de $\Sigma_k(r)$, *excepté quand* $\Sigma_k(r) = \mathcal{C}_r$, *dans lequel cas nous convenons que* $\theta_k(r) = \infty$. Posons, pour $z \in \mathcal{D}_R$,

$$p(z) = \begin{cases} C/(r\theta_k(r)) & \text{si } z \in \Sigma_k(r) \text{ pour un certain } k, \\ 0 & \text{sinon,} \end{cases}$$

où $C$ est une constante positive que nous déterminerons bientôt. *Nous présumons que $\mathcal{D}_R$ est suffisamment décent pour que $p(z)$ soit borélienne.*

Désignons par $(r, \theta)$ les coordonnées polaires de $z \in \mathbb{C}$ *centrées en* $z_0$. Les courbes de $\mathcal{T}$ doivent croiser chaque arc $\Sigma_k(r)$ au moins deux fois : une fois lors de l'allée, une fois lors du retour. Par conséquent, pour tout $\gamma \in \mathcal{T}$,

$$\int_\gamma p(z)|\mathrm{d}z| \geqslant \int_\gamma p(r\mathrm{e}^{\mathrm{i}\theta})|\mathrm{d}r| \geqslant 2\int_\varepsilon^L \sum_{k=1}^{N(r)} \frac{C}{r\theta_k(r)}\,\mathrm{d}r.$$

Ainsi, en posant $C = \left(2\int_\varepsilon^L \sum_k (r\theta_k(r))^{-1}\,\mathrm{d}r\right)^{-1}$, la fonction $p(z)$ est admissible. Par conséquent,

$$\begin{aligned}
\Lambda(\mathcal{T}, \mathcal{D}_R) &\leqslant \iint_{\mathcal{D}_R} (p(z))^2\,\mathrm{d}x\,\mathrm{d}y \\
&= \int_\varepsilon^L \sum_k \int_{\{\theta; r\mathrm{e}^{\mathrm{i}\theta} \in \Sigma_k(r)\}} (p(r\mathrm{e}^{\mathrm{i}\theta}))^2\,\mathrm{d}\theta\ r\mathrm{d}r \\
&= \int_\varepsilon^L \sum_k r\left(\frac{C}{r\theta_k(r)}\right)^2 \theta_k(r)\,\mathrm{d}r
\end{aligned}$$

---

[8]Cette définition n'est pas ambiguë : $\mathcal{D}_R$ est la composante connexe de $\mathbb{C} \sim (\partial\mathcal{D} \cup \Sigma(R))$ qui contient $z_0$. Il s'agit d'un domaine simplement connexe : autrement, il existerait une courbe dans $\mathcal{D}_R$ enroulant $\Sigma(R)$, c'est-à-dire, absurdement, une courbe dans $\mathcal{D}$ enroulant les extrémités de $\Sigma(R)$, — alors que $\mathcal{D}$ est simplement connexe. (*N.d.T.*)

[9]Pour un tel $r$, si les courbes de $\mathcal{T}$ ne sont pas tenues de passer par un $\Sigma_k(r)$, alors elles sont *toutes* tenues de passer par $\mathcal{C}_r \sim \Sigma_k(r)$, — puisque $\mathcal{D}_R$ est simplement connexe. Ainsi, $N(r) \geqslant 1$, sans quoi toutes les courbes de $\mathcal{T}$ passeraient par $\bigcap_k (\mathcal{C}_r \sim \Sigma_k(r))$, c'est-à-dire en dehors de $\mathcal{D}_R$. De plus, $N(r) = \infty$ forcerait le passage d'une courbe de $\mathcal{T}$ dans des arcs $\Sigma_k(r)$ de plus en plus étroits, au point que la distance entre une telle courbe et la frontière de $\mathcal{D}$ serait nulle, — ce qui est absurde. (*N.d.T.*)

$$= C^2 \int_\varepsilon^L \sum_k \frac{1}{r\theta_k(r)}\,\mathrm{d}r = \frac{1}{4}\left(\int_\varepsilon^L \sum_k \frac{\mathrm{d}r}{r\theta_k(r)}\right)^{-1},$$

vu la définition de $C$. Rapportant le tout dans la relation (7.9), nous déduisons le *théorème d'Ahlfors* :

**Théorème 7.2.** *Avec les notations qui précèdent (et en tenant compte de la convention spéciale où parfois $\theta_k(r) = \infty$), nous avons*

$$\omega_{\mathcal{D}_R}(\Sigma(R), z_0) \leqslant \frac{8}{\pi}\exp\left(-\pi \int_0^L \sum_k \frac{\mathrm{d}r}{r\theta_k(r)}\right).$$

**Remarques.** Dans la preuve originelle, parmi les $\Sigma_k(r)$, un seul arc était choisi, à partir duquel il était possible de rejoindre $z_0$ sans toucher $\mathcal{C}_r$ une seconde fois. La présente amélioration du résultat est due à K. Haliste.

Mentionnons aussi que Beurling a découvert une version du présent théorème valable pour des domaines multiplement connexes, qu'il a jalousement gardée secrète jusqu'au chevet de sa mort.

## 7.3. Preuve de la conjecture de Denjoy

*Pour conclure ces leçons, nous présentons la preuve, due à Ahlfors, de la conjecture de Denjoy.*

Une fonction entière, $f(z)$, est dite *d'ordre $p$* (où $p$ est un nombre réel) si pour tout $\varepsilon > 0$, il existe une constante, $C_\varepsilon > 0$, telle que $|f(z)| \leqslant C_\varepsilon \exp(|z|^{p+\varepsilon})$ pour tout $z \in \mathbb{C}$. Par exemple, toute fonction entière de type exponentiel est d'ordre 1 ; la réciproque faillit, puisque la fonction $1/\Gamma(z)$, pourtant entière, est d'ordre 1 sans être de type exponentiel.

Par ailleurs, un nombre $a \in \mathbb{C}$ est une *valeur asymptotique* (en allemand, *Zielwert*) d'une fonction entière donnée, $f(z)$, s'il existe une courbe tendant vers l'infini le long de laquelle $f(z) \to a$ lorsque $z \to \infty$.

Pour $p \in \{1, 2, \ldots\}$, voyons qu'il existe une fonction entière d'ordre $p$ ayant $2p$ valeurs asymptotiques. En effet, considérons

$$f(z) = \int_0^z \frac{\sin \zeta^p}{\zeta^p}\,\mathrm{d}\zeta,$$

— où l'intégrale ne dépend pas du chemin d'intégration. Il s'agit d'une fonction entière et d'ordre $p$. Remarquons que, pour $k = 0, 1, \ldots, 2p-1$ et $r > 0$,

$$f(r\mathrm{e}^{\mathrm{i}k\pi/p}) = \mathrm{e}^{\mathrm{i}k\pi/p} \int_0^r \frac{\sin \rho^p}{\rho^p}\,\mathrm{d}\rho.$$

Ainsi, quand $r$ tend vers l'infini, $f(r\mathrm{e}^{\mathrm{i}k\pi/p})$ tend vers $\mathrm{e}^{\mathrm{i}k\pi/p}\int_0^\infty [(\sin\rho^p)/\rho^p]\,\mathrm{d}\rho$. Puisque les valeurs de $\mathrm{e}^{\mathrm{i}k\pi/p}$ sont distinctes pour $k = 0, 1, \ldots, 2p-1$, il résulte que $f(z)$ possède $2p$ valeurs asymptotiques distinctes, pour autant que $\int_0^\infty [(\sin\rho^p)/\rho^p]\,\mathrm{d}\rho$ ne soit pas nulle. En fait, cette dernière intégrale est positive, puisqu'en posant $u = \rho^p$, elle s'écrit $(1/p)\int_0^\infty (\sin u)u^{(1/p)-2}\,\mathrm{d}u$, c'est-à-dire

$$\frac{1}{p}\int_0^\pi (\sin u)(u^{(1/p)-2} - (u+\pi)^{(1/p)-2} + (u+2\pi)^{(1/p)-2} - (u+3\pi)^{(1/p)-2} + \cdots)\,\mathrm{d}u.$$

Puisque, au sein de la précédente intégrale,

$$\sin u \geqslant 0,$$
$$u^{(1/p)-2} - (u+\pi)^{(1/p)-2} \geqslant 0,$$
$$(u+2\pi)^{(1/p)-2} - (u+3\pi)^{(1/p)-2} \geqslant 0, \quad \text{etc.},$$

notre assertion est démontrée.

Denjoy a émis la conjecture suivante, démontrée par Ahlfors :

**Théorème 7.3.** *Une fonction entière d'ordre $p$ ne peut avoir plus de $[2p]$ valeurs asymptotiques.* [10]

Preuve. Envisageons une fonction, $f(z)$, entière et d'ordre $p$. Soit $a$ une de ses valeurs asymptotiques ; ainsi, il existe une courbe, $z(t)$, tendant vers l'infini quand $t \to \infty$ et vérifiant $\lim_{t\to\infty} f(z(t)) = a$. Il est possible de remplacer $z(t)$ par une fonction, $\check{z}(t)$, linéaire par morceaux, qui ébauche $z(t)$ de mieux en mieux lorsque $t \to \infty$. Puisque $f(z)$ est uniformément continue sur toute région compacte, il résulte

$$\lim_{t\to\infty} f(\check{z}(t)) = a.$$

Sans restreindre la généralité, nous supposons que le graphique de $\check{z}(t)$ est une ligne brisée simple, quitte à retrancher toutes ses boucles.

Supposons que $f(z)$ ait $[2p]+1$ valeurs asymptotiques, auxquelles sont donc associées $[2p]+1$ lignes brisées telles que précisé ci-dessus. Puisque $f(z)$ tend vers des valeurs distinctes le long de chacune de ces lignes, ces dernières finissent par se séparer : elles ne se croisent plus en dehors d'un certain disque, $\Omega$, centré à l'origine et dont le rayon, $R_0$, est suffisamment grand. Pour fixer les idées, tronquons ces lignes à leur base, de manière qu'elles débutent toutes sur $\partial\Omega$ sans jamais pénétrer $\Omega$. Nous nommons *plage* (en anglais, *tract*) toute région connexe délimitée par ces lignes et $\partial\Omega$, — à l'exception du disque $\Omega$ lui-même.

Nous allons démontrer que $f(z)$ est bornée sur une certaine plage. Puisque les lignes brisées qui bordent cette dernière se croisent au point à l'infini, nous déduirons, grâce au devoir 10 (*cf.* annexe B), que les limites de $f(z)$ le long de ces lignes sont égales.

Désignons par $\mathcal{D}$ la plage considérée, réunie avec $\Omega$ (de sorte que $0 \in \mathcal{D}$). Puisque les limites de $f(z)$ quand $z$ parcourt l'une ou l'autre des lignes brisées bordant $\mathcal{D}$ sont finies, $f(z)$ est bornée sur $\partial\mathcal{D}$ — par une certaine constante, que nous nommons $M$.

Pour $R > 0$ suffisamment grand, envisageons le cercle centré à l'origine et de rayon $R$. Son intersection avec $\mathcal{D}$ se divise en composantes connexes ; désignons l'une d'entre elles par $\Sigma(R)$. Ainsi, $\Sigma(R)$ est un arc de cercle qui, réuni avec une partie de $\partial\mathcal{D}$, délimite un domaine simplement connexe, inclus dans $\mathcal{D}$ et contenant 0, — que nous nommons $\mathcal{D}_R$.

---

[10] Nous désignons par $[x]$ la partie entière d'un nombre $x > 0$.

Puisque la fonction $f(z)$ est d'ordre $p$, elle est bornée, pour $\varepsilon > 0$ arbitrairement choisi, par $C_\varepsilon \exp(R^{p+\varepsilon})$ sur $\Sigma(R)$ — et par $M$ sur le reste de $\partial\mathcal{D}_R$. Le théorème des deux constantes (corollaire du théorème 5.4) entraîne donc, pour $z \in \mathcal{D}_R$,

$$\log|f(z)| \leqslant \log M + (\log C_\varepsilon + R^{p+\varepsilon})\omega_{\mathcal{D}_R}(\Sigma(R), z).$$

Pour compléter la démonstration, il suffit donc d'établir

$$\liminf_{R\to\infty} R^{p+\varepsilon}\omega_{\mathcal{D}_R}(\Sigma(R), z) \stackrel{?}{=} 0$$

pour tout $z \in \mathcal{D}$, — et ce, pour une certaine plage, $\mathcal{D}$.

Fixons $z \in \mathcal{D}$. Envisageons une courbe, $\lambda$, allant de 0 à $z$ tout en restant dans $\mathcal{D}$. Si $R$ est suffisamment grand (pour le $z$ fixé), la distance entre un point quelconque de $\lambda$ et $\partial\mathcal{D}_R$ est toujours égale à la distance entre ce point et $\partial\mathcal{D}$. Par conséquent, l'inégalité de Harnack (relation (A.6) de l'annexe A) entraîne

$$\begin{aligned}\omega_{\mathcal{D}_R}(\Sigma(R), z) &\leqslant \omega_{\mathcal{D}_R}(\Sigma(R), 0)\exp\left(2\int_\lambda \frac{|\mathrm{d}\zeta|}{\operatorname{dist}(\zeta, \partial\mathcal{D}_R)}\right)\\ &= \omega_{\mathcal{D}_R}(\Sigma(R), 0)\exp\left(2\int_\lambda \frac{|\mathrm{d}\zeta|}{\operatorname{dist}(\zeta, \partial\mathcal{D})}\right).\end{aligned}$$

En d'autres mots, pour $z$ fixé, il existe une constante, $K_z$, telle que, pour $R$ suffisamment grand, $\omega_{\mathcal{D}_R}(\Sigma(R), z) \leqslant K_z\omega_{\mathcal{D}_R}(\Sigma(R), 0)$. Aussi sommes-nous ramenés à démontrer

$$\liminf_{R\to\infty} R^{p+\varepsilon}\omega_{\mathcal{D}_R}(\Sigma(R), 0) \stackrel{?}{=} 0$$

pour $\varepsilon > 0$ arbitrairement fixé, — et ce, pour une certaine plage, $\mathcal{D}$.

Étant donné un $r \in ]0, R[$, désignons par $\mathcal{C}_r$ le cercle centré à l'origine et de rayon $r$. Il existe, parmi les composantes connexes de $\mathcal{C}_r \cap \mathcal{D}$, un arc, $\Sigma(r)$, vérifiant les propriétés suivantes :

- Toutes les courbes dans $\mathcal{D}$ dont les extrémités sont sur $\Sigma(R)$ et qui enroulent 0 au moins une fois doivent passer par $\Sigma(r)$ ;
- Il existe une courbe dans $\mathcal{D}$ allant de $\Sigma(r)$ à 0 sans toucher $\mathcal{C}_r$ (sauf en son point de départ).

Désignons par $\theta(r)$ la mesure angulaire de $\Sigma(r)$, sauf si ce dernier arc est égal à la totalité de $\mathcal{C}_r$, — dans lequel cas $\theta(r) = \infty$. Par le théorème 7.2,

$$\omega_{\mathcal{D}_R}(\Sigma(R), 0) \leqslant \frac{8}{\pi}\exp\left(-\pi\int_0^R \frac{\mathrm{d}r}{r\theta(r)}\right).$$

Ainsi, pour compléter la démonstration, il suffit de démontrer

$$\liminf_{R\to\infty} R^{p+\varepsilon}\exp\left(-\pi\int_0^R \frac{\mathrm{d}r}{r\theta(r)}\right) \stackrel{?}{=} 0 \tag{7.10}$$

pour $\varepsilon > 0$ arbitrairement fixé, — et ce, pour une certaine plage, $\mathcal{D}$.

Dans la formule précédente, seul $\theta(r)$ dépend de la plage considérée. Rendons cette dépendance explicite. Désignons par $\mathcal{D}_0, \mathcal{D}_1, \ldots, \mathcal{D}_{[2p]}$ les $[2p]+1$

plages déterminées par les lignes brisées décrites plus tôt, et par $\theta_0(r)$, $\theta_1(r), \ldots, \theta_{[2p]}(r)$ leur $\theta(r)$ respectif. Nous voulons démontrer la validité de l'équation (7.10) pour un certain $\theta_k(r)$ et un certain $\varepsilon > 0$.

Observons que, si $r$ est plus grand que $R_0$ (le rayon du disque $\Omega$), alors

$$\theta_0(r) + \theta_1(r) + \cdots + \theta_{[2p]}(r) \leqslant 2\pi.$$

L'inégalité de Schwarz entraîne donc, pour $R > R_0$,

$$\begin{aligned}\int_{R_0}^{R} ([2p]+1)\frac{\mathrm{d}r}{r} &= \int_{R_0}^{R} \sum_{k=0}^{[2p]} \sqrt{\frac{1}{\theta_k(r)}}\sqrt{\theta_k(r)}\frac{\mathrm{d}r}{r} \\ &\leqslant \sqrt{\int_{R_0}^{R} \sum_{k=0}^{[2p]} \frac{1}{\theta_k(r)}\frac{\mathrm{d}r}{r}}\sqrt{\int_{R_0}^{R} \sum_{k=0}^{[2p]} \theta_k(r)\frac{\mathrm{d}r}{r}} \\ &\leqslant \sqrt{\sum_{k=0}^{[2p]} \int_{R_0}^{R} \frac{\mathrm{d}r}{r\theta_k(r)}}\sqrt{\int_{R_0}^{R} 2\pi\frac{\mathrm{d}r}{r}}.\end{aligned}$$

En d'autres mots,

$$\big(([2p]+1)\log(R/R_0)\big)^2 \leqslant 2\pi\log(R/R_0)\sum_{k=0}^{[2p]}\int_{R_0}^{R}\frac{\mathrm{d}r}{r\theta_k(r)},$$

c'est-à-dire

$$\frac{([2p]+1)^2}{2}\log(R/R_0) \leqslant \sum_{k=0}^{[2p]} \pi \int_{R_0}^{R}\frac{\mathrm{d}r}{r\theta_k(r)}.$$

Puisque la somme, dans le membre de droite de la dernière inéquation, contient $[2p]+1$ termes, il existe un $k \in \{0, 1, \ldots, [2p]\}$ tel que l'inéquation

$$\pi\int_{R_0}^{R}\frac{\mathrm{d}r}{r\theta_k(r)} \geqslant \frac{[2p]+1}{2}\log(R/R_0)$$

est vérifiée pour une suite de valeurs de $R$ tendant vers l'infini. Par conséquent, pour de tels $R$,

$$R^{p+\varepsilon}\exp\left(-\pi\int_{R_0}^{R}\frac{\mathrm{d}r}{r\theta_k(r)}\right) \leqslant R_0^{([2p]+1)/2} R^{p+\varepsilon-([2p]+1)/2}.$$

Ainsi, pour $\varepsilon < ([2p]+1-2p)/2$, $R^{p+\varepsilon}\exp(-\pi\int_{R_0}^{R}(r\theta_k(r))^{-1}\,\mathrm{d}r)$ tend vers zéro lorsque $R$ parcourt la suite de valeurs en question, ce qui achève d'établir l'équation (7.10) — et, de ce fait, termine la démonstration. □

ANNEXE A

# Compléments

## A.1. Produits infinis

Rappelons qu'un produit infini, $\prod_{n=1}^{\infty} p_n$, *converge* s'il existe un $N$ tel que $\prod_{n=N}^{m} p_n$ tend vers un nombre non nul quand $m \to \infty$. De même, un produit de fonctions, $\prod_{n=1}^{\infty} p_n(\zeta)$, *converge uniformément* sur un ensemble donné s'il existe un $N$ *indépendant de* $\zeta$ tel que $\prod_{n=N}^{m} p_n(\zeta)$ converge (uniformément sur cet ensemble) vers une fonction qui ne s'annule pas. Dans la suite, nous limitons nos considérations aux produits de nombres, — l'étude des produits de fonctions étant semblable.

Supposons que $\prod_{n=1}^{\infty} p_n$ converge : il existe un indice $N$ et un $l \neq 0$ tels que $\lim_{m\to\infty} \prod_{n=N}^{m} p_n = l$. En particulier, pour $m$ suffisamment grand, $|\prod_{n=N}^{m} p_n| > |l|/2$, — de sorte que $\left|\prod_{n=N}^{m+1} p_n - \prod_{n=N}^{m} p_n\right| \geqslant (|l|/2)|p_{m+1} - 1|$. Puisque le membre de gauche de cette dernière inéquation tend vers zéro quand $m \to \infty$, $\lim_{m\to\infty}|p_{m+1} - 1| = 0$. Aussi, les produits convergents sont-ils tous de la forme

$$\prod_{n=1}^{\infty} (1 + w_n)$$

pour une suite $w_n \to 0$. En pratique, toutefois, seuls sont considérés les produits pour lesquels $\sum_{n=1}^{\infty} |w_n| < \infty$. Passons à leur étude, — non sans d'abord montrer ces inégalités :

(1) Si $|w| < \frac{1}{2}$, alors $|\log(1 + w)|/|w| \leqslant \alpha$, où $\alpha = \log 4$.
(2) Si $|W| < 1$, alors $|e^W - 1|/|W| \leqslant \beta$, où $\beta = e - 1$.

Quant à la première inégalité, la fonction

$$\left|\frac{\log(1 + w)}{w}\right| = \left|\frac{1}{w}\left(w - \frac{w^2}{2} + \frac{w^3}{3} - \cdots\right)\right|$$

est régulière sur le disque $|w| \leqslant \frac{1}{2}$. Elle y atteint son maximum en un certain $w_0$ de module $\frac{1}{2}$. Le précédent développement en série nous convainc que $w_0 = -\frac{1}{2}$, de sorte que le maximum vaut bien $\log 4$. De même, la fonction

$$\left|\frac{e^W - 1}{W}\right| = \left|\frac{1}{W}\left(W + \frac{W^2}{2!} + \frac{W^3}{3!} + \cdots\right)\right|$$

est régulière sur $|W| \leqslant 1$ et y atteint son maximum, clairement, en 1, — ce qui démontre la seconde inégalité.

**Théorème A.1.** *Si* $\sum_{n=1}^{\infty}|w_n| < \infty$, *alors le produit infini* $\prod_{n=1}^{\infty}(1+w_n)$ *converge.*

**Remarques.** • Dans ces circonstances, la convergence du produit ci-dessus est dite *absolue.*

- La même preuve montre que, si $\sum_{n=1}^{\infty}|w_n(\zeta)|$ converge uniformément sur un ensemble, le produit ci-dessus converge uniformément sur ce même ensemble.

PREUVE. Choisissons un $N$ si grand que

$$\sum_{n=N}^{\infty}|w_n| < \frac{1}{2}. \tag{A.1}$$

Nous allons montrer que $\{\prod_{n=N}^{m}(1+w_n)\}$ est une suite de Cauchy dont les éléments, en valeur absolue, sont bornés inférieurement par une quantité positive, — ce qui entraîne le résultat. Pour $r$ et $s$ vérifiant $N < r < s$,

$$\prod_{n=N}^{s}(1+w_n) - \prod_{n=N}^{r}(1+w_n) = ((1+w_{r+1})\cdots(1+w_s) - 1)\prod_{n=N}^{r}(1+w_n).$$

Il suffit donc d'établir, d'une part,

$$\mathrm{e}^{-\alpha/2} \leqslant \left|\prod_{n=N}^{r}(1+w_n)\right| \leqslant \mathrm{e}^{\alpha/2}$$

et, d'autre part,

$$|(1+w_{r+1})\cdots(1+w_s) - 1| \xrightarrow{r,\,s} 0.$$

Posons $\theta_n = (\log(1+w_n))/w_n$. La condition (A.1) et l'inégalité (1) entraînent $|\theta_n| \leqslant \alpha$ pour tout $n \geqslant N$. En particulier,

$$\left|\prod_{n=N}^{r}(1+w_n)\right| = \left|\exp\left(\sum_{n=N}^{r}\theta_n w_n\right)\right| \leqslant \exp\left(\sum_{n=N}^{r}|\theta_n|\,|w_n|\right) \leqslant \mathrm{e}^{\alpha/2}.$$

De même,

$$\left|\prod_{n=N}^{r}(1+w_n)\right| \geqslant \exp\left(-\sum_{n=N}^{r}|\theta_n|\,|w_n|\right) \geqslant \mathrm{e}^{-\alpha/2}.$$

La première de nos deux affirmations est ainsi démontrée. Quant à la seconde,

$$(1+w_{r+1})\cdots(1+w_s) - 1 = \exp\left(\sum_{n=r+1}^{s}\theta_n w_n\right) - 1.$$

Or, $\left|\sum_{n=r+1}^{s}\theta_n w_n\right| \leqslant \alpha/2 < 1$. L'inégalité (2) entraîne donc

$$|(1+w_{r+1})\cdots(1+w_s) - 1| \leqslant \beta\sum_{n=r+1}^{s}|\theta_n|\,|w_n| \leqslant \alpha\beta\sum_{n=r+1}^{s}|w_n| \xrightarrow{r,\,s} 0.$$

Ceci complète la démonstration. □

## A.2. Une inégalité de S. Bernstein [1]

Pour $|z| > 1$, envisageons la transformation suivante, dite *transformation de Joukowski* :

$$w = \tfrac{1}{2}(z + 1/z).$$

En posant $z = re^{i\theta}$, $w = (1/2)(r+r^{-1})\cos\theta + (i/2)(r-r^{-1})\sin\theta$. En d'autres mots, quand $\theta$ va de 0 à $2\pi$, $w = u + iv$ parcourt l'ellipse d'équation

$$\frac{u^2}{((r+r^{-1})/2)^2} + \frac{v^2}{((r-r^{-1})/2)^2} = 1.$$

Ainsi, la transformation de Joukowski est un biholomorphisme de $\{|z| > 1\}$ vers l'extérieur de $[-1, 1]$ ; nous désignons sa réciproque par $\varphi(w)$, — de sorte que $\varphi(w) = 2w - 1/(2w) + O(1/w)$ quand $|w| \to \infty$.

Considérons, d'une part, la fonction $\log|\varphi(w)|$, qui, harmonique en dehors de $[-1, 1]$, se prolonge continûment sur cet intervalle, — où elle s'annule. La relation précédente entraîne

$$\log|\varphi(w)| = \log|w| + O(1) \tag{A.2}$$

quand $|w| \to \infty$. Considérons, d'autre part, un polynôme de degré $n \geqslant 1$, $P(w)$, dont le module n'excède pas 1 sur l'intervalle $[-1, 1]$. Ainsi, $\log|P(w)|$ est sous-harmonique et vérifie

$$\log|P(w)| = n\log|w| + O(1) \tag{A.3}$$

quand $|w| \to \infty$. Examinons la différence

$$S(w) = \log|P(w)| - n\log|\varphi(w)|$$

pour $w \notin [-1, 1]$. Il s'agit d'une fonction sous-harmonique et bornée supérieurement, — ce qui découle des relations (A.2), (A.3), et de la relation $|\varphi(w)| > 1$ pour $w \notin [-1, 1]$. Or, pour $u \in [-1, 1]$,

$$\limsup_{w\to u} \log|P(w)| \leqslant 0,$$

— parce que $|P(u)| \leqslant 1$. Le principe du maximum généralisé implique donc $S(w) \leqslant 0$ pour tout $w \notin [-1, 1]$. Par conséquent, pour de tels $w$,

$$|P(w)| \leqslant |\varphi(w)|^n = |z|^n.$$

En conclusion,

**Théorème A.2.** *Envisageons un polynôme, $P(w)$, de degré $n \geqslant 1$, dont le module n'excède pas 1 sur l'intervalle $[-1, 1]$. Pour tout $w \in \mathbb{C}$, si $w = u + iv$ appartient à l'ellipse d'équation*

$$\frac{u^2}{((r+r^{-1})/2)^2} + \frac{v^2}{((r-r^{-1})/2)^2} = 1,$$

*alors $|P(w)| \leqslant r^n$.*

[1] Le lecteur intéressé trouvera plus d'informations dans : *Leçons sur les propriétés extrémales et la meilleure approximation des fonctions analytiques d'une variable réelle*, de Serge Bernstein, publiées en 1926 aux éditions Gauthier-Villars [2].

## A.3. Convolution de deux mesures

Envisageons deux mesures complexes, $\mu$ et $\nu$. À chaque $\theta(t) \in C_0(\mathbb{R})$, faisons correspondre le nombre $\int_{-\infty}^{\infty}\int_{-\infty}^{\infty}\theta(s+t)\,\mathrm{d}\mu(s)\,\mathrm{d}\nu(t)$. Ceci définit une fonctionnelle linéaire bornée. Ainsi, par le théorème de Riesz–Markov, il existe une unique mesure complexe, borélienne et régulière, — que nous désignons par $\mu * \nu$ —, telle que

$$\int_{-\infty}^{\infty}\int_{-\infty}^{\infty}\theta(s+t)\,\mathrm{d}\mu(s)\,\mathrm{d}\nu(t) = \int_{-\infty}^{\infty}\theta(\tau)\,\mathrm{d}(\mu*\nu)(\tau).$$ [2]

Nous nommons cette mesure *convolution de* $\mu$ *et* $\nu$.

De même, pour une mesure, $\mu$, dont le support est compact et pour une fonction borélienne, $\varphi(x)$, bornée sur ce support, nous définissons la *convolution*

$$(\varphi*\mu)(s) = \int_{-\infty}^{\infty}\varphi(s-t)\,\mathrm{d}\mu(t).$$

Si, en outre, le support de $\varphi(x)$ est compact, $(\varphi*\mu)(s)\,\mathrm{d}s$ est alors la différentielle de la mesure $\nu_\varphi * \mu$, — où $\mathrm{d}\nu_\varphi(x) = \varphi(x)\,\mathrm{d}x$.

**Parallèle entre les fonctions et les mesures.**

*Fonctions.* Envisageons deux fonctions, $f(x)$ et $g(x)$, dans $L^1(\mathbb{R})$, dont les intervalles de support respectifs sont $[-a,b]$ et $[-a',b']$. Ainsi,

$$\hat{f}(z) = \int_{-a}^{b}\mathrm{e}^{\mathrm{i}zt}f(t)\,\mathrm{d}t \quad \text{et} \quad \hat{g}(z) = \int_{-a'}^{b'}\mathrm{e}^{\mathrm{i}zt}g(t)\,\mathrm{d}t$$

définissent deux fonctions entières, de type exponentiel. Posons

$$l = \limsup_{y\to\infty}\frac{\log|\hat{f}(\mathrm{i}y)|}{y}.$$

Alors,

(1) Clairement, $l \leqslant a$ ;
(2) Par le théorème de Paley–Wiener, $l \geqslant a$ ;
(3) $\lim_{R\to\infty}(2/\pi)\int_0^\pi(|\hat{f}(R\mathrm{e}^{\mathrm{i}\theta})|/R)\sin\theta\,\mathrm{d}\theta = l$ ;
(4) L'intervalle de support de $(f*g)(x)$ est $[-a-a', b+b']$. [3]

*Mesures.* Envisageons deux mesures, $\mu$ et $\nu$, complexes (ou signées), dont les intervalles de support respectifs sont $[-a,b]$ et $[-a',b']$. Ainsi,

$$\hat{\mu}(z) = \int_{[-a,b]}\mathrm{e}^{\mathrm{i}zt}\,\mathrm{d}\mu(t) \quad \text{et} \quad \hat{\nu}(z) = \int_{[-a',b']}\mathrm{e}^{\mathrm{i}zt}\,\mathrm{d}\nu(t)$$

définissent deux fonctions entières, de type exponentiel. Posons

$$l = \limsup_{y\to\infty}\frac{\log|\hat{\mu}(\mathrm{i}y)|}{y}.$$

---

[2] Considérons par exemple deux fonctions, $f(x)$ et $g(x)$, continues et à support compact. Identifions ces fonctions aux mesures $\nu_f$ et $\nu_g$ dont les différentielles valent $f(x)\,\mathrm{d}x$ et $g(x)\,\mathrm{d}x$ respectivement. Alors, la différentielle de $\nu_f*\nu_g$ vaut précisément $(f*g)(x)\,\mathrm{d}x$, — ce qui motive la définition précédente. (*N.d.T.*)

[3] *Cf.* devoir 2, annexe B, en y notant l'utilisation de l'identité $\widehat{f*g}(z) = \hat{f}(z)\hat{g}(z)$.

Alors,

(1) Clairement, $l \leqslant a$ ;
(2) De plus, $l \geqslant a$, tel qu'expliqué dans la suite de cette annexe ;
(3) $\lim_{R\to\infty}(2/\pi)\int_0^\pi(|\hat{\mu}(Re^{i\theta})|/R)\sin\theta\,d\theta = l$ ; [4]
(4) L'intervalle de support de $(\mu * \nu)(x)$ est $[-a-a', b+b']$. [5]

La difficulté de passer ainsi des fonctions aux mesures réside surtout dans le point (2), — que nous démontrons à l'instant.

**Théorème de Paley–Wiener pour les mesures à support compact.** Étant donnée une mesure complexe, $\mu$, à support compact, nous voulons démontrer

$$\mu(]-\infty, -l[) \stackrel{?}{=} 0 \tag{A.4}$$

pour $l = \limsup_{y\to\infty}(\log|\hat{\mu}(iy)|)/y$.

Posons

$$M_h(x) = \frac{1}{2h}\int_{-\infty}^{\infty}\chi_{[-h,h]}(x-t)\,d\mu(t).$$

Pour toute fonction, $\psi(s)$, continue et à support compact, le théorème de Fubini entraîne

$$\begin{aligned}\int_{-\infty}^{\infty}\psi(s)M_h(s)\,ds &= \frac{1}{2h}\int_{-\infty}^{\infty}\int_{-\infty}^{\infty}\psi(s)\chi_{[-h,h]}(s-t)\,ds\,d\mu(t)\\ &= \int_{-\infty}^{\infty}\frac{1}{2h}\int_{-h}^{h}\psi(\sigma+t)\,d\sigma\,d\mu(t).\end{aligned}$$

Or, $(2h)^{-1}\int_{-h}^{h}\psi(\sigma+t)\,d\sigma \to \psi(t)$ uniformément lorsque $h\to 0$, — puisque la fonction $\psi(t)$ est uniformément continue. Donc,

$$\lim_{h\to 0}\int_{-\infty}^{\infty}\psi(s)M_h(s)\,ds = \int_{-\infty}^{\infty}\psi(t)\,d\mu(t).$$

Ainsi, pour établir (A.4), il suffit de démontrer

$$M_h(s) \stackrel{?}{=} 0 \quad \text{p.p. sur } ]-\infty, -l-h[.$$

Observons que $M_h(s) = ((2h)^{-1}\chi_{[-h,h]} * \mu)(s)$, ce qui entraîne

$$\widehat{M_h}(z) = \frac{1}{2h}\hat{\chi}_{[-h,h]}(z)\hat{\mu}(z) = \frac{\sin hz}{hz}\hat{\mu}(z).$$

Or, $\widehat{M_h}(x) = (hx)^{-1}\sin(hx)\hat{\mu}(x) \in L^2(\mathbb{R})$, puisque $|\hat{\mu}(x)| \leqslant \|\mu\|$. Le théorème de Plancherel entraîne donc $M_h(s) \in L^2(\mathbb{R})$. De plus, $\widehat{M_h}(z)$ est entière, de type exponentiel et vérifie $\widehat{M_h}(iy) = (ihy)^{-1}\sin(ihy)\hat{\mu}(iy) \approx (hy)^{-1}e^{hy}\hat{\mu}(iy)$ quand $y\to\infty$, — ce qui implique

$$\limsup_{y\to\infty}\frac{\log|\widehat{M_h}(iy)|}{y} = \limsup_{y\to\infty}\frac{\log|\hat{\mu}(iy)|}{y} + h = l + h.$$

---

[4] Le fait que $|\hat{\mu}(x)|$ est bornée sur $\mathbb{R}$ est invoqué.

[5] L'identité $\widehat{\mu * \nu}(z) = \hat{\mu}(z)\hat{\nu}(z)$ est utilisée.

Par conséquent, en vertu du théorème de Paley–Wiener, $M_h(s) = 0$ p.p. sur $]-\infty, -l-h[$, — ce qui complète l'argument.

**Remarque.** Nous avons démontré au passage que tout $\psi(s)$ dans $C_0(\mathbb{R})$ vérifie

$$\lim_{h\to 0}\int_{-\infty}^{\infty}\psi(s)M_h(s)\,\mathrm{d}s = \int_{-\infty}^{\infty}\psi(s)\,\mathrm{d}\mu(s),$$

où $M_h(s) = ((2h)^{-1}\chi_{[-h,h]} * \mu)(s)$. En d'autres mots, *les mesures ayant pour différentielle* $M_h(s)\,\mathrm{d}s$ *convergent vaguement vers* $\mu$.

## A.4. Inégalité de Harnack et convergence uniforme

Envisageons, pour débuter, une fonction, $U(z)$, harmonique et positive dans le disque $|z| < R$. La formule de Poisson (théorème 1.11 relevé au disque) implique, pour $0 < r < R$ et $|z| < r$,

$$U(z) = \frac{1}{2\pi}\int_{-\pi}^{\pi}\frac{r^2 - |z|^2}{|z - re^{i\tau}|^2}U(re^{i\tau})\,\mathrm{d}\tau.$$

Or, par l'inégalité du triangle,

$$\frac{r - |z|}{r + |z|} \leqslant \frac{r^2 - |z|^2}{|z - re^{i\tau}|^2} \leqslant \frac{r + |z|}{r - |z|}.$$

Puisque $U(re^{i\tau}) \geqslant 0$ et $U(0) = (2\pi)^{-1}\int_{-\pi}^{\pi}U(re^{i\tau})\,\mathrm{d}\tau$, il résulte

$$\frac{r - |z|}{r + |z|}U(0) \leqslant U(z) \leqslant \frac{r + |z|}{r - |z|}U(0).$$

En laissant $r$ croître vers $R$, nous déduisons

$$\frac{R - |z|}{R + |z|}U(0) \leqslant U(z) \leqslant \frac{R + |z|}{R - |z|}U(0)$$

pour $|z| < R$. Voilà l'*inégalité de Harnack*. Il en découle

$$-2\frac{|z|}{R + |z|} \leqslant \frac{U(z) - U(0)}{U(0)} \leqslant 2\frac{|z|}{R + |z|}.$$

En particulier, pour $z$ tendant vers 0 le long d'une direction arbitrairement choisie (c'est-à-dire pour $z = av$, où $a > 0$, $a \to 0$ et $|v| = 1$),

$$-\frac{2}{R} \leqslant \frac{\partial_v U(0)}{U(0)} \leqslant \frac{2}{R}, \tag{A.5}$$

où $\partial_v U$ désigne la dérivée de $U$ dans la direction $v$.

Envisageons maintenant une fonction, $U(z)$, harmonique et positive dans un domaine $\mathcal{D}$. Considérons une courbe, $\gamma$, reposant sur $\mathcal{D}$, régulière, paramétrée par longueur d'arc. Désignons ses extrémités par $z_0$ et $z_1$. L'inégalité (A.5) nous permet d'estimer $U(z_1)$ en fonction de $U(z_0)$. En effet, pour n'importe quel $z$ sur $\gamma$, cette inégalité, adaptée au disque centré en $z$ et de rayon $R = \mathrm{dist}(z, \partial\mathcal{D})$, devient, pour $v = \gamma'(z)$ (le vecteur unitaire tangent à $\gamma$ en $z$),

$$-\frac{2}{\mathrm{dist}(z,\partial\mathcal{D})} \leqslant \frac{\partial_{\gamma'(z)}U(z)}{U(z)} \leqslant \frac{2}{\mathrm{dist}(z,\partial\mathcal{D})}.$$

Puisque $(\partial_{\gamma'(z)}U(z))/U(z) = (\mathrm{d}/|\mathrm{d}z|)\log U(z)$, où $|\mathrm{d}z|$ désigne l'élément linéaire de $\gamma$,

$$-2\int_\gamma \frac{|\mathrm{d}z|}{\mathrm{dist}(z,\partial\mathcal{D})} \leqslant \log U(z_1) - \log U(z_0) \leqslant 2\int_\gamma \frac{|\mathrm{d}z|}{\mathrm{dist}(z,\partial\mathcal{D})},$$

c'est-à-dire

$$\text{(A.6)} \qquad U(z_0)\exp\Big(-2\int_\gamma \frac{|\mathrm{d}z|}{\mathrm{dist}(z,\partial\mathcal{D})}\Big) \leqslant U(z_1) \leqslant U(z_0)\exp\Big(2\int_\gamma \frac{|\mathrm{d}z|}{\mathrm{dist}(z,\partial\mathcal{D})}\Big).$$

Voilà l'estimation annoncée.[6] Pour en tirer les meilleurs résultats, d'aucuns choisissent $\gamma$, parmi les courbes régulières reliant $z_0$ et $z_1$ sur $\mathcal{D}$, de manière à minimiser $\int_\gamma (1/\mathrm{dist}(z,\partial\mathcal{D}))|\mathrm{d}z|$. — Cette dernière intégrale intervient dans de nombreux travaux ; elle y est souvent exponentiée.

Voici une conséquence de l'inégalité de Harnack, utile dans l'étude des mesures harmoniques (chapitre 5). Préalablement,

**Lemme.** *Envisageons une partie compacte, $\mathcal{K}$, et un point, $z_0$, d'un domaine $\mathcal{D}$ donné. Il existe un $N$ tel que, quel que soit $z \in \mathcal{K}$, $z_0$ et $z$ peuvent être reliés au moyen d'une ligne polygonale reposant sur $\mathcal{D}$ dont la longueur est inférieure à $N$ et dont la distance à $\partial\mathcal{D}$ est supérieure à $1/N$.*

PREUVE. Désignons par $\mathcal{O}_N$ l'ensemble des points de $\mathcal{D}$ pouvant être reliés à $z_0$ au moyen d'une ligne polygonale ayant les propriétés désirées pour le $N$ précisé en indice. Ainsi, les $\mathcal{O}_N$ constituent une famille croissante d'ouverts :

$$\mathcal{O}_1 \subseteq \mathcal{O}_2 \subseteq \cdots.$$

De plus, puisque $\mathcal{D}$ est ouvert et connexe, tous les $z \in \mathcal{D}$ peuvent être reliés à $z_0$ au moyen d'une ligne polygonale sur $\mathcal{D}$ ; puisqu'une telle ligne se situe à une distance positive de $\partial\mathcal{D}$ en plus d'avoir une longueur finie, il résulte

$$\bigcup_{N=1}^{\infty} \mathcal{O}_N = \mathcal{D},$$

à plus forte raison, $\bigcup_{N=1}^{\infty} \mathcal{O}_N \supset \mathcal{K}$. Donc, $\mathcal{K}$ étant compact, il existe un $N$ tel que $\mathcal{K} \subset \mathcal{O}_N$, — ce qui démontre le résultat. □

[6] Tel qu'observé par E. Malinnikova et X. Raynaud lors de l'*École d'été 2007*, cette estimation subsiste lorsque $U(z)$ est non négative : en effet, si $U(z) = 0$ en un certain $z \in \mathcal{D}$, alors $U$ s'annule sur tout le domaine, puisque $U$ vérifie la propriété de la valeur moyenne (*cf.* preuve du théorème 1.1). Ceci est utilisé au théorème A.3. (*N.d.T.*)

**Théorème A.3.** *Envisageons une suite monotone, $\{U_n(z)\}$, de fonctions harmoniques définies sur un domaine $\mathcal{D}$. Supposons que, pour un certain $z_0 \in \mathcal{D}$, $\{U_n(z_0)\}$ tende vers une limite finie. Alors, la suite $\{U_n(z)\}$ converge uniformément sur toute partie compacte de $\mathcal{D}$ (vers une fonction nécessairement harmonique).*

PREUVE. Sans restreindre la généralité, nous supposons

$$U_1(z) \leqslant U_2(z) \leqslant \cdots .$$

Soit $\mathcal{K}$ une partie compacte de $\mathcal{D}$. Le lemme assure l'existence d'un $N$ jouissant de la propriété suivante : pour tout $z \in \mathcal{K}$, il existe une ligne polygonale, $\sigma$, sur $\mathcal{D}$, reliant $z_0$ à $z$, dont la longueur est inférieure à $N$, cependant que $\operatorname{dist}(\sigma, \partial\mathcal{D}) > 1/N$. L'inégalité (A.6) implique alors, pour $m > n$,

$$\begin{aligned} 0 \leqslant U_m(z) - U_n(z) &\leqslant \big(U_m(z_0) - U_n(z_0)\big) \exp\left(2 \int_\sigma \frac{|\mathrm{d}\zeta|}{\operatorname{dist}(\zeta, \partial\mathcal{D})}\right) \\ &\leqslant \big(U_m(z_0) - U_n(z_0)\big) \mathrm{e}^{2N^2}. \end{aligned}$$

Notre hypothèse, suivant laquelle $U_m(z_0) - U_n(z_0) \xrightarrow{m,n} 0$, entraîne donc

$$U_m(z) - U_n(z) \xrightarrow{m,n} 0 \quad \text{uniformément sur } \mathcal{K},$$

— ce qui complète la démonstration. □

## A.5. Préliminaires sur l'espace $H^1(\Delta)$

Les fonctions, $F(z)$, holomorphes dans le disque unité (désigné par $\Delta$) et vérifiant

$$\sup_{0 \leqslant r < 1} \int_0^{2\pi} |F(r\mathrm{e}^{\mathrm{i}\theta})| \, \mathrm{d}\theta < \infty$$

constituent l'*espace de Hardy* $H^1(\Delta)$. Il découle du célèbre théorème de F. & M. Riesz (*cf.* annexe B, devoir supplémentaire) que toute fonction dans $H^1(\Delta)$ possède une représentation de Poisson :

**Théorème A.4.** *Si $F(z) \in H^1(\Delta)$, il existe une fonction, $G(\mathrm{e}^{\mathrm{i}\theta}) \in L^1[0, 2\pi[$, telle que*

$$F(z) = \frac{1}{2\pi} \int_0^{2\pi} \frac{1 - |z|^2}{|z - \mathrm{e}^{\mathrm{i}\theta}|^2} G(\mathrm{e}^{\mathrm{i}\theta}) \, \mathrm{d}\theta. \tag{A.7}$$

PREUVE. La formule de Poisson (théorème 1.11 relevé au disque) appliquée aux parties réelle et imaginaire de $F(rz)$ donne, pour $0 \leqslant r < 1$ et $|z| < 1$,

$$F(rz) = \frac{1}{2\pi} \int_0^{2\pi} \frac{1 - |z|^2}{|z - \mathrm{e}^{\mathrm{i}\theta}|^2} F(r\mathrm{e}^{\mathrm{i}\theta}) \, \mathrm{d}\theta. \tag{A.8}$$

Posons $d\mu_r(\theta) = F(re^{i\theta})\,d\theta$, où $0 \leqslant r < 1$. Nous obtenons ainsi une famille de mesures complexes sur $[0, 2\pi[$ dont les variations totales sont bornées : par hypothèse, il existe une constante $C$ telle que, pour tout $r \in [0, 1[$,

$$\|\mu_r\| = \int_0^{2\pi} |F(re^{i\theta})|\,d\theta \leqslant C.$$

Par conséquent, le théorème de Banach–Alaoglu entraîne l'existence d'une suite, $\{r_k\}$, tendant vers 1, et d'une mesure complexe, $\mu$, sur $[0, 2\pi[$, telles que

$$\lim_{k\to\infty} \mu_{r_k} = \mu \quad \text{(vaguement)}.$$

Puisqu'en outre $\lim_{k\to\infty} F(r_k z) = F(z)$ quand $|z| < 1$, la relation (A.8) entraîne qu'alors,

$$F(z) = \frac{1}{2\pi}\int_0^{2\pi} \frac{1 - |z|^2}{|z - e^{i\theta}|^2}\,d\mu(\theta). \tag{A.9}$$

Notons que $F(z)$ est harmonique (au sens complexe), donc possède un développement en série

$$F(re^{i\theta}) = \sum_{n=-\infty}^{\infty} a_n r^{|n|} e^{in\theta},$$

— où $0 \leqslant r < 1$ et $\theta \in [0, 2\pi[$. Explicitement,

$$a_n r^{|n|} = \frac{1}{2\pi}\int_0^{2\pi} e^{-in\theta} F(re^{i\theta})\,d\theta.$$

Ainsi, puisque $\mu_{r_k}$ converge vaguement vers $\mu$ quand $r_k \uparrow 1$,

$$a_n = \frac{1}{2\pi}\int_0^{2\pi} e^{-in\theta}\,d\mu(\theta).$$

Or, pour être holomorphe dans le disque unité, $F(z)$ possède aussi un développement en série

$$F(re^{i\theta}) = \sum_{n=0}^{\infty} b_n r^n e^{in\theta},$$

où $0 \leqslant r < 1$ et $\theta \in [0, 2\pi[$. En confrontant les deux séries ainsi obtenues, il découle que tous les $a_n$ pour lesquels $n < 0$ s'annulent. Comme ces derniers valent $(2\pi)^{-1}\int_0^{2\pi} e^{-in\theta}\,d\mu(\theta)$, le théorème de F. & M. Riesz (*cf.* annexe B, section B.11) entraîne que la mesure $\mu$ est absolument continue par rapport à la mesure de Lebesgue. Le théorème de Radon–Nikodym assure donc l'existence d'une fonction, $G(e^{i\theta}) \in L^1[0, 2\pi[$, telle que $d\mu(\theta) = G(e^{i\theta})\,d\theta$. Aussi, l'équation (A.9) équivaut-elle à (A.7). □

Nous avons vu, au théorème 1.10 de la première partie de ces notes (pour le demi-plan au lieu du disque), que l'équation (A.7) implique

$$\lim_{\substack{|z|<1 \\ z\to e^{i\theta}}} F(z) = G(e^{i\theta})$$

aux points de continuité de $G(e^{i\theta})$. En réalité, tout bon traité d'analyse réelle ou de Fourier [7] nous apprend que la limite non tangentielle de $F(z)$, quand $z \to e^{i\theta}$, vaut $G(e^{i\theta})$ pour presque tous les $e^{i\theta} \in \partial\Delta$. Pour cette raison, l'usage est de poser $F(e^{i\theta}) = G(e^{i\theta})$ — dans $L^1[0, 2\pi[$ —, de sorte que

$$F(z) = \frac{1}{2\pi} \int_0^{2\pi} \frac{1 - |z|^2}{|z - e^{i\theta}|^2} F(e^{i\theta})\, d\theta$$

pour tout $|z| < 1$.

* * *

Le recours, dans la démonstration précédente, au théorème difficile des frères Riesz (sur la continuité absolue) peut être évité quand $F(z)$ est la dérivée d'une application conforme définie sur $\Delta$, — ce qui embrasse toutes les situations du chapitre 5. Nous préférons alors au théorème A.4 le succédané suivant :

**Théorème A.5.** *Supposons qu'une fonction, $F(z) \in H^1(\Delta)$, ne s'annule pas dans $\Delta$. Alors, il existe un $F(e^{i\theta}) \in L^1[0, 2\pi[$ vérifiant*

$$\lim_{r\uparrow 1} \|F(re^{i\theta}) - F(e^{i\theta})\|_1 = 0.$$

*En particulier, $F(z) = (2\pi)^{-1} \int_0^{2\pi} [(1 - |z|^2)/|z - e^{i\theta}|^2] F(e^{i\theta})\, d\theta$ pour tout $z \in \Delta$.*

Preuve. Puisque $F(z) \neq 0$ dans $\Delta$, il existe une fonction holomorphe, $g(z)$, définie sur ce disque, telle que $(g(z))^2 = F(z)$. Par hypothèse,

$$\int_0^{2\pi} |g(re^{i\theta})|^2\, d\theta \leqslant C \tag{A.10}$$

pour tout $r < 1$, où $C$ est une constante. Or, $g(z)$ possède un développement en série de Taylor, $g(z) = \sum_{n=0}^{\infty} a_n z^n$, valable pour $|z| < 1$. L'identité de Parseval entraîne donc

$$2\pi \sum_{n=0}^{\infty} |a_n|^2 r^{2n} \leqslant C$$

pour tout $r < 1$. Par conséquent, $\sum_{n=0}^{\infty} |a_n|^2 < \infty$. Ainsi, le théorème de Riesz–Fisher assure que la fonction

$$g(e^{i\theta}) = \underset{N\to\infty}{\text{l.i.m.}} \sum_{n=0}^{N} a_n e^{in\theta}$$

est bien définie — dans $L^2[0, 2\pi[$ —; elle vérifie $\lim_{r\uparrow 1} \|g(re^{i\theta}) - g(e^{i\theta})\|_2 = 0$. Finalement, l'inégalité de Schwarz, cette dernière relation et l'estimation (A.10) entraînent $\lim_{r\uparrow 1} \|(g(re^{i\theta}))^2 - (g(e^{i\theta}))^2\|_1 = 0$, c'est-à-dire

$$\lim_{r\uparrow 1} \|F(re^{i\theta}) - (g(e^{i\theta}))^2\|_1 = 0. \tag{A.11}$$

---

[7] *Cf.* notice 28, p. 106.

En posant $F(e^{i\theta}) = (g(e^{i\theta}))^2$, la première assertion du théorème est donc déduite.

Notons que, pour $0 \leqslant r < 1$ fixé, la fonction $F(rz)$ est holomorphe dans le disque $|z| < 1/r$, — qui contient $\Delta$. Aussi, la formule de Poisson implique-t-elle, pour $z \in \Delta$,

$$F(rz) = \frac{1}{2\pi}\int_0^{2\pi} \frac{1-|z|^2}{|z-e^{i\theta}|^2} F(re^{i\theta})\, d\theta.$$

En fixant $z$ et en laissant $r$ tendre vers 1, l'équation (A.11) entraîne donc la seconde assertion. □

**Remarque.** Puisque, dans les circonstances actuelles, $F(z)$ possède une représentation de Poisson, le commentaire suivant le théorème A.4 peut être répété.

* * *

**Théorème A.6.** *Envisageons une fonction, $F(z) \in H^1(\Delta)$, qui ne s'annule pas à l'origine. Définissons $F(e^{i\theta}) \in L^1[0, 2\pi[$ comme ci-dessus. Alors,*

$$\int_0^{2\pi} \big|\log|F(e^{i\theta})|\big|\, d\theta < \infty.$$

*En particulier, les zéros de $F(e^{i\theta})$ constituent un ensemble de mesure nulle.*

PREUVE. Puisque $\log^+ x < x$ pour tout $x > 0$, l'hypothèse entraîne l'existence d'une constante $C$ telle que

$$\text{(A.12)} \qquad \int_0^{2\pi} \log^+ |F(re^{i\theta})|\, d\theta \leqslant \int_0^{2\pi} |F(re^{i\theta})|\, d\theta \leqslant C$$

pour tout $r < 1$. De plus, la formule de Jensen (théorème 3.1) s'applique, puisque $F(0) \neq 0$ ; elle entraîne

$$\text{(A.13)} \qquad -\infty < \log|F(0)| \leqslant \frac{1}{2\pi}\int_0^{2\pi} \log|F(re^{i\theta})|\, d\theta$$

pour tout $r < 1$. Observons que $\big|\log|F(z)|\big| = 2\log^+|F(z)| - \log|F(z)|$ quand $|z| < 1$. Par conséquent, les relations (A.12) et (A.13) impliquent

$$\int_0^{2\pi} \big|\log|F(re^{i\theta})|\big|\, d\theta \leqslant 2C - 2\pi \log|F(0)|$$

pour tout $r < 1$. Puisque $\lim_{r\uparrow 1} F(re^{i\theta}) = F(e^{i\theta})$ presque partout, le lemme de Fatou entraîne finalement

$$\int_0^{2\pi} \big|\log|F(e^{i\theta})|\big|\, d\theta \leqslant 2C - 2\pi \log|F(0)| < \infty,$$

tel qu'escompté. □

ANNEXE B

# Devoirs

## B.1. Devoir 1, chapitre 1

#1. *Envisageons une fonction,* $u(z)$, *sous-harmonique dans un domaine* borné, $\mathcal{D}$. *Supposons que*

$$\limsup_{\substack{z\in\mathcal{D}\\ z\to\zeta}} u(z) \leqslant M$$

*pour tout* $\zeta \in \partial\mathcal{D}$, *sauf peut-être pour un* nombre fini de points

$$\zeta = \zeta_1, \zeta_2, \ldots, \zeta_n$$

*sur* $\partial\mathcal{D}$. *Montrez que, si* $u(z)$ *est* bornée supérieurement *dans* $\mathcal{D}$, *alors* $u(z)$ *n'y excède pas* $M$.

*Indice.* Recourir aux fonctions $\log(R/|z-\zeta_k|)$, où $R = \operatorname{diam}\mathcal{D}$.

#2. *Idem, avec cette fois un ensemble d'exceptions dénombrable,* $\zeta = \zeta_k$, *sur* $\partial\mathcal{D}$.

## B.2. Devoir 2, chapitre 1

Les résultats suivants sont préalables au devoir. Supposons que $0 \leqslant r < R$. Alors,

$$\sum_{-\infty}^{\infty} \left(\frac{r}{R}\right)^{|n|} \mathrm{e}^{in\theta} = \frac{R^2 - r^2}{R^2 + r^2 - 2Rr\cos\theta}.$$

Pour $R > 0$ fixé, soit donnée une fonction de la variable $\theta$, $v(R\mathrm{e}^{\mathrm{i}\theta})$, *bornée* (supérieurement et inférieurement) et *continue par morceaux*. Posons, pour $0 \leqslant r < R$ et $-\pi \leqslant \varphi \leqslant \pi$,

$$V(r\mathrm{e}^{\mathrm{i}\varphi}) = \frac{1}{2\pi}\int_{-\pi}^{\pi} \frac{R^2 - r^2}{R^2 + r^2 - 2Rr\cos(\varphi - \tau)} v(R\mathrm{e}^{\mathrm{i}\tau})\,\mathrm{d}\tau. \tag{B.1}$$

La fonction $V(z)$, ainsi définie sur le disque $\{|z| < R\}$, y est *harmonique* et emprunte les bornes de $v$. De plus, en chaque *point de continuité* de $v$,

$$V(z) \to v(R\mathrm{e}^{\mathrm{i}\theta}) \quad \text{quand } z \to R\mathrm{e}^{\mathrm{i}\theta},\ |z| < 1.$$

#1. *Pour* $0 < R < R'$ *donnés, envisageons une fonction,* $f(z)$, *analytique dans le disque* $\{|z| < R'\}$, *qui ne s'y annule pas identiquement. Montrez que*

$$\int_{-\pi}^{\pi} \big|\log|f(R\mathrm{e}^{\mathrm{i}\theta})|\big|\,\mathrm{d}\theta < \infty.$$

*Indice.* Supposer $f(0) \neq 0$, sans compromettre la généralité du raisonnement — autrement, il n'y aurait qu'à remplacer $f(z)$ par $f(z)/z^k$ pour le $k \in \mathbb{N}$ approprié. Appliquer la formule (B.1) à la fonction $v(R\mathrm{e}^{\mathrm{i}\theta}) = \max(\log|f(R\mathrm{e}^{\mathrm{i}\theta})|, -M)$, où $M > 0$ est arbitrairement fixé. Prendre note que la fonction $\max(\log|f(z)|, -M)$ est *sous-harmonique* pour $|z| < R'$. Montrer qu'elle est majorée par $V(z)$ pour $|z| < R$. Faire tendre $M$ vers l'infini, tout en recourant au résultat d'analyse réelle approprié.

#2. *Supposons que* $f(z)$ *vérifie en outre* $|f(x)| \leqslant 1$ *pour* $-R \leqslant x \leqslant R$. *Montrez que, pour* $0 < r < R$ *et* $0 < \varphi < \pi$ (sic !),

$$\log|f(r\mathrm{e}^{\mathrm{i}\varphi})| \leqslant \frac{2}{\pi}\int_0^{\pi}\left(\sum_1^{\infty}\left(\frac{r}{R}\right)^n \sin n\varphi \cdot \sin n\tau\right)\log|f(R\mathrm{e}^{\mathrm{i}\tau})|\,\mathrm{d}\tau.$$

*Indice.* Pour $M > 0$ arbitrairement fixé, appliquer la formule (B.1) à

$$v(R\mathrm{e}^{\mathrm{i}\theta}) = \begin{cases} \max(\log|f(R\mathrm{e}^{\mathrm{i}\theta})|, -M), & 0 < \theta < \pi \\ -\max(\log|f(R\mathrm{e}^{-\mathrm{i}\theta})|, -M), & -\pi < \theta < 0. \end{cases}$$

Prendre note que la fonction $V(z)$ correspondante *s'annule* en $z = x$ pour $-R < x < R$. Comparer $V(z)$ et $\max(\log|f(z)|, -M)$ dans le demi-disque $\{|z| < R, \Im z > 0\}$. Finalement, faire tendre $M$ vers l'infini.

#3. *Outre les conditions posées en* 2, *supposons que* $f(z)$ *soit* entière *et vérifie*

$$|f(z)| \leqslant \mathrm{C}^{\underline{\mathrm{te}}}\,\mathrm{e}^{O(|z|)}$$

*dans le plan complexe, tandis que* $|f(x)| \leqslant 1$ *sur l'axe réel. Soient*

$$\alpha = \limsup_{y\to\infty}\frac{\log|f(\mathrm{i}y)|}{y}$$

*et*

$$\alpha_n(R) = \frac{2}{\pi}\int_0^{\pi}\log|f(R\mathrm{e}^{\mathrm{i}\theta})|\sin n\theta\,\mathrm{d}\theta.$$

*Montrez, au moyen d'un théorème discuté dans ces leçons, que*

$$\frac{\alpha_1(R)}{R} \leqslant \alpha.$$

#4. *Dans les mêmes hypothèses, déduisez, à l'aide de* 2, *que*

$$\frac{\alpha_1(r)}{r} \leqslant \frac{\alpha_1(R)}{R} \quad \text{si } 0 < r < R.$$

Il découle de 3 et 4 que $\lim_{R\to\infty}\alpha_1(R)/R = \beta$ existe et n'excède pas $\alpha$. Nous nous apprêtons à établir que $\beta = \alpha$.

#5. *Toujours dans les mêmes hypothèses, montrez que*

$$|\alpha_n(R)| \leqslant n(\alpha R - \alpha_1(R))$$

*pour* $n \geqslant 2$.

*Indice.* En premier lieu, constater que $\log|f(Re^{i\theta})| \leqslant \alpha R \sin\theta$ lorsque $0 < \theta < \pi$ (*pourquoi* ?). Ceci dit, observer que, pour $n \geqslant 2$ (*astuce* !), $\alpha_n(R)$ est égal à

$$\frac{2}{\pi}\int_0^{\pi} \{\log|f(Re^{i\theta})| - \alpha R \sin\theta\} \sin n\theta \, d\theta + \frac{2}{\pi}\int_0^{\pi} \alpha R \sin\theta \cdot \sin n\theta \, d\theta.$$

D'une part, la seconde intégrale de l'expression précédente s'annule. D'autre part, le facteur entre accolades au sein de la première intégrale n'est pas positif, cependant que $|\sin n\theta| \leqslant n \sin\theta$ pour $0 < \theta < \pi$.

#6. *Montrez qu'en conséquence, pour tout $r > 0$,*

$$\log|f(re^{i\varphi})| \leqslant \beta r \sin\varphi, \quad 0 < \varphi < \pi.$$

*Indice.* Réécrire le résultat établi en 2 de la manière suivante :

$$\log|f(re^{i\varphi})| \leqslant \frac{\alpha_1(R)}{R} r \sin\varphi + r \sum_{n=2}^{\infty} \frac{\alpha_n(R)}{R} \left(\frac{r}{R}\right)^{n-1} \sin n\varphi,$$

où $0 < \varphi < \pi$, $R > r$. Appliquer le résultat établi en 5, puis faire tendre $R$ vers l'infini, tout en laissant $r$ *constant.*

#7. *Déduire que $\beta = \alpha$.*

Rappelons que *l'intervalle de support* de $F(\lambda) \in L^1(\mathbb{R})$ est le plus petit intervalle fermé en dehors duquel $F(\lambda) = 0$ p.p. Étant données deux fonctions $F$ et $G$ dans $L^1(\mathbb{R})$, si leurs intervalles de support respectifs, $I$ et $J$, sont bornés, alors leur *convolution*

$$(F * G)(\lambda) = \int_{-\infty}^{\infty} F(\lambda - \sigma) G(\sigma) \, d\sigma$$

s'annule clairement en dehors de la somme (algébrique) $I + J$ (vérifiez-le !).

#8. *Démontrez le* théorème de Titchmarsh sur la convolution, *selon lequel l'intervalle de support de $F * G$ est en fait* égal *à $I + J$ (dans les circonstances précédentes).*

*Marche à suivre.* Désignant par $[A, B]$ et $[A', B']$ les intervalles de support respectifs de $F$ et $G$, poser, pour $z \in \mathbb{C}$,

$$f(z) = \int_A^B e^{iz\lambda} F(\lambda) \, d\lambda\,; \quad g(z) = \int_{A'}^{B'} e^{iz\lambda} G(\lambda) \, d\lambda.$$

Sans restreindre la généralité du raisonnement, $\|F\|_1 \leqslant 1$ et $\|G\|_1 \leqslant 1$, de sorte que $|f(x)| \leqslant 1$ et $|g(x)| \leqslant 1$ pour $x \in \mathbb{R}$. Les fonctions $f(z)$ et $g(z)$ vérifient toutes deux les conditions posées en 3. Montrer, à l'aide d'une version appropriée du théorème de Paley–Wiener, que

$$\limsup_{y\to\infty} \frac{\log|f(iy)|}{y} = -A,$$

$$\limsup_{y\to\infty} \frac{\log|g(iy)|}{y} = -A'.$$

Soit $h(z) = \int_{A+A'}^{B+B'} e^{i\lambda z}(F * G)(\lambda)\, d\lambda$ (où nous pouvons remplacer l'intervalle d'intégration par $\mathbb{R}$). Observer que $h(z)$ est *égal* à $f(z)g(z)$. *Au moyen du résultat établi en* 7, montrer que

$$\limsup_{y\to\infty} \frac{\log|h(iy)|}{y} = -A - A'.$$

Semblablement, $\limsup_{y\to-\infty} |y|^{-1} \log|h(iy)| = B + B'$. Appliquer à nouveau la version appropriée du théorème de Paley–Wiener.

**Remarques.** Le raisonnement ingénieux présenté de l'étape 2 à 7 est dû à *Dufresnoy* ; il est employé ailleurs dans ces leçons.

À l'étape 8, il est évident que l'intervalle de support de $F * G$ est *compris* dans $I + J$ ; l'*égalité*, par contre, est remarquable —*aucune annulation n'est possible* ! La preuve originelle donnée par Titchmarsh ne s'applique qu'à des fonctions ($F$ et $G$) à valeurs réelles, — la persistance du résultat pour les fonctions à valeurs complexes ayant été montrée pour la première fois par Dufresnoy, de manière sophistiquée, différente du raisonnement ci-dessus.

Le théorème de Titchmarsh sur la convolution fournit un exemple remarquable d'un résultat d'analyse réelle démontré au moyen de l'analyse complexe. Diverses preuves recourant à l'analyse complexe sont aujourd'hui connues. *Mikusinski*, avec succès, a consacré beaucoup de travail à l'élaboration de preuves limitées à l'analyse réelle. Cependant, celles qui attirèrent notre attention semblent plus ardues que les preuves recourant à l'analyse complexe.

## B.3. Devoir 3, chapitre 2

Le résultat suivant, dû à S. Bernstein et démontré à l'annexe A, section A.2, est requis lors de l'étape 1 du présent devoir. Soit $P(z)$ un polynôme de degré $n$, vérifiant $|P(x)| \leqslant 1$ pour $-1 \leqslant x \leqslant 1$. Alors, quel que soit $r > 1$, l'inégalité $|P(z)| \leqslant r^n$ est vérifiée par tout $z$ à l'intérieur de l'ellipse

$$\frac{x^2}{((r + r^{-1})/2)^2} + \frac{y^2}{((r - r^{-1})/2)^2} = 1.$$

#1. *Envisageons un polynôme, $P(z)$, vérifiant $|P(x)| \leqslant 1$ pour $-1 \leqslant x \leqslant 1$ et dont le degré, $n$, est positif. Montrez que $|P'(0)| \leqslant en$.*

*Indice.* Recourir à la formule de Cauchy pour $P'(0)$, appliquée au cercle $|z| = (r - r^{-1})/2$. Ensuite, ajuster $r$ de manière appropriée, en fonction de $n$.

#2. *Supposons plutôt que $|P(x)| \leqslant M$ pour $-R \leqslant x \leqslant R$. Montrez que $|P'(0)| \leqslant Men/R$.*

*Indice.* Faire un changement de variables.

#3. *Envisageons maintenant une fonction* $F(x) \in \mathcal{C}_{\mathbb{R}}(\{M_n\})$, *vérifiant en fait* $|F^{(n)}(x)| \leqslant M_n$ *pour* $x \in \mathbb{R}$ *et* $n = 0, 1, 2, \ldots$ *Démontrez que, pour* $n > 1$,

$$|F'(x)| \leqslant CM_0^{(n-1)/n} M_n^{1/n}$$

*quel que soit* $x \in \mathbb{R}$, *où* $C$ *est un certain nombre* $\geqslant 1$.

*Marche à suivre.* Il suffit d'établir $|F'(0)| \leqslant CM_0^{(n-1)/n} M_n^{1/n}$ : alors, en recourant à une translation, le résultat s'ensuit. Pour $-R \leqslant x \leqslant R$,

$$F(x) = \sum_{k=0}^{n-1} \frac{F^{(k)}(0)}{k!} x^k + R_n(x),$$

où $|R_n(x)| \leqslant M_n R^n/n!$ (*l'expliquer*). Considérer le polynôme suivant, dont le degré vaut $n - 1$ :

$$P(x) = \sum_{k=0}^{n-1} \frac{F^{(k)}(0)}{k!} x^k.$$

Pour $|x| \leqslant R$, estimer $|P(x)|$ en fonction de $M_0$, $M_n$ et $R$. Appliquer ensuite à $P(x)$ l'inégalité établie à l'étape 2, puis choisir $R$ de manière à minimiser la borne de $|P'(0)|$.

#4. *En maintenant les hypothèses de l'étape* 3 *et pour la même constante* $C$, *montrez que*

$$|F^{(k)}(x)| \leqslant C^k M_0^{(n-k)/n} M_n^{k/n}$$

*pour* $1 \leqslant k \leqslant n - 1$ *et* $x \in \mathbb{R}$.

*Indice.* Appliquer le résultat de l'étape 3 à $F'(x)$, $F''(x)$ et ainsi de suite. Ce faisant, prendre note que, par exemple, la borne $M_1$ de $|F'(x)|$ peut être remplacée par celle, meilleure, trouvée en 3.

#5. *Prouvez le résultat général suivant : si* $n \geqslant 0$ *et* $p > 0$, *alors*

$$\sup_{x \in \mathbb{R}} |F^{(n+k)}(x)| \leqslant C^k M_n^{(p-k)/p} M_{n+p}^{k/p}$$

*lorsque* $0 \leqslant k \leqslant p$ (sic !).

**Remarques.** À l'étape 1, la constante e peut être remplacée par 1. La preuve de ce fait, due à S. Bernstein, utilise une nouvelle idée et n'est pas facile.

Le résultat démontré en 5 peut être interprété de la manière suivante. Si, pour chaque $n$, $M_n$ est *véritablement* la borne supérieure des quantités $\sup_{x \in \mathbb{R}} |F^{(n)}(x)|$ lorsque $F$ parcourt les fonctions de $\mathcal{C}_{\mathbb{R}}(\{M_n\})$ vérifiant $|F^{(k)}(x)| \leqslant M_k$ pour tout $x \in \mathbb{R}$ et tout $k$, alors $\log M_n$ est presque une fonction convexe de $n$ (le facteur $C^k$ ayant peu d'importance). L'on en déduit aisément que $\mathcal{C}_I(\{\underline{M}_n\})$ est en fait *égal* à $\mathcal{C}_I(\{M_n\})$ lorsque $I = \mathbb{R}$. Cependant, lorsque $I \neq \mathbb{R}$, *le résultat faillit.* À ce propos, voir le livre de Mandelbrojt datant de 1952. Il s'y trouve par ailleurs une amélioration, due à Kolmogorov, de la constante $C^k$, qui, aux étapes 4 et 5, peut être remplacée par 2.

## B.4. Devoir 4, chapitre 3

#1. *Soit $g(z)$ une fonction holomorphe au voisinage d'un point donné, $r_0\mathrm{e}^{\mathrm{i}\theta_0}$, où $r_0 \neq 0$. Montrez qu'en ce point,*

$$\frac{\partial(\Im g)(r\mathrm{e}^{\mathrm{i}\theta})}{\partial r} = -\frac{1}{r}\,\frac{\partial(\Re g)(r\mathrm{e}^{\mathrm{i}\theta})}{\partial\theta}.$$

*Indice.* Poser $x'+\mathrm{i}y' = \mathrm{e}^{-\mathrm{i}\theta_0}(x+\mathrm{i}y)$, puis écrire les équations de Cauchy–Riemann pour $g(z)$ en utilisant $\partial/\partial x'$ et $\partial/\partial y'$.

#2. *En déduire que*

$$g'(z) = \mathrm{e}^{-\mathrm{i}\theta}\left[\frac{\partial(\Re g)(r\mathrm{e}^{\mathrm{i}\theta})}{\partial r} - \frac{\mathrm{i}}{r}\,\frac{\partial(\Re g)(r\mathrm{e}^{\mathrm{i}\theta})}{\partial\theta}\right].$$

*Indice.* Recourir pour ce faire à la *définition* de $g'(z)$ (en tant que $\lim_{\Delta z\to 0}\Delta g(z)/\Delta z$), en laissant $\Delta z$ approcher 0 dans une direction choisie.

Dans ce qui suit, envisageons une fonction entière, $f(z)$, vérifiant $f(0) \neq 0$ et $\log|f(z)| \leqslant C|z|^n + O(1)$. La formule de Jensen entraîne $n_f(r)/r^n \leqslant O(1)$ quand $r \to \infty$ (où $n_f(r)$ désigne le nombre de zéros de $f$, non nécessairement distincts, dont le module n'excède pas $r$). Les prochaines étapes visent à démontrer que, pour tout entier $n \geqslant 2$,

$$\left|\sum_{|z_k|\leqslant r} 1/z_k^n\right| \leqslant O(1) \quad \text{quand } r \to \infty,$$

où nous désignons par $\{z_k\}$ la liste des zéros de $f$ (répétés selon leur multiplicité).

#3. *En supposant que $f(z)$ n'ait aucun zéro de module $r$, montrez que*

$$\frac{1}{2\pi\mathrm{i}}\oint_{|z|=r}\frac{1}{z^n}\,\frac{f'(z)}{f(z)}\,\mathrm{d}z = \frac{1}{2\pi r^{n-1}}\int_{-\pi}^{\pi}\mathrm{e}^{-\mathrm{i}n\theta}\left\{\frac{\partial\log|f(r\mathrm{e}^{\mathrm{i}\theta})|}{\partial r} - \frac{\mathrm{i}}{r}\,\frac{\partial\log|f(r\mathrm{e}^{\mathrm{i}\theta})|}{\partial\theta}\right\}\mathrm{d}\theta.$$

#4. *En déduire que, lorsque $r \to \infty$,*

$$\sum_{|z_k|\leqslant r}\frac{1}{z_k^n} = \frac{n}{2\pi r^n}\int_{-\pi}^{\pi}\mathrm{e}^{-\mathrm{i}\theta}\log|f(r\mathrm{e}^{\mathrm{i}\theta})|\,\mathrm{d}\theta + \frac{1}{2\pi r^{n-1}}\int_{-\pi}^{\pi}\mathrm{e}^{-\mathrm{i}\theta}\frac{\partial\log|f(r\mathrm{e}^{\mathrm{i}\theta})|}{\partial r}\,\mathrm{d}\theta + O(1).$$

*Indice.* Le terme $O(1)$ vient de l'intégrale curviligne de l'étape 3. Que représente-t-il ?

#5. *Posons* $S(r) = \sum_{|z_k|\leqslant r} 1/z_k^n$. *Montrez que*

$$\int_R^{2R} S(r)r^{n-1}\,\mathrm{d}r = \frac{1}{2\pi}\int_{-\pi}^{\pi} \mathrm{e}^{-\mathrm{i}n\theta}\{\log|f(2R\mathrm{e}^{\mathrm{i}\theta})| - \log|f(R\mathrm{e}^{\mathrm{i}\theta})|\}\,\mathrm{d}\theta + O(R^n)$$

*pour* $R \to \infty$.

*Indice.* À l'étape 4, de quelle ampleur le premier terme du membre de droite peut-il être, en valeur absolue ? Expliquer.

#6. *Concluez que* $|S(R)| = O(1)$ *quand* $R \to \infty$.

*Indice.* Tirer de $n_f(r)/r^n \leqslant O(1)$ et de 5 que

$$|S(r) - S(R)| \leqslant O(1)$$

pour $R \leqslant r \leqslant 2R$. De quelle ampleur le membre de droite dans 5 peut-il être ?

**Remarques.** Ce résultat général (pour $n = 1, 2, 3, \dots$) est dû à Lindelöf. Comme dans le cas où $n = 1$, sa réciproque est aisée, à savoir :

*Si* $f(z)$ *est de la forme suivante,*

$$\prod_k \left(1 - \frac{z}{z_k}\right) \exp\left(\frac{z}{z_k} + \frac{1}{2}\left(\frac{z}{z_k}\right)^2 + \cdots + \frac{1}{n}\left(\frac{z}{z_k}\right)^n\right),$$

*et qu'à la fois* $n_f(r)/r^n$ *et* $|S(r)|$ *sont* $O(1)$ *quand* $r \to \infty$, *alors*

$$\log|f(z)| \leqslant O(|z|^n) + O(1).$$

Notons finalement que, pour les fonctions $f(z)$ vérifiant $\log|f(z)| \leqslant O(|z|^\gamma)$, mais où $\gamma \notin \mathbb{N}$, il n'y a plus de condition supplémentaire comme celle portant sur $S(r)$.

## B.5. Devoir 5, chapitre 3

Les mesures considérées dans ce devoir sont boréliennes, signées (ou complexes), finies et supportées par un ensemble compact. L'*intervalle de support* d'une mesure, $\mu$, vérifiant ces dernières propriétés désigne alors le plus petit intervalle fermé $I$ tel que $\mu(E) = 0$ pour toute partie borélienne $E \subseteq \mathbb{R} \sim I$. Étant données une telle mesure, $\mu$, et une fonction borélienne, $\varphi$, définie sur $\mathbb{R}$ et bornée sur tout ensemble compact, la *convolution*

$$(\varphi * \mu)(x) = \int_{-\infty}^{\infty} \varphi(x-t)\,\mathrm{d}\mu(t)$$

est bien définie. La généralisation suivante, aisée, du théorème de Titchmarsh sur la convolution[1] est requise :

*Si l'intervalle de support, — borné ! —, de $\mu \neq 0$ est égal à $I$, cependant que l'intervalle de support de la fonction $\varphi \not\equiv 0$, bornée, borélienne, supportée par un ensemble compact, est égal à $J$, alors l'intervalle de support de $\varphi * \mu$ est égal à $I + J$.*

#1. *Supposons que $\varphi(x)$ soit une fonction continue, nulle pour $x < C$, mais non nulle pour des points $x > C$ arbitrairement proches de $C$. Supposons de plus que $\mu$ soit une mesure borélienne, non nulle, dont $[0, A]$ soit l'intervalle de support. Montrez qu'alors $(\varphi * \mu)(x) \neq 0$ en certains points $x > C$ arbitrairement proches de $C$.*

*Indice.* Pour un quelconque $\varepsilon > 0$, poser

$$\varphi(x) = \chi_{[C,C+\varepsilon]}(x)\varphi(x) + \psi_\varepsilon(x).$$

Montrer qu'ainsi, $(\psi_\varepsilon * \mu)(x) = 0$ lorsque $C \leqslant x < C+\varepsilon$. Considérer $(\varphi*\mu)(x)$ pour les $x$ dans le même intervalle.

Étant donnés $\varphi \in C(\mathbb{R})$ (une *quelconque* fonction continue dans $\mathbb{R}$) et $h \in \mathbb{R}$, posons $\varphi_h(x) = \varphi(x - h)$. La fonction $\varphi$ est dite *moyen-périodique* (en anglais, *mean-periodic*) s'il existe un intervalle compact $I$ pour lequel les translatés $\varphi_h$ ne constituent pas un sous-ensemble total de $C(I)$ (équipé de la métrique uniforme).

#2. *Montrez que, si $\varphi \in C(\mathbb{R})$ est moyen-périodique, alors il existe une mesure, $\nu$, complexe, finie, non nulle, dont le support est compact et qui vérifie $\int_{-\infty}^{\infty} \varphi(x - h)\, \mathrm{d}\nu(x) = 0$ pour tout $h \in \mathbb{R}$.*

*Indice.* Appliquer le théorème de Hahn–Banach et le théorème de représentation de Riesz à $C(I)$, où $I$ est un intervalle compact tel que précisé ci-dessus.

Toujours pour $\varphi$ moyen-périodique, supposons (sans affecter la généralité du raisonnement) que la mesure $\nu$ produite à l'étape 2 ait un intervalle de support égal à $[0, A]$. Étant donné un *quelconque* intervalle compact, $J$, de $\mathbb{R}$, désignons d'une part par $\mathcal{E}(J)$ la fermeture du sous-espace de $C(J)$ engendré par *tous* les translatés $\varphi_h$. Désignons d'autre part par $\mathcal{F}(J)$ la fermeture du sous-espace de $C(J)$ engendré par les $\varphi_h$ tels que $-A \leqslant h \leqslant 0$. De toute évidence, $\mathcal{F}(J) \subseteq \mathcal{E}(J)$.

#3. *Démontrez le* théorème de la fenêtre (*en anglais,* Window Theorem) :

$$\mathcal{F}(J) = \mathcal{E}(J).$$

*Marche à suivre.* Par les théorèmes de Hahn–Banach et de Riesz, le problème revient à démontrer que, si $\mu$ est une mesure complexe, borélienne et finie sur $J$ vérifiant $\int_J f\, \mathrm{d}\mu = 0$ pour tout $f \in \mathcal{F}(J)$, alors pour tout $g \in \mathcal{E}(J)$, $\int_J g\, \mathrm{d}\mu = 0$ (*l'expliquer*). En d'autres mots, il suffit d'établir que,

[1] *Cf.* annexe A, section A.3 et annexe B, section B.2.

si $\int_J \varphi(x-h)\,\mathrm{d}\mu(x) = 0$ pour tout $h$ vérifiant $-A \leqslant h \leqslant 0$, alors $\int_J \varphi(x-h)\,\mathrm{d}\mu(x) = 0$ pour tout $h \in \mathbb{R}$. À cette fin, poser $\psi(h) = \int_J \varphi(x-h)\,\mathrm{d}\mu(x)$. Il faut montrer que $(\psi * \nu)(h) \equiv 0$, où $\nu$ vient de l'étape 2. Décomposer $\psi$ en $\psi_- + \psi_+$, où $\psi_+ = \chi_{[0,\infty)}\psi$. Noter que $\psi_-(h) = 0$ lorsque $-A \leqslant h < \infty$. Les fonctions $\psi_+$ et $\psi_-$ sont continues (*pourquoi* ?). En déduire que $(\psi_+ * \nu)(h) = \int_0^A \psi_+(h-t)\,\mathrm{d}\nu(t) = 0$ pour tout $h \geqslant 0$. Utiliser l'étape 1 pour conclure que $\psi_+ \equiv 0$. En particulier, $\psi_- * \nu \equiv 0$ ; en tirer $\psi_- \equiv 0$ également.

**Remarques.** Selon le résultat établi à l'étape 3, les translatés $\varphi_h$ tels que $-A \leqslant h \leqslant 0$ (en réalité, tels que $h$ appartienne à un *quelconque* intervalle fermé dont la longueur vaut $A$) suffisent, en les combinant linéairement, à approcher uniformément les éléments de $C(J)$ obtenus de *tous* les $\varphi_h$ ($h \in \mathbb{R}$), *peu importe* la longueur de l'intervalle compact $J$. « Quand on en a vu quelques-uns, on les a tous vus. » Ce résultat remarquable fut énoncé par L. Schwartz aux alentours de 1950, puis énoncé à nouveau (et démontré) dans la thèse de J.-P. Kahane (1954). Je suis tombé sur la preuve ci-dessus en 1960 et l'ai oubliée pour plus de quarante ans, pour finalement m'en rappeler l'été dernier.[2]

## B.6. Devoir 6, chapitre 3

Envisageons une fonction entière, $f(z)$, de type exponentiel, vérifiant

$$\int_{-\infty}^{\infty} \frac{\log^+|f(t)|}{1+t^2}\,dt < \infty,$$

$f(0) = 1$ et (disons)

$$\limsup_{y\to\infty} \frac{\log|f(\mathrm{i}y)|}{y} = \limsup_{y\to-\infty} \frac{\log|f(\mathrm{i}y)|}{|y|} = A.$$

Désignons par $\{z_k\}$ la liste des zéros de $f(z)$ — répétés selon leur multiplicité. Posons $S(r) = \sum_{|z_k|\leqslant r} 1/z_k$. Ce devoir vise à démontrer que

$$\frac{1}{R^2}\int_0^R \Re S(r) r\,\mathrm{d}r \to -\frac{1}{2}\Re\frac{f'(0)}{f(0)} \quad \text{quand } R \to \infty.$$

#1. *Montrez que, si $f(z)$ est dépourvue de zéro de module $r$, alors*

$$\Re S(r) = \frac{1}{2\pi}\int_0^{2\pi} \left.\frac{\partial \log|f(re^{\mathrm{i}\theta})|}{\partial x}\right)_y \mathrm{d}\theta - \Re\frac{f'(0)}{f(0)},$$

*où* $\left.\dfrac{\partial u}{\partial x}\right)_y$ *a la signification habituelle (tirée des cours de calcul).*

[2]Note du P$^{\text{r}}$ Koosis.

*Indice.* Vous pouvez recourir à une relation établie dans la démonstration du théorème de Lindelöf.

#2. *Tirez que, si $f(z)$ est dépourvue de zéros sur la couronne $R \leqslant |z| \leqslant R'$, alors*

$$\int_R^{R'} \Re S(r) r \,\mathrm{d}r = \frac{1}{2\pi} \int_0^{2\pi} \{R' \log|f(R'\mathrm{e}^{\mathrm{i}\theta})| - R \log|f(R\mathrm{e}^{\mathrm{i}\theta})|\} \cos\theta \,\mathrm{d}\theta - \frac{(R')^2 - R^2}{2} \Re \frac{f'(0)}{f(0)}.$$

*Indice.* Garder en tête le théorème de Green.

#3. *En se rapportant précisément à une partie de ces notes, expliquez brièvement pourquoi la relation précédente subsiste lorsque la couronne $R \leqslant |z| \leqslant R'$ contient des zéros de $f(z)$.*

#4. *En déduire que*

$$\frac{1}{R^2} \int_0^R \Re S(r) r \,\mathrm{d}r = \frac{1}{2\pi} \int_0^{2\pi} \frac{\log|f(R\mathrm{e}^{\mathrm{i}\theta})|}{R} \cos\theta \,\mathrm{d}\theta - \frac{1}{2} \Re \frac{f'(0)}{f(0)}.$$

#5. *Finalement, démontrez que*

$$\frac{1}{R^2} \int_0^R \Re S(r) r \,\mathrm{d}r \to -\frac{1}{2} \Re \frac{f'(0)}{f(0)} \quad \textit{quand } R \to \infty.$$

## B.7. Devoir 7, chapitre 4

*Envisageons une mesure, $\mu$, sur $\mathbb{R}$, complexe, borélienne et finie, vérifiant (pour fixer les idées) $\int_{-\infty}^{\infty} |\mathrm{d}\mu(t)| \leqslant 1$. Définissons $\sigma(x) \geqslant 0$ au moyen de la formule*[3]

$$\mathrm{e}^{-\sigma(x)} = \int_{-\infty}^{\infty} \mathrm{e}^{-|x-t|} |\mathrm{d}\mu(t)|.$$

*Supposons $\int_{-\infty}^{\infty} (1+x^2)^{-1} \sigma(x) \,\mathrm{d}x = \infty$, tandis que $\widehat{\mu}(\lambda) = \int_{-\infty}^{\infty} \mathrm{e}^{\mathrm{i}\lambda t} \,\mathrm{d}\mu(t) = 0$ pour $-A \leqslant \lambda \leqslant A$, où $A > 0$. Montrez qu'alors, $\mu = 0$.*

*Marche à suivre.* Montrer d'abord que $\sigma(x) \to \infty$ quand $x \to \pm\infty$. Présumant que $\sigma(x)$ ne soit pas identiquement égal à $\infty$ (dans le cas contraire, il n'y aurait rien à démontrer), choisir un $x \in \mathbb{R}$ tel que $\sigma(x) < \infty$, de sorte que

$$\int_{-\infty}^{\infty} \mathrm{e}^{\sigma(x) - |x-t|} |\mathrm{d}\mu(t)| = 1.$$

S'inspirer du diagramme suivant pour obtenir une minoration de $M(x)$ en fonction de $\sigma(x)$, où, pour $z \in \mathbb{C}$, $M(z)$ désigne la borne supérieure de $|f(z)|$

[3]Ce faisant, il se peut que $\sigma(x) \equiv \infty$.

lorsque $f$ parcourt les fonctions entières, de type exponentiel $A$ ou moins, bornées sur $\mathbb{R}$ et vérifiant $\int_{-\infty}^{\infty} |f(t)|\,|\mathrm{d}\mu(t)| \leqslant 1$.

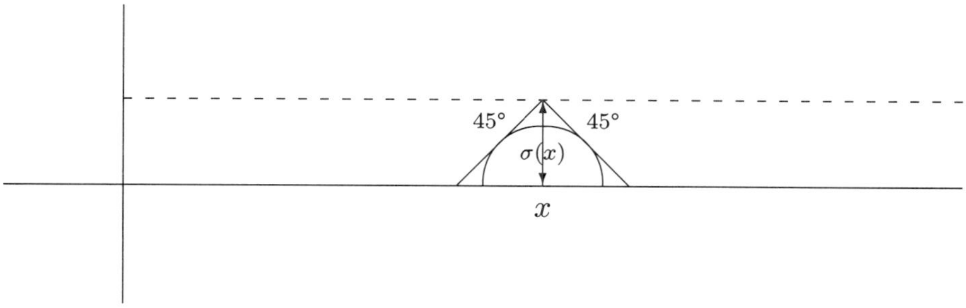


Supposer par l'absurde $\mu \neq 0$, cependant que $\widehat{\mu}(\lambda)$ s'annule pour $|\lambda| \leqslant A$. Sans détailler, invoquer une partie de la preuve du théorème d'Akhiezer pour conclure que

$$\int_{-\infty}^{\infty} \frac{\log M(x)}{1+x^2}\,\mathrm{d}x < \infty,$$

contredisant ainsi l'hypothèse à propos de $\sigma(x)$, vu la borne inférieure de $M(x)$ calculée précédemment.

## B.8. Devoir 8, chapitre 4

Envisageons une fonction, $\varphi(\lambda)$, continue sur $\mathbb{R}$ et y vérifiant $|\varphi(\lambda)| \leqslant 1$. Pour tout $A > 0$, supposons qu'il existe une fonction, $f_A(\lambda)$, analytique dans la bande $0 < \Im\lambda < 1$ et continue sur $0 \leqslant \Im\lambda \leqslant 1$, telle que $|f_A(\lambda)| \leqslant \mathrm{e}^A$ et

$$|\varphi(\lambda) - f_A(\lambda)| \leqslant \mathrm{e}^{-M(A)}, \quad \lambda \in \mathbb{R}.$$

Ici, $M(A)$ est une fonction non négative que nous présumons croissante (sans restreindre la généralité de la situation). Le devoir vise à établir que, si $\int_1^{\infty} A^{-2} M(A)\,\mathrm{d}A = \infty$ et $\varphi(\lambda) = 0$ lorsque $-a \leqslant \lambda \leqslant a$ (pour un quelconque $a > 0$), alors $\varphi(\lambda) \equiv 0$.

*Marche à suivre.* Pour $h > 0$ arbitrairement petit, définissons les fonctions

$$\varphi_h(\lambda) = \frac{\sin^2(\lambda h)}{\lambda^2 h^2}\varphi(\lambda), \qquad \lambda \in \mathbb{R},$$
$$f_{A,h}(\lambda) = \frac{\sin^2(\lambda h)}{\lambda^2 h^2} f_A(\lambda), \quad 0 \leqslant \Im\lambda \leqslant 1,$$

et considérons la transformée de Fourier

$$\widehat{\varphi}_h(x) = \int_{-\infty}^{\infty} \mathrm{e}^{\mathrm{i}x\lambda}\varphi_h(\lambda)\,\mathrm{d}\lambda.$$

#1. *Montrez que, pour $x > 0$,*

$$|\widehat{\varphi}_h(x)| \leqslant C(\mathrm{e}^{-x/2} + \mathrm{e}^{-M(x/2)}),$$

*où $C$ est une constante.*

*Indice.* Décomposer $\widehat{\varphi}_h(x)$ en I + II, où

$$\mathrm{I} = \int_{-\infty}^{\infty} \mathrm{e}^{\mathrm{i}x\lambda} \frac{\sin^2(\lambda h)}{\lambda^2 h^2} (\varphi(\lambda) - f_A(\lambda))\,\mathrm{d}\lambda,$$
$$\mathrm{II} = \int_{-\infty}^{\infty} \mathrm{e}^{\mathrm{i}x\lambda} \frac{\sin^2(\lambda h)}{\lambda^2 h^2} f_A(\lambda)\,\mathrm{d}\lambda.$$

Choisir $A = x/2$. Pour estimer I, utiliser l'hypothèse à propos de $f_A$. Pour estimer II, réaliser que le chemin d'intégration peut être remplacé par la droite $\Im\lambda = 1$ (*pourquoi* ?).

#2. *Observez que le membre de droite de l'inéquation figurant à la partie* 1 *n'excède pas* $2C\mathrm{e}^{-M_*(x/2)}$, *où nous posons* $M_*(t) = \min(t, M(t))$ *pour* $t \geqslant 0$. *Montrez que, si* $\int_1^\infty A^{-2}M(A)\,\mathrm{d}A = \infty$, *alors* $\int_1^\infty A^{-2}M_*(A)\,\mathrm{d}A = \infty$.

*Indice.* S'inspirer du diagramme ci-dessous.[4]

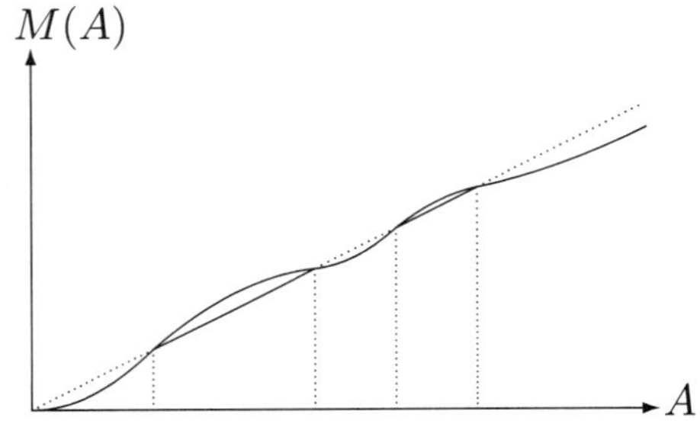


#3. *Montrez que* $\widehat{\varphi}_h(x) \in L^2(\mathbb{R}) \cap C_0(\mathbb{R})$.

*Indice.* $\varphi_h(\lambda)$ appartient à deux espaces. Lesquels ?

Pour $k > 0$, définissons maintenant

$$\psi_k(x) = \frac{\sin^2(kx)}{k^2x^2} \widehat{\varphi}_h(x).$$

#4. *Montrez que* $\psi_k \in L^1(\mathbb{R})$ *et, pour* $x > 0$, $\int_x^\infty |\psi_k(t)|\,\mathrm{d}t \leqslant C'\mathrm{e}^{-M_*(x/2)}$, *où* $C'$ *est une constante.*

*Indice.* Utiliser les parties 1 et 3.

#5. *Supposons maintenant que* $\varphi(\lambda) = 0$ *quand* $-a \leqslant \lambda \leqslant a$. *Montrez que, si* $2k < a$, *alors*

$$\int_{-\infty}^{\infty} \mathrm{e}^{-\mathrm{i}\lambda x} \psi_k(x)\,\mathrm{d}x = 0$$

*pour* $|\lambda| \leqslant a - 2k$, $\lambda \in \mathbb{R}$.

---

[4]Si $M(x)$ n'est pas continu, le remplacer par $M(x-0)$, qui lui est égal presque partout. Poser ainsi $M_*(x) = \min\big(x, M(x-0)\big)$. Observer que les $x > 0$ vérifiant $M_*(x) < M(x-0)$ constituent un ensemble ouvert. Si $]a, b[$ est une composante connexe de ce dernier, alors $M_*(b) = M(b-0)$, de sorte que le raisonnement suggéré par le diagramme tient.

*Indice.* Évaluer

$$\int_{-\infty}^{\infty} (\Delta_k * \varphi_h)(\lambda)\mathrm{e}^{\mathrm{i}\lambda x}\,\mathrm{d}\lambda, \quad \text{où } \Delta_k(\lambda) = \frac{1}{2k}\left(1 - \frac{|\lambda|}{2k}\right)^{+};$$

pour faciliter ce calcul, reconnaître en $\Delta_k$ le produit de convolution d'une certaine « onde carrée » avec elle-même.

#6. *Déduisez que, si* $\int_1^\infty A^{-2}M(A)\,\mathrm{d}A = \infty$ *sous les conditions de la partie* 5, *alors* $\varphi(\lambda) \equiv 0$ *sur* $\mathbb{R}$.

*Indice.* Utiliser les parties 2 et 4, de même qu'un résultat établi dans ces leçons.

**Remarque.** La formulation du résultat précédent peut être reprise de la manière suivante, pour n'évoquer que des concepts invariants par les transformations conformes. Étant donné un domaine simplement connexe, $\mathcal{D}$, délimité par une courbe de Jordan, ainsi qu'un arc, $\gamma$, de $\partial\mathcal{D}$, envisageons une fonction, $\varphi(\zeta)$, continue sur $\gamma$ et y vérifiant $|\varphi(\zeta)| \leqslant 1$, $\zeta \in \gamma$. Pour $A > 0$, désignons par $\mathrm{e}^{-M(A)}$ la borne inférieure de $\sup_{\zeta\in\gamma}|\varphi(\zeta) - f(\zeta)|$ lorsque $f$ parcourt les fonctions continues sur $\overline{\mathcal{D}}$, holomorphes dans $\mathcal{D}$, y vérifiant de surcroît $|f(z)| \leqslant \mathrm{e}^A$. Clairement, $M(A)$ est une fonction non négative et croissante de $A > 0$. Dans ces circonstances, *si* $\int_1^\infty A^{-2}M(A)\,\mathrm{d}A = \infty$, *cependant que* $\varphi(\zeta) = 0$ *sur un sous-arc de* $\gamma$ *(qui ne se limite pas à un point), alors* $\varphi(\zeta) = 0$ *sur la totalité de* $\gamma$. Cette version du résultat découle aisément de sa version originelle, en remplaçant d'abord $\varphi(\zeta)$ par $2\varphi(\zeta)$ (pour ainsi produire les fonctions $f_A$ désirées, — vérifiant $|f_A(z)| \leqslant \mathrm{e}^A$ dans $\mathcal{D}$ et $|\varphi(\zeta) - f_A(\zeta)| \leqslant \mathrm{e}^{-M(A)}$ sur $\gamma$), puis, en appliquant à $\mathcal{D}$ une transformation conforme portant $\mathcal{D}$ sur la bande $\mathcal{S}$ ci-dessous.

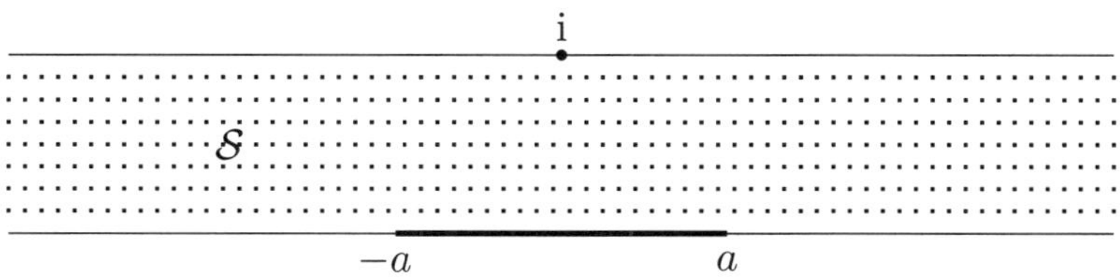


## B.9. Devoir 9, chapitre 5

#1. *Voici un domaine,* $\mathcal{D}$, *du plan (complexe) des* $w$. *Composez les transformations élémentaires décrites par les diagrammes suivants, pour obtenir une application conforme,* $\varphi$, *qui fait correspondre* $\mathcal{D}$ *à la moitié* *supérieure du plan des $z$, tout en associant la fente $[0, h\mathrm{i}]$ au segment $[-h, h]$ et le point $0$ à $0$. Exprimez $z$ en fonction de $w$, puis $w$ en fonction de $z$.*

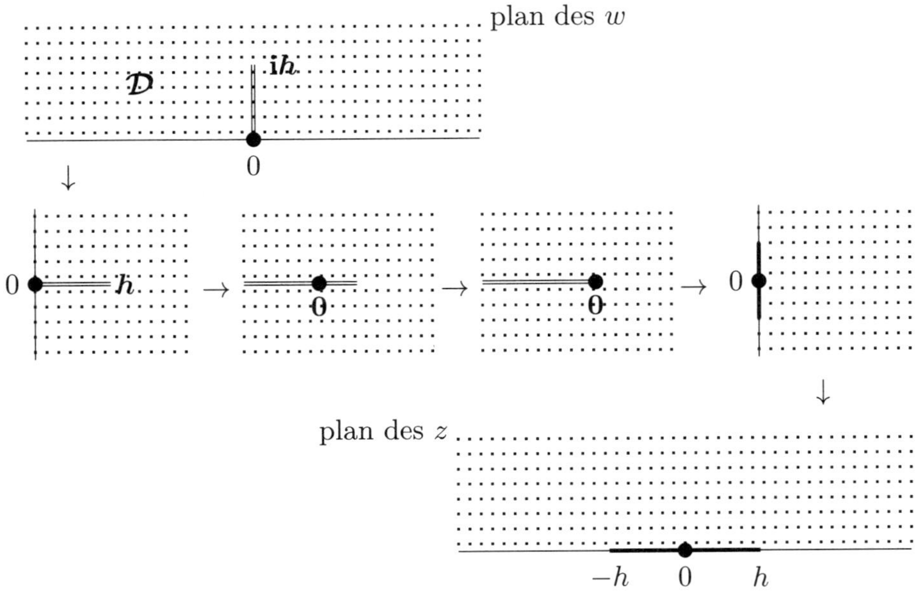


#2. *À l'aide de la partie* 1*, calculez, pour $v > h$, $\omega_{\mathcal{D}}([0, h\mathrm{i}], v\mathrm{i})$, — la mesure harmonique des* deux côtés *de la fente $[0, h\mathrm{i}]$ du point de vue de* $v\mathrm{i}$. (*Un* arc sinus *figure dans la bonne réponse.*)

#3. *Envisageons une fonction, $f(w)$, dont le module n'excède pas* 1*, holomorphe dans le demi-plan $\Im w > 0$ et continue jusqu'à l'axe réel. Supposons $|f(\mathrm{i}v)| \leqslant m < 1$ pour $0 \leqslant v \leqslant h$. À l'aide du résultat établi en* 2*, bornez $|f(\mathrm{i}v)|$ en fonction de $v$, $m$ et $h$, — où $v > h$.*

#4. *À l'aide de l'application $\varphi$ trouvée en* 1*, établissez explicitement une formule pour l'unique fonction, $U(w)$, harmonique dans $\mathcal{D}$, vérifiant $U(w) = \Im w + O(1)$ sur ce domaine, continue jusqu'à $\partial\mathcal{D}$ et égale à $0$ sur cette frontière.*

#5. *Envisageons une fonction, $F(w)$, holomorphe dans le demi-plan $\Im w > 0$, continue jusqu'à l'axe réel et dont le module vérifie les conditions suivantes :*

(1) $|F(w)| \leqslant C\mathrm{e}^{a|w|}$ *pour* $\Im w \geqslant 0$ ;
(2) $|F(w)| \leqslant 1$ *sur l'axe réel* ;
(3) $|F(w)| \leqslant m < 1$ *sur le segment* $[0, h\mathrm{i}]$.

*À l'aide des résultats établis en* 3 *et* 4*, bornez $|F(\mathrm{i}v)|$ en fonction de $v$, $h$, $m$ et $a$, — où $v > h$.*

*Indice.* Montrer d'abord que $\log|F(w)| - aU(w)$ est bornée supérieurement dans $\mathcal{D}$. Construire ensuite une certaine fonction, $f(w)$, dépendant de $F(w)$ et $\varphi(w)$, qui soit holomorphe et bornée dans $\mathcal{D}$, continue sur $\overline{\mathcal{D}}$ et qui vérifie $|f(w)| = |F(w)|$ sur $\partial\mathcal{D}$.

## B.10. Devoir 10, chapitre 7

*Envisageons un domaine borné, $\mathcal{D}$, délimité par une courbe de Jordan, $\Gamma$. Étant donnés deux points distincts, $P$ et $Q$, de $\Gamma$, désignons par $\sigma$ et $\sigma'$ les deux arcs de $\Gamma$ qui les joignent. Supposons que $f(z)$ soit une fonction holomorphe et* bornée *dans $\mathcal{D}$, continue jusqu'à $\Gamma \sim \{Q\}$. Montrez que, si $f(\zeta) \to a$ quand $\zeta$ tend vers $Q$ le long de $\sigma$, tandis que $f(\zeta) \to b$ quand $\zeta$ tend vers $Q$ le long de $\sigma'$, alors $a = b$.*

*Indice.* La fonction $g(z) = (f(z) - a)(f(z) - b)$ est holomorphe, donc *harmonique* (!) dans $\mathcal{D}$, où elle est aussi bornée. De quelle propriété $g(\zeta)$ jouit-elle, pour $\zeta \in \Gamma \sim \{Q\}$ ? ...en particulier, pour de tels $\zeta$ approchant $Q$ ? Étudier, à l'aide de $\omega_{\mathcal{D}}(\cdot, \cdot)$, la grandeur de $g(z)$ lorsque $z \in \mathcal{D}$, surtout, lorsque $z \to Q$. (Pour ce faire, où utilise-t-on le fait que $g(z)$ soit bornée ?) Supposer par l'absurde $a \neq b$. Considérer un petit disque, $\Delta_r$, centré en $Q$ et dont le rayon vaut $r$, où $r > 0$. Désignant par $\mathcal{O}$ la composante connexe de $\mathcal{D} \cap \Delta_r$ ayant $Q$ à sa frontière, que dire de $f(z)$ sur $\mathcal{O}$ ?

## B.11. Devoir supplémentaire

Envisageons une mesure borélienne, complexe et finie, $\mu$, sur $[0, 2\pi]$, — où, d'un bout à l'autre du devoir, nous identifions l'un à l'autre les points 0 et $2\pi$. Vous êtes appelé à démontrer que, si tous les $a_n = (2\pi)^{-1} \int_0^{2\pi} \mathrm{e}^{-\mathrm{i}n\tau} \, \mathrm{d}\mu(\tau)$ tels que $n < 0$ s'annulent, alors $\mu$ est absolument continue par rapport à la mesure de Lebesgue sur $[0, 2\pi]$. [5]

Posons

$$F(r\mathrm{e}^{\mathrm{i}\theta}) = \frac{1}{2\pi} \int_0^{2\pi} \frac{1 - r^2}{1 + r^2 - 2r\cos(\theta - \tau)} \, \mathrm{d}\mu(\tau), \qquad 0 \leqslant r < 1.$$

#1. *Montrez que $F(z)$ est holomorphe dans le disque $|z| < 1$.*
*Indice.* Développer $(1 - r^2)/(1 + r^2 - 2r\cos\varphi)$ en série.

#2. *Montrez que, si $g(\theta)$ est une fonction continue sur $[0, 2\pi]$ — qui vérifie $g(0) = g(2\pi)$ —, alors*

$$\int_0^{2\pi} F(r\mathrm{e}^{\mathrm{i}\theta}) g(\theta) \, \mathrm{d}\theta \to \int_0^{2\pi} g(\tau) \, \mathrm{d}\mu(\tau) \quad \textit{quand } r \uparrow 1.$$

#3. *Montrez que $\sqrt{|F(z)|}$ est sous-harmonique dans le disque $|z| < 1$.*
*Indice.* En vue d'examiner la propriété de la valeur moyenne au point $z_0$ pour de petits cercles qui l'entourent (où $|z_0| < 1$), considérer deux cas : celui où $F(z_0) \neq 0$ et celui où $F(z_0) = 0$. — Voir l'argument analogue à propos de $\log|F(z)|$ développé dans la première partie de ce cours ; ou encore, déduire le résultat de la sous-harmonicité de $\log|F(z)|$.

[5] Il s'agit du célèbre théorème de F. & M. Riesz. La démarche indiquée ici est due à D. Sarason.

#4. *Déduisez que, si* $|z| < r < 1$, *alors*

$$\sqrt{|F(z)|} \leqslant \frac{1}{2\pi}\int_0^{2\pi} \frac{r^2 - |z|^2}{|re^{i\theta} - z|^2}\sqrt{|F(re^{i\theta})|}\,d\theta.$$

#5. *Montrez que* $\int_0^{2\pi}\left(\sqrt{|F(re^{i\theta})|}\right)^2 d\theta$ *est borné lorsque* $0 \leqslant r < 1$.
*Indice.* Faire appel à la définition de $F(re^{i\theta})$.

#6. *En déduire l'existence d'une suite,* $\{r_n\}$, *vérifiant* $r_n \uparrow 1$ *et d'une fonction,* $f(\theta)$, *dans* $L^2[0, 2\pi]$ *telles que, pour tout* $g \in L^2[0, 2\pi]$,

$$\int_0^{2\pi} g(\theta)\sqrt{|F(r_n e^{i\theta})|}\,d\theta \to \int_0^{2\pi} g(\theta) f(\theta)\,d\theta \quad \textit{quand } n \to \infty.$$

*Indice.* Recourir à cette fin à un résultat général approprié.

#7. *Montrez que, si* $|z| < 1$, *alors*

$$\sqrt{|F(z)|} \leqslant \frac{1}{2\pi}\int_0^{2\pi} \frac{1 - |z|^2}{|z - e^{i\theta}|^2} f(\theta)\,d\theta,$$

— *où* $f$ *désigne la même fonction qu'à l'étape* 6.
*Indice.* Remplacer $r$ par $r_n z$ dans l'inéquation établie à l'étape 4, puis recourir à l'étape 6.

#8. *Déduisez que, si* $|z| < 1$, *alors*

$$|F(z)| \leqslant \frac{1}{2\pi}\int_0^{2\pi} \frac{1 - |z|^2}{|z - e^{i\theta}|^2} (f(\theta))^2\,d\theta.$$

*Indice.* Recourir à l'inégalité de Schwarz.

| |
|---|
| Observez que $(f(\theta))^2 \in L^1(0, 2\pi)$. |

#9. *Soit* $\mathcal{O} \subseteq [0, 2\pi]$ *un ensemble ouvert (où* 0 *et* $2\pi$ *sont confondus). Envisageons une fonction continue,* $g(\tau)$, *vérifiant* $g(0) = g(2\pi)$, *nulle en dehors de* $\mathcal{O}$ *et telle que* $|g(\tau)| \leqslant 1$. *Montrez que*

$$\left|\int_0^{2\pi} g(\tau)\,d\mu(\tau)\right| \leqslant \int_{\mathcal{O}} (f(\theta))^2\,d\theta.$$

*Indice.* Appliquer le résultat établi en 2 au membre de gauche de l'inégalité à établir. Recourir ensuite à l'étape 8, en posant $z = re^{i\tau}$ et en faisant tendre $r$ vers 1.

#10. *Montrez finalement que la variation totale,* $|\mu|$, *de* $\mu$ *vérifie*

$$|\mu|(\mathcal{O}) \leqslant \int_{\mathcal{O}} (f(\theta))^2\,d\theta.$$

*Concluez que* $|\mu|(\mathcal{O}) \to 0$ *quand* $|\mathcal{O}| \to 0$.

# Bibliographie


1. L. V. Ahlfors, *Conformal invariants: topics in geometric function theory*, McGraw-Hill Series in Higher Mathematics, McGraw-Hill, New York, 1973.
2. S. Bernstein, *Leçons sur les propriétés extrémales et la meilleure approximation des fonctions analytiques d'une variable réelle*, Gauthier-Villars, Paris, 1926.
3. A. Beurling, *The collected works of Arne Beurling.* Vol. 1: *Complex analysis* (L. Carleson, P. Malliavin, J. Neuberger et J. Wermer, édit.), Contemp. Mathematicians, Birkhäuser, Boston, MA, 1989.
4. ______, *The collected works of Arne Beurling.* Vol. 2: *Harmonic analysis* (L. Carleson, P. Malliavin, J. Neuberger et J. Wermer, édit.), Contemp. Mathematicians, Birkhäuser, Boston, MA, 1989.
5. W. H. J. Fuchs, *Topics in the theory of functions of one complex variable*, Van Nostrand Mathematical Studies, vol. 12, Van Nostrand, Princeton, NJ, 1967.
6. J. B. Garnett, *Bounded analytic functions*, 1$^{re}$ éd., Grad. Texts in Math., vol. 236, Springer, New York, 2007.
7. P. Koosis, *Leçons sur le théorème de Beurling et Malliavin*, Les Publications CRM, Montréal, QC, 1996.
8. ______, *Introduction to $H_p$ spaces*, 2$^{e}$ éd., avec deux annexes de V. P. Havin, Cambridge Tracts in Math., vol. 115, Cambridge Univ. Press, Cambridge, 1998.
9. ______. (1999). *A local estimate, involving the least superharmonic majorant, for entire functions of exponential type*, St. Petersburg Math. J. **10**, n° 3, 441–455.
10. P. Koosis et H. L. Pedersen. (1999). *Lower bounds on the values of an entire function of exponential type at certain integers, in terms of a least superharmonic majorant*, St. Petersburg Math. J. **10**, n° 3, 429–439.
11. S. Mandelbrojt, *Séries de Fourier et classes quasi-analytiques de fonctions*, Collection de monographies sur la théorie des fonctions, vol. 43, Gauthier-Villars, Paris, 1935.
12. ______. (1942). *Analytic functions and classes of infinitely differentiable functions*, Rice Inst. Pamphlet **29**, n° 1.
13. ______, *Séries adhérentes, régularisation des suites, applications*, Gauthier-Villars, Paris, 1952.
14. J. Mashregi, F. L. Nazarov et V. P. Havin. (2006). *The Beurling–Malliavin multiplier theorem: The seventh proof*, St. Petersburg Math. J. **17**, n° 5, 699–744.
15. F. Nazarov. (1996). *The Beurling lemma via the Bellman function*, prépublication, disponible à `http://www.mth.msu.edu/~fedja/Preprints/burl.ps`.
16. Z. Nehari, *Conformal mapping*, Dover Books on Mathematics, Dover, New York, 2012.
17. H. L. Pedersen. (1997). *Uniform estimates of entire functions by logarithmic sums*, J. Funct. Anal. **146**, n° 2, 517–556.
18. ______. (1998). *Entire functions having small logarithmic sums over certain discrete subsets*, Ark. Mat. **36**, n° 1, 119–130.
19. ______. (2000). *Entire functions and logarithmic sums over nonsymmetric sets of the real line*, Ann. Acad. Sci. Fenn. Math. **25**, n° 2, 351–388.
20. W. Rudin, *Real and complex analysis*, 3$^{e}$ éd., McGraw-Hill, New York, 1987.
21. E. C. Titchmarsh, *The theory of functions*, 2$^{e}$ éd., Oxford Univ. Press, Oxford, 1939.

# Index


adhésivité, *voir* théorème de Beurling
approximation de l'identité, 118
approximation pondérée
  approche d'Akhiezer, 67
    changement de classe, 68–70
  problème de Bernstein, 67
argument
  de Beckenbach, 100–101
  de Phragmén–Lindelöf, 4, 10, 149

Beurling's Sticking Theorem,
    *voir* théorème de Beurling

caractéristique d'Ostrowski, 27
classe
  $\mathcal{C}_I(\{M_n\})$, 27, 153
  de Cartwright, 48, 157–158
  de fonctions quasi-analytiques,
    *voir* quasi-analyticité
condition
  $\int(1+x^2)^{-1}\log^+|f(x)|\,dx < \infty$,
  24–26
conjecture de Denjoy, 132–135
  *énoncé*, 133
convergence d'un produit, 137
  absolue, 138
  uniforme, 137
convolution
  fonction et fonction, 151
  fonction et mesure, 140, 155
  mesure et mesure, 140–142
courbe de Jordan
  *définition*, 122
  aire, 115–117
  différentiable, 119
  reposant sur un ensemble, 125
critère de Carleman–Ostrowski,
    *voir* quasi-analyticité

droite de support, 29

égalité de Jensen, *voir* formule de
    Jensen
équivalence de mesures, 100
estimation harmonique, 107–108,
    161–163
exposant critique, 8

factorisation d'Hadamard, 40–44
  d'une fonction de Cartwright, 62
fente, 92
  libre, 94
fonction
  admissible, 125
  dans $H^1$, 144–147
    zéros au bord, 147
  de Cartwright, *voir* classe de
    Cartwright
  de poids
    lipschitzienne, 74–75
    minorant log-lipschitzien, 78–79
  de type exponentiel, 10
  harmonique, 3
  moyen-périodique, 156
  ordre, *voir* ordre d'une fonction
  régulière, 38
  semi-continue, 6
  sous-harmonique, 6
formule de Jensen, 37–39
formule de Poisson, *voir* représentation
    de Poisson

Gebieterweiterungsprinzip,
    *voir* principe de prolongement

harmonicité, *voir* fonction harmonique

inégalité
  de Bernstein, 139, 152
  de Harnack, 142–144
    et convergence uniforme, 144
    sur un disque, 142

sur un domaine, 143
intervalle de support
d'une fonction, 16–18, 151
d'une mesure, 155
inverse d'un nombre complexe, 121
inégalité
de Jensen, *voir* théorème
d'estimation harmonique

longueur extrémale, 125–135
*définition*, 125
exemples, 126–128
invariance conforme, 125
monotonicité, 125–126

mean-periodicity, *voir* fonction
moyen-périodique
mesure
décroissant rapidement à l'infini, 158
équivalente à une autre,
*voir* équivalence de mesures
harmonique, 85–114
continuité absolue, 100–104
*définition*, 86
et élément linéaire, 102–103
harmonicité, 98
non-atomicité, 99
valeurs limitrophes, 99–100,
105–106
variation totale, 99
minorant d'Akhiezer, 68, 70, 158
module, 125
moyen-périodique, *voir* fonction
moyen-périodique

ordre d'une fonction, 132

pas d'une subdivision, 115
plage, 133
polygone convexe de Newton, 30
potentiel logarithmique, 117
classe totale dans $C(\partial\mathcal{D})$, 117–119
principe
de prolongement des domaines,
103–105
des petits arcs, 54–56
du maximum, 3–8
fort, 4
généralisé, 4–6, 8, 149
problème de Dirichlet
approche de Garabedian, 115–124
*énoncé*, 85
provision de domaines, 86–96
processus d'exhaustion, 97
résolubilité, 123–124
produit de Blaschke, 60
condition de convergence, 59
produit infini, 137–138
prolongement à la frontière, 86, 88
propriété de la valeur moyenne, 3

quasi-analyticité
de Beurling, 112–114, 159–161
de Carleman–Ostrowski, 27–36
*critère*, 36
*définition*, 27

régularisée log-convexe, 31, 153
représentation de Poisson
fonction dans $H^1(\Delta)$, 144–147
fonction harmonique positive, 21–24
réciproque, 19–21
réciproque pour le disque, 149

semi-continuité, *voir* fonction
semi-continue
sous-harmonicité, *voir* fonction
sous-harmonique
sphère de Riemann, 88

théorème
d'Ahlfors–Beurling, 128–132
*énoncé*, 132
d'Akhiezer, 70–74, 159
d'estimation harmonique, 107–108
de Beurling
sur l'adhésivité, 114
sur la lacunarité, 76–78
de Carathéodory, 86
de F. et M. Riesz
sur la continuité absolue, 163–164
sur les ensembles négligeables, 103
de la fenêtre, 155–157
de Levinson, 80–81
généralisation de Beurling, 109
généralisation de Beurling, 112
sur la lacunarité, 81–83
de Levinson–Cartwright, 48–64
*énoncé*, 64
de Lindelöf
sur la distribution des zéros, 44–48,
154–155
sur les angles conservés, 106–107
de Paley–Wiener, 11–16
*énoncé*, 13
pour les mesures, 141–142
de Plancherel, 12–13
de Titchmarsh, 149–152, 156

des deux constantes, 108
théorie des bouts premiers, 89
théorie du potentiel, 97, 117
tract, *voir* plage
transformation de Joukowski, 94, 139
truc de Landau, 58, 61
truc de Riesz–Pollard, 68, 71
type exponentiel, *voir* fonction de type exponentiel

valeur asymptotique, 132
valeur moyenne, *voir* propriété de la valeur moyenne

Window Theorem, *voir* théorème de la fenêtre

Zielwert, *voir* valeur asymptotique
Zweikonstantensatz, *voir* théorème des deux constantes